建筑与市政工程施工现场专业人员职业标准培训教材

施工员（土建方向）核心考点模拟与解析

建筑与市政工程施工现场专业人员职业标准培训教材编委会　编写

中国建筑工业出版社

图书在版编目（CIP）数据

施工员（土建方向）核心考点模拟与解析 / 建筑与市政工程施工现场专业人员职业标准培训教材编委会编写. — 北京：中国建筑工业出版社，2023.6
建筑与市政工程施工现场专业人员职业标准培训教材
ISBN 978-7-112-28638-6

Ⅰ.①施… Ⅱ.①建… Ⅲ.①土木工程—工程施工—职业培训—教材 Ⅳ.①TU7

中国国家版本馆 CIP 数据核字(2023)第 069434 号

责任编辑：李　慧　李　杰
责任校对：芦欣甜

建筑与市政工程施工现场专业人员职业标准培训教材
施工员(土建方向)核心考点模拟与解析
建筑与市政工程施工现场专业人员职业标准培训教材编委会　编写

*

中国建筑工业出版社出版、发行（北京海淀三里河路9号）
各地新华书店、建筑书店经销
北京红光制版公司制版
天津翔远印刷有限公司印刷

*

开本：787毫米×1092毫米　1/16　印张：15¼　字数：370千字
2023年6月第一版　2023年6月第一次印刷
定价：55.00元
ISBN 978-7-112-28638-6
(41013)

版权所有　翻印必究
如有印装质量问题，可寄本社图书出版中心退换
（邮政编码　100037）

编委会

胡兴福　申永强　焦永达　傅慈英　屈振伟　魏鸿汉
赵　研　张悠荣　董慧凝　危道军　尤　完　宋岩丽
张燕娜　王凯晖　李　光　朱吉顶　余家兴　刘　录
慎旭双　闫占峰　刘国庆　李　存　许　宁　姚哲豪
潘东旭　刘　云　宋　扬　吴欣民

前　言

为落实住房和城乡建设部发布的行业标准《建筑与市政工程施工现场专业人员职业标准》JGJ/T 250，进一步规范建设行业施工现场专业人员岗位培训工作，贴合培训测试需求。本书以《施工员通用与基础知识（土建方向）（第三版）》《施工员岗位知识与专业技能（土建方向）（第三版）》为蓝本，依据职业标准相配套的考核评价大纲，总结提取教材中的核心考点，指导考生学习与复习；并结合往年考试中的难点和易错考点，配以相应的测试题，增强考生对知识点的理解，提升其应试能力，本书更贴合考试需求。

本书分上下两篇，上篇为《通用与基础知识》，下篇为《岗位知识与专业技能》，所有章节名称与相应专业的《施工员通用与基础知识（土建方向）（第三版）》《施工员岗位知识与专业技能（土建方向）（第三版）》对应，本书的知识点均标注了在第三版教材中的页码，以便考生查找，对照学习。

本书上篇教材点睛共83个考点，下篇教材点睛共70个考点，共计153个考点。全书考点分为四类，即一般考点（其后无标注）、核心考点（"★"标识），易错考点（"●"标识），核心考点＋易错考点（"★●"标识）。

配套巩固练习题约900余道，题型分为判断题、单选题、多选题三类。

本书由中国建筑第八工程局有限公司总承包北京公司总工程师慎旭双担任主编。重庆市北碚区住房城乡建设事务中心陈祖三参与编写。由于编写时间有限，书中难免存在不妥之处，敬请广大读者批评指正。

目　录

上篇　通用与基础知识

知识点导图 ··· 1
第一章　建设法规 ·· 2
考点1：建设法规构成概述 ·· 2
第一节　《建筑法》 ··· 3
考点2：《建筑法》的立法目的 ··· 3
考点3：从业资格的有关规定★● ·· 3
考点4：《建筑法》关于建筑安全生产管理的规定★● ·································· 4
考点5：《建筑法》关于质量管理的规定★ ··· 6
第二节　《安全生产法》 ··· 7
考点6：《安全生产法》的立法目的 ··· 7
考点7：生产经营单位的安全生产保障的有关规定● ··································· 7
考点8：从业人员的安全生产权利义务的有关规定★● ······························· 8
考点9：安全生产监督管理的有关规定 ·· 8
考点10：安全事故应急救援与调查处理的规定★ ·· 10
第三节　《建设工程安全生产管理条例》《建设工程质量管理条例》 ·········· 12
考点11：《安全生产管理条例》★● ··· 12
考点12：《建设工程质量管理条例》★● ·· 14
第四节　《劳动法》《劳动合同法》 ··· 15
考点13：《劳动法》《劳动合同法》立法目的 ··· 15
考点14：《劳动法》《劳动合同法》关于劳动合同和集体合同的有关规定★● ···· 15
考点15：《劳动法》关于劳动安全卫生的有关规定● ·································· 16
第二章　建筑材料 ·· 20
第一节　无机胶凝材料 ·· 20
考点16：无机胶凝材料的分类及特性★ ··· 20
考点17：通用水泥的特性、主要技术性质及应用★● ·································· 20
第二节　混凝土 ·· 22
考点18：普通混凝土★ ··· 22
考点19：轻混凝土、高性能混凝土、预拌混凝土★● ·································· 24
考点20：常用混凝土外加剂的品种及应用★ ·· 25
第三节　砂浆 ·· 26
考点21：砂浆★● ··· 26

第四节 石材、砖和砌块 ·· 29
考点22：石材、砖和砌块★● ·· 29
第五节 钢材 ·· 31
考点23：钢材的分类及主要技术性能★● ·· 31
考点24：钢结构用钢材的品种及特性★ ··· 31
考点25：钢筋混凝土结构用钢材的品种及特性★● ···························· 32
第六节 防水材料 ··· 34
考点26：防水卷材的品种及特性★● ·· 34
考点27：防水涂料的品种及特性★● ·· 35
第七节 建筑节能材料 ·· 37
考点28：建筑节能材料★● ·· 37

第三章 建筑工程识图 ··· 39
第一节 施工图的基本知识 ·· 39
考点29：房屋建筑施工图的组成及作用★● ······································ 39
考点30：房屋建筑施工图图示特点及制图标准规定 ·························· 40
第二节 施工图的图示方法及内容 ··· 41
考点31：建筑施工图的图示方法及内容★● ····································· 41
考点32：结构施工图的图示方法及内容★● ····································· 43
第三节 施工图的绘制与识读 ··· 45
考点33：施工图绘制与识读★ ·· 45

第四章 建筑施工技术 ··· 47
第一节 地基与基础工程 ·· 47
考点34：常用地基处理方法★ ·· 47
考点35：基坑（槽）开挖、支护及回填方法★ ································· 47
考点36：混凝土基础施工★ ·· 50
考点37：砖、石基础施工 ··· 51
考点38：桩基础施工★ ·· 52
第二节 砌体工程 ··· 54
考点39：常见脚手架搭设施工要点★ ··· 54
考点40：砌体施工工艺★ ··· 56
第三节 钢筋混凝土工程 ·· 58
考点41：模板工程施工工艺★ ·· 58
考点42：钢筋工程施工工艺★ ·· 60
考点43：混凝土工程施工工艺★ ·· 61
第四节 钢结构工程 ··· 63
考点44：钢结构工程★ ·· 63
第五节 防水工程 ·· 65
考点45：防水砂浆防水施工工艺★ ·· 65
考点46：涂料防水工程施工工艺★ ·· 65

考点 47：卷材防水工程施工工艺★ ··· 66
　第六节　装饰装修工程 ··· 68
　　考点 48：楼地面工程施工工艺★ ··· 68
　　考点 49：一般抹灰工程施工工艺★ ··· 71
　　考点 50：门窗工程施工工艺★ ··· 72
　　考点 51：涂饰工程施工工艺★ ··· 73

第五章　施工项目管理 ··· 75
　第一节　施工项目管理的内容及组织 ··· 75
　　考点 52：施工项目管理的特点及内容● ··· 75
　　考点 53：施工项目管理的组织机构★● ··· 75
　第二节　施工项目目标控制 ··· 77
　　考点 54：施工项目目标控制★● ··· 77
　第三节　施工资源与现场管理 ··· 79
　　考点 55：施工资源与现场管理★● ··· 79

第六章　建筑力学 ··· 81
　第一节　平面力系 ··· 81
　　考点 56：平面力系★● ··· 81
　第二节　杆件的内力 ··· 83
　　考点 57：杆件的内力★● ··· 83
　第三节　杆件强度、刚度和稳定的基本概念 ··· 85
　　考点 58：杆件的强度、刚度和稳定性★● ··· 85

第七章　建筑构造与建筑结构 ··· 87
　第一节　建筑构造 ··· 87
　　考点 59：民用建筑的基本构造组成★ ··· 87
　　考点 60：常见基础的构造★ ··· 87
　　考点 61：墙体和地下室的构造★ ··· 89
　　考点 62：楼板的构造★ ··· 91
　　考点 63：垂直交通设施的一般构造★● ··· 93
　　考点 64：门与窗的构造★ ··· 94
　　考点 65：屋顶的基本构造★● ··· 96
　　考点 66：变形缝的构造★● ··· 98
　　考点 67：民用建筑的一般装饰构造★● ··· 99
　　考点 68：单层工业厂房的基本构造★● ··· 100
　第二节　建筑结构 ··· 102
　　考点 69：基础★● ··· 102
　　考点 70：混凝土结构的构件的受力★ ··· 104
　　考点 71：现浇混凝土结构楼盖★● ··· 106
　　考点 72：常见的钢结构★● ··· 107
　　考点 73：砌体结构知识★● ··· 109

考点 74：建筑抗震的基本知识★● …………………………………………………… 111

第八章 工程预算 …………………………………………………………………… 113
第一节 工程计量 ……………………………………………………………………… 113
考点 75：建筑面积计算● ……………………………………………………………… 113
考点 76：建筑工程的工程量计算★● ………………………………………………… 114
第二节 工程造价计价 ………………………………………………………………… 116
考点 77：工程造价计价★● …………………………………………………………… 116

第九章 计算机和相关管理软件的应用知识 ……………………………………… 118
第一节 Office 系统的基本知识 ……………………………………………………… 118
考点 78：Office 系统的基本知识● …………………………………………………… 118
第二节 AutoCAD 的基本知识 ………………………………………………………… 118
考点 79：AutoCAD 的基本知识● ……………………………………………………… 118
第三节 相关管理软件的知识 ………………………………………………………… 118
考点 80：管理软件的相关知识 ………………………………………………………… 118

第十章 施工测量的基本知识 ……………………………………………………… 120
第一节 测量的基本工作 ……………………………………………………………… 120
考点 81：常用测量仪器的使用★ ……………………………………………………… 120
第二节 施工控制测量的知识 ………………………………………………………… 121
考点 82：施工控制测量★ ……………………………………………………………… 121
第三节 建筑变形观测的知识 ………………………………………………………… 123
考点 83：建筑变形观测知识 …………………………………………………………… 123

下篇 岗位知识与专业技能

知识点导图 ……………………………………………………………………………… 125

第一章 土建施工相关的管理规定和标准 ……………………………………… 126
第一节 施工现场安全生产的管理规定 ……………………………………………… 126
考点 1：危险性较大的分部分项工程★● …………………………………………… 126
考点 2：超过一定规模的危险性较大的分部分项工程★● ………………………… 126
考点 3：安全方案管理★● …………………………………………………………… 128
考点 4：工程建设强制性标准管理 …………………………………………………… 129
第二节 建筑工程质量管理的规定 …………………………………………………… 130
考点 5：建筑工程专项质量检查、见证取样检测内容的规定★ …………………… 130
考点 6：房屋建筑工程质量保修范围、保修期限和违规处罚的规定★ …………… 130
考点 7：建筑工程质量监督的规定 …………………………………………………… 131
第三节 建筑工程质量验收标准和规范 ……………………………………………… 132
考点 8：建筑工程质量验收的划分、合格判定以及质量验收的程序和
组织要求★● ………………………………………………………………… 132
考点 9：建筑地基基础工程施工质量验收的要求★● ……………………………… 134
考点 10：混凝土结构施工质量验收的要求★● ……………………………………… 135

考点11：砌体工程施工质量验收的要求★ ·· 137
　　考点12：钢结构工程施工质量验收的要求 ·· 139
　　考点13：建筑节能工程施工质量验收的要求★● ································ 140
第二章　施工组织设计及专项施工方案的编制 ·· 142
　第一节　施工组织设计的内容和编制方法 ·· 142
　　考点14：施工组织设计★ ·· 142
　第二节　施工方案的内容和编制方法 ·· 143
　　考点15：施工方案★ ·· 143
　第三节　施工技术交底与交底文件的编写方法 ···································· 145
　　考点16：施工技术交底文件 ·· 145
　第四节　建筑工程施工技术要求 ·· 146
　　考点17：基础工程施工技术要求★ ·· 146
　　考点18：混凝土结构工程施工技术要求★● ···································· 149
　　考点19：预应力混凝土施工技术要求 ·· 153
　　考点20：脚手架施工技术要求 ·· 154
　　考点21：砌体工程施工技术要求★● ·· 155
　　考点22：钢结构工程施工技术要求 ·· 157
　　考点23：屋面及防水工程施工技术要求★ ·· 159
　　考点24：建筑节能工程施工技术要求★ ·· 162
　　考点25：装配式混凝土结构施工技术要求★● ································ 164
第三章　施工进度计划的编制 ·· 168
　第一节　施工进度计划的类型及其作用 ·· 168
　　考点26：施工进度计划类型及作用 ·· 168
　第二节　施工进度计划的表达方法 ·· 169
　　考点27：施工进度计划的编制依据与编制工具★● ························ 169
　　考点28：横道图进度计划的编制方法★● ·· 169
　　考点29：网络计划的基本概念与识读★ ·· 170
　　考点30：流水施工进度计划的编制方法★ ·· 171
　第三节　施工进度计划的检查与调整 ·· 172
　　考点31：施工进度计划的检查与调整 ·· 172
第四章　环境与职业健康安全管理的基本知识 ·· 174
　第一节　文明施工与现场环境保护的要求 ·· 174
　　考点32：文明施工与现场环境保护要求 ·· 174
　第二节　建筑工程施工安全危险源分类及防范的重点 ························ 176
　　考点33：施工安全危险源的分类及防范重点★ ································ 176
　第三节　建筑工程施工安全事故的分类与处理 ···································· 178
　　考点34：建筑工程施工安全事故★ ·· 178
第五章　工程质量管理的基本知识 ·· 180
　第一节　建筑工程质量管理特点和原则 ·· 180

考点35：建筑工程质量管理特点和原则 …… 180
　第二节　建筑工程施工质量控制 …… 181
　　　考点36：施工质量控制的基本内容和要求★● …… 181
　第三节　施工质量问题的处理方法 …… 183
　　　考点37：施工质量问题的处理方法★● …… 183

第六章　工程成本管理基本知识 …… 185
　第一节　土建工程工程量清单编制 …… 185
　　　考点38：土建工程工程量清单编制 …… 185
　第二节　土建工程投标报价的编制 …… 186
　　　考点39：土建工程投标报价的编制 …… 186
　第三节　工程成本的构成和影响因素 …… 188
　　　考点40：工程成本的构成及影响因素★● …… 188
　第四节　施工成本控制的基本内容和要求 …… 189
　　　考点41：施工成本控制基本内容和要求★● …… 189
　第五节　施工过程中的成本控制的步骤和措施 …… 191
　　　考点42：施工成本控制步骤和措施★● …… 191

第七章　常用施工机械机具的性能 …… 193
　第一节　土方工程施工机械的主要技术性能 …… 193
　　　考点43：推土机械的性能★ …… 193
　　　考点44：铲运机械的性能★● …… 193
　　　考点45：挖土机械的性能★ …… 194
　第二节　垂直运输机械的主要技术性能 …… 197
　　　考点46：塔式起重机的性能★ …… 197
　　　考点47：动臂式塔式起重机 …… 198
　　　考点48：建筑施工电梯的性能 …… 198
　　　考点49：常用自行式起重机的性能★● …… 198
　第三节　混凝土工程施工机具的主要技术性能 …… 201
　　　考点50：钢筋加工机械★ …… 201
　　　考点51：混凝土搅拌和运输机具★● …… 202
　第四节　智慧工地管理系统 …… 203
　　　考点52：智慧工地管理系统★ …… 203

第八章　编制施工组织设计和专项施工方案 …… 206
　　　考点53：施工组织设计方案编制要点 …… 206
　　　考点54：施工方案及专项施工方案编制要点 …… 207

第九章　识读施工图和其他工程设计、施工文件 …… 209
　　　考点55：施工图和其他工程设计、施工文件概述 …… 209
　　　考点56：工程地质勘察报告、设计变更、图纸会审 …… 210

第十章　编写技术交底文件，实施技术交底 …… 212
　　　考点57：技术交底文件编制 …… 212

| 第十一章 | 使用测量仪器进行施工测量 | 213 |

考点 58：建筑工程施工测量 …… 213

| 第十二章 | 划分施工区段，确定施工顺序 | 215 |

考点 59：施工顺序及施工流水段的划分 …… 215

| 第十三章 | 进行资源平衡计算，编制施工进度计划及资源需求计划，控制调整计划 | 217 |

考点 60：施工进度计划的实施 …… 217

考点 61：工程项目资源 …… 217

| 第十四章 | 工程量计算及工程计价 | 220 |

考点 62：工程量清单计价 …… 220

考点 63：工程结算 …… 220

| 第十五章 | 确定施工质量控制点，编制质量控制文件，实施质量交底 | 222 |

考点 64：项目质量管理 …… 222

| 第十六章 | 确定施工安全防范重点，编制职业健康安全与环境技术文件，实施安全、环境交底 | 224 |

考点 65：项目安全管理 …… 224

| 第十七章 | 识别、分析施工质量缺陷和危险源 | 227 |

考点 66：施工危险源 …… 227

| 第十八章 | 调查分析施工质量、职业健康安全与环境问题 | 229 |

考点 67：施工质量问题产生原因及处理方法 …… 229

考点 68：职业健康安全与环境管理体系内容 …… 229

| 第十九章 | 记录施工情况，编制相关工程技术资料 | 231 |

考点 69：工程技术资料管理 …… 231

| 第二十章 | 利用专业软件对工程信息资料进行处理 | 232 |

考点 70：工程信息资料管理 …… 232

上篇 通用与基础知识

知识点导图

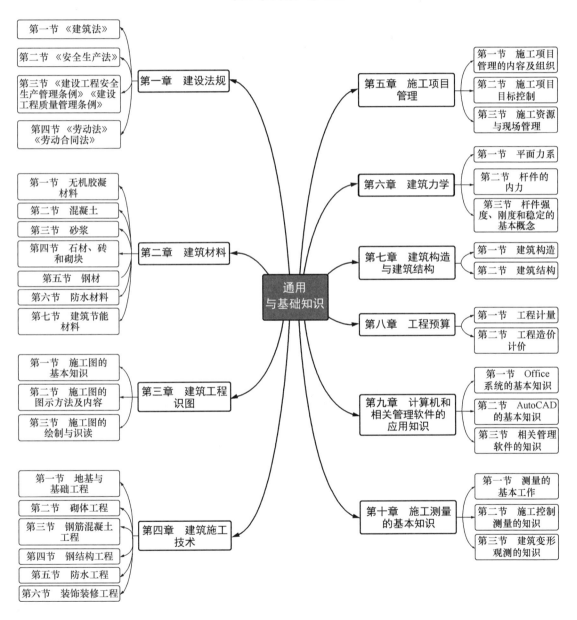

第一章 建 设 法 规

考点 1：建设法规构成概述

> **教材点睛** 教材① P1～P2
>
> **1. 我国建设法规体系的五个层次**
> （1）建设法律：全国人民代表大会及其常务委员会制定通过，国家主席以主席令的形式发布。
> （2）建设行政法规：国务院制定，国务院常务委员会审议通过，国务院总理以国务院令的形式发布。
> （3）建设部门规章：住房和城乡建设部制定并颁布，或与国务院其他有关部门联合制定并发布。
> （4）地方性建设法规：省、自治区、直辖市人民代表大会及其常委会制定颁布；本地适用。
> （5）地方建设规章：省、自治区、直辖市人民政府以及省会（自治区首府）城市和经国务院批准的较大城市的人民政府制定颁布的；本地适用。
> **2. 建设法规体系各层次间的法律效力**：上位法优先原则，依次为建设法律、建设行政法规、建设部门规章、地方性建设法规、地方建设规章。

巩固练习

1.【判断题】建设法规是指国家立法机关制定的旨在调整国家、企事业单位、社会团体、公民之间，在建设活动中发生的各种社会关系的法律法规的总称。（　　）

2.【判断题】在我国的建设法规的五个层次中，法律效力的层级是上位法高于下位法，具体表现为：建设法律→建设行政法规→建设部门规章→地方性建设法规→地方建设规章。（　　）

3.【单选题】以下法规属于建设行政法规的是（　　）。
A.《工程建设项目施工招标投标办法》　　B.《中华人民共和国城乡规划法》
C.《建设工程安全生产管理条例》　　D.《实施工程建设强制性标准监督规定》

4.【多选题】下列属于我国建设法规体系的是（　　）。
A. 建设行政法规　　B. 地方性建设法规
C. 建设部门规章　　D. 建设法律
E. 地方法律

【答案】1. ×；2. √；3. C；4. ABCD

---

① 本书上篇涉及的教材，指《施工员通用与基础知识（土建方向）（第三版）》，请读者结合学习。

第一节 《建筑法》

考点 2：《建筑法》的立法目的

> **教材点睛** 教材 P2
>
> 1. 《建筑法》的立法目的：加强对建筑活动的监督管理，维护建筑市场秩序，保证建筑工程的质量和安全，促进建筑业健康发展。
> 2. 现行《建筑法》是 2019 年修订施行的。

考点 3：从业资格的有关规定 ★●

> **教材点睛** 教材 P2~P5
>
> 法规依据：《建筑法》第 12 条、第 13 条、第 14 条；《建筑业企业资质标准》。
> **建筑业企业的资质**
> （1）建筑业企业资质序列：施工综合、施工总承包、专业承包和专业作业四个资质序列。【详见 P2 表 1-1】。
> （2）建筑业企业资质等级：施工综合资质不分等级，施工总承包资质分为甲级、乙级两个等级，专业承包资质一般分为甲级、乙级两个等级（部分专业不分等级），专业作业资质不分等级。【详见 P2 表 1-1】
> （3）承揽业务的范围
> ① 施工综合企业和施工总承包企业：可以承接施工总承包工程。其中建筑工程、市政公用工程施工总承包企业承包工程范围分别见表 1-2、表 1-3【P3~P4】。
> ② 专业承包企业：可以承接具有施工综合资质和施工总承包资质的企业依法分包的专业工程或建设单位依法发包的专业工程。建筑工程、市政公用工程相关的专业承包企业承包工程的范围见表 1-4【P4】。
> ③ 专业作业企业：可以承接具有上述三个承包资质企业分包的专业作业。

巩固练习

1. 【判断题】《建筑法》的立法目的在于加强对建筑活动的监督管理，维护建筑市场秩序，保证建筑工程的质量和安全，促进建筑业健康发展。（　　）
2. 【判断题】地基与基础工程专业乙级承包企业可承担深度不超过 24m 的刚性桩复合地基处理工程的施工。（　　）
3. 【判断题】承包建筑工程的单位只要实际资质等级达到法律规定，即可在其资质等级许可的业务范围内承揽工程。（　　）
4. 【判断题】专业作业企业可以承接具有施工综合、施工总承包、专业承包资质企业分包的专业作业。（　　）

5. 【单选题】下列各选项中，不属于《建筑法》规定约束的是( )。
   A. 建筑工程发包与承包　　　　　　B. 建筑工程涉及的土地征用
   C. 建筑安全生产管理　　　　　　　D. 建筑工程质量管理

6. 【单选题】建筑业企业资质等级，是由(   )按资质条件把企业划分成为不同等级。
   A. 国务院行政主管部门　　　　　　B. 国务院资质管理部门
   C. 国务院工商注册管理部门　　　　D. 国务院

7. 【单选题】按照《建筑业企业资质管理规定》，建筑业企业资质分为(   )四个资质序列。
   A. 特级、一级、二级
   B. 一级、二级、三级
   C. 甲级、乙级、丙级
   D. 施工综合、施工总承包、专业承包和专业作业

8. 【单选题】按照《建筑法》的规定，建筑业企业各资质等级标准和各类别等级资质企业承担工程的具体范围，由(   )会同国务院有关部门制定。
   A. 国务院国有资产管理部门
   B. 国务院建设行政主管部门
   C. 该类企业工商注册地的建设行政主管部门
   D. 省、自治区及直辖市建设主管部门

9. 【单选题】以下建筑装修装饰工程的乙级专业承包企业不可以承包的工程范围是(   )。
   A. 单位工程造价3400万元及以下建筑室内、室外装修装饰工程的施工
   B. 单位工程造价1200万元及以下建筑室内、室外装修装饰工程的施工
   C. 除建筑幕墙工程外的单位工程造价2400万元及以上建筑室内、室外装修装饰工程的施工
   D. 单项合同额2000万元及以下的建筑装修装饰工程，以及与装修工程直接配套的其他工程

【答案】1.√；2.√；3.×；4.√；5. B；6. A；7. D；8. B；9. A

考点4：《建筑法》关于建筑安全生产管理的规定 ★●

> **教材点睛**　教材P5～P7
>
> 法规依据：《建筑法》第36条、第38条、第39条、第41条、第44条～第48条、第51条。
> **1. 建筑安全生产管理方针**：安全第一、预防为主。
> **2. 建设工程安全生产基本制度**
> （1）安全生产责任制度：包括企业各级领导人员的安全职责、企业各有关职能部门的安全生产职责以及施工现场管理人员及作业人员的安全职责三个方面。

> **教材点睛** 教材 P5～P7
>
> （2）群防群治制度：要求建筑企业职工在施工中应当遵守有关生产的法律、法规和建筑行业安全规章、规程，不得违章作业；对于危及生命安全和身体健康的行为有权提出批评、检举和控告。
>
> （3）安全生产教育培训制度：安全生产，人人有责。要求全员培训，未经安全生产教育培训的人员，不得上岗作业。
>
> （4）伤亡事故处理报告制度：事故发生时及时上报，事故处理遵循"四不放过"的原则。【P7】
>
> （5）安全生产检查制度：是安全生产的保障，通过检查发现问题，查出隐患，采取有效措施，堵塞漏洞，做到防患于未然。
>
> （6）安全责任追究制度：对于没有履行职责造成人员伤亡和事故损失的参建单位，视情节给予相应处理；情节严重的，责令停业整顿，降低资质等级或吊销资质证书；构成犯罪的，依法追究刑事责任。

巩固练习

1. 【判断题】《建筑法》第 36 条规定，建筑工程安全生产管理必须坚持安全第一、预防为主的方针。其中"安全第一"是安全生产方针的核心。（　　）

2. 【判断题】群防群治制度是建筑生产中最基本的安全管理制度，是所有安全规章制度的核心，是安全第一、预防为主方针的具体体现。（　　）

3. 【单选题】建筑工程安全生产管理必须坚持安全第一、预防为主的方针。预防为主体现在建筑工程安全生产管理的全过程中，具体是指（　　）、事后总结。

    A. 事先策划、事中控制　　　　　　B. 事前控制、事中防范
    C. 事前防范、监督策划　　　　　　D. 事先策划、全过程自控

4. 【单选题】以下关于建设工程安全生产基本制度的说法中，正确的是（　　）。

    A. 群防群治制度是建筑生产中最基本的安全管理制度
    B. 建筑施工企业应当对直接施工人员进行安全教育培训
    C. 安全检查制度是安全生产的保障
    D. 施工中发生事故时，建筑施工企业应当及时清理事故现场并向建设单位报告

5. 【单选题】针对事故发生的原因，提出防止相同或类似事故发生的切实可行的预防措施，并督促事故发生单位加以实施，以达到事故调查和处理的最终目的。此款符合"四不放过"事故处理的（　　）原则。

    A. 事故原因不清楚不放过
    B. 事故责任者和群众没有受到教育不放过
    C. 事故责任者没有处理不放过
    D. 事故隐患不整改不放过

6. 【单选题】建筑施工单位的安全生产责任制主要包括各级领导人员的安全职责、（　　）以及施工现场管理人员及作业人员的安全职责三个方面。

A. 项目经理部的安全管理职责
B. 企业监督管理部的安全监督职责
C. 企业各有关职能部门的安全生产职责
D. 企业各级施工管理及作业部门的安全职责

7.【单选题】按照《建筑法》规定，鼓励企业为（　　）办理意外伤害保险，支付保险费。
A. 从事危险作业的职工　　　　B. 现场施工人员
C. 全体职工　　　　　　　　　D. 特种作业操作人员

8.【多选题】建设工程安全生产基本制度包括：安全生产责任制度、群防群治制度、（　　）等六个方面。
A. 安全生产教育培训制度　　　B. 伤亡事故处理报告制度
C. 安全生产检查制度　　　　　D. 防范监控制度
E. 安全责任追究制度

9.【多选题】在进行生产安全事故报告和调查处理时，必须坚持"四不放过"的原则，包括（　　）。
A. 事故原因不清楚不放过
B. 事故责任者和群众没有受到教育不放过
C. 事故单位未处理不放过
D. 事故责任者没有处理不放过
E. 没有制定防范措施不放过

【答案】1.×；2.×；3.A；4.C；5.D；6.C；7.A；8.ABCE；9.ABDE

考点5：《建筑法》关于质量管理的规定★

教材点睛 教材P7～P8

法规依据：《建筑法》第52条、第54条、第55条、第58条～第62条。

1. 建设工程竣工验收制度：是对工程是否符合设计要求和工程质量标准所进行的检查、考核工作。建筑工程竣工经验收合格后，方可交付使用；未经验收或者验收不合格的，不得交付使用。

2. 建设工程质量保修制度：在《建筑法》规定的保修期限内，因勘察、设计、施工、材料等原因造成的质量缺陷，应当由施工承包单位负责维修、返工或更换，由责任单位负责赔偿损失。对促进建设各方加强质量管理，保护用户及消费者的合法权益可起到重要的保障作用。

巩固练习

1.【判断题】在建设工程竣工验收后，在规定的保修期限内，因勘察、设计、施工、材料等原因造成的质量缺陷，应当由责任单位负责维修、返工或更换。（　　）

2.【单选题】建设工程项目的竣工验收,应当由(　　)依法组织进行。
   A. 建设单位　　　　　　　　　　　　B. 建设单位或有关主管部门
   C. 国务院有关主管部门　　　　　　　D. 施工单位

3.【单选题】在建设工程竣工验收后,在规定的保修期限内,因勘察、设计、施工、材料等原因造成的质量缺陷,应当由(　　)负责维修、返工或更换。
   A. 建设单位　　　　　　　　　　　　B. 监理单位
   C. 责任单位　　　　　　　　　　　　D. 施工承包单位

4.【单选题】根据《建筑法》的规定,以下属于保修范围的是(　　)。
   A. 供热、供冷系统工程　　　　　　　B. 因使用不当造成的质量缺陷
   C. 因第三方造成的质量缺陷　　　　　D. 不可抗力造成的质量缺陷

5.【单选题】建筑工程的质量保修的具体保修范围和最低保修期限由(　　)规定。
   A. 建设单位　　　　　　　　　　　　B. 国务院
   C. 施工单位　　　　　　　　　　　　D. 建设行政主管部门

6.【多选题】建筑工程的保修范围应当包括(　　)等。
   A. 地基基础工程　　　　　　　　　　B. 主体结构工程
   C. 屋面防水工程　　　　　　　　　　D. 电气管线
   E. 使用不当造成的质量缺陷

【答案】1. ×;2. B;3. D;4. A;5. B;6. ABCD

第二节　《安全生产法》

考点6:《安全生产法》的立法目的

> **教材点睛**　教材 P8
>
> 1.《安全生产法》的立法目的:为了加强安全生产工作,防止和减少生产安全事故,保障人民群众生命和财产安全,促进经济社会持续健康发展。
> 2. 现行《安全生产法》是2021年修订施行的。

考点7:生产经营单位的安全生产保障的有关规定●

> **教材点睛**　教材 P8~P12
>
> 法规依据:《安全生产法》第20条~第51条。
> **1. 组织保障措施**:建立安全生产管理机构;明确岗位责任。
> **2. 管理保障措施**包括:人力资源管理、物力资源管理、经济保障措施、技术保障措施。

考点 8：从业人员的安全生产权利义务的有关规定 ★●

> **教材点睛** 教材 P12～P13
>
> 法规依据：《安全生产法》第 28 条、第 45 条、第 52 条～第 61 条。
> **1. 安全生产中从业人员的权利**：知情权、批评权和检举、控告权、拒绝权、紧急避险权、请求赔偿权、获得劳动防护用品的权利、获得安全生产教育和培训的权利。
> **2. 安全生产中从业人员的义务**：自律遵规的义务、自觉学习安全生产知识的义务、危险报告义务。

考点 9：安全生产监督管理的有关规定

> **教材点睛** 教材 P13～P14
>
> 法规依据：《安全生产法》第 62 条～第 78 条。
> **1. 安全生产监督管理部门**：《安全生产法》第 10 条规定，国务院应急管理部门对全国安全生产工作实施综合监督管理。国务院交通运输、住房和城乡建设、水利、民航等有关部门在各自的职责范围内对有关行业、领域的安全生产工作实施监督管理。
> **2. 安全生产监督管理措施**：审查批准、验收；取缔，撤销，依法处理。
> **3. 安全生产监督管理部门的职权**：【详见 P14】；监督检查不得影响被检查单位的正常生产经营活动。

巩固练习

1.【判断题】危险物品的生产、经营、储存单位以及矿山、建筑施工单位的主要负责人和安全管理人员，应当缴费参加由有关部门组织的安全生产知识和管理能力培训考核，考核合格后方可任职。（　）

2.【判断题】生产经营单位的特种作业人员必须按照国家有关规定经生产经营单位组织的安全作业培训，方可上岗作业。（　）

3.【判断题】生产经营单位应当按照国家有关规定将本单位重大危险源及有关安全措施、应急措施报地方人民政府建设行政主管部门备案。（　）

4.【判断题】从业人员发现直接危及人身安全的紧急情况时，应先把紧急情况完全排除，经主管单位允许后撤离作业场所。（　）

5.【判断题】《安全生产法》的立法目的是加强安全生产工作，防止和减少生产安全事故，保障人民群众生命和财产安全，促进经济社会持续健康发展。（　）

6.【判断题】建筑施工从业人员在一百人以下的，不需要设置安全生产管理机构或者配备专职安全生产管理人员，但应当配备兼职的安全生产管理人员。（　）

7.【判断题】国家对严重危及生产安全的工艺、设备实行审批制度。（　）

8.【判断题】某施工现场将氧气瓶仓库放在临时建筑一层东侧，员工宿舍放在二层西侧，并采取了保证安全的措施。（　）

9.【判断题】生产经营单位的安全生产管理人员应当根据本单位的生产经营特点,对安全生产状况进行经常性检查;对检查中发现的安全问题,应当立即报告。（ ）

10.【判断题】生产经营单位临时聘用的钢结构焊接工人不属于生产经营单位的从业人员,所以不享有从业人员应享有的权利。（ ）

11.【单选题】《安全生产法》主要对生产经营单位的安全生产保障、(   )、安全生产的监督管理、生产安全事故的应急救援与调查处理四个主要方面作出了规定。
A. 生产经营单位的法律责任　　　　B. 安全生产的执行
C. 从业人员的权利和义务　　　　　D. 施工现场的安全

12.【单选题】下列关于生产经营单位安全生产保障的说法中,正确的是(   )。
A. 生产经营单位可以将生产经营项目、场所、设备发包给建设单位指定认可的不具有相应资质等级的单位或个人
B. 生产经营单位的特种作业人员经过单位组织的安全作业培训方可上岗作业
C. 生产经营单位必须依法参加工伤社会保险,为从业人员缴纳保险费
D. 生产经营单位仅需要为从业人员提供劳动防护用品

13.【单选题】下列措施中,不属于生产经营单位安全生产保障措施中经济保障措施的是(   )。
A. 保证劳动防护用品、安全生产培训所需要的资金
B. 保证工伤社会保险所需要的资金
C. 保证安全设施所需要的资金
D. 保证员工食宿设备所需要的资金

14.【单选题】当从业人员发现直接危及人身安全的紧急情况时,有权停止作业或在采取可能的应急措施后撤离作业场所,这里的权是指(   )。
A. 拒绝权　　　　　　　　　　　　B. 批评权和检举、控告权
C. 紧急避险权　　　　　　　　　　D. 自我保护权

15.【单选题】根据《安全生产法》规定,生产经营单位与从业人员订立协议,免除或减轻其对从业人员因生产安全事故伤亡依法应承担的责任,该协议(   )。
A. 无效　　　　　　　　　　　　　B. 有效
C. 经备案后生效　　　　　　　　　D. 效力待定

16.【单选题】根据《安全生产法》规定,安全生产中从业人员的义务不包括(   )。
A. 遵守安全生产规章制度和操作规程　　B. 接受安全生产教育和培训
C. 安全隐患及时报告　　　　　　　　　D. 紧急处理安全事故

17.【单选题】下列各项中,不属于生产经营单位的从业人员范畴的是(   )。
A. 技术人员　　　　　　　　　　　B. 临时聘用的钢筋工
C. 管理人员　　　　　　　　　　　D. 监督部门视察的监管人员

18.【单选题】下列各项中,不属于安全生产监督检查人员义务的是(   )。
A. 对检查中发现的安全生产违法行为,当场予以纠正或者要求限期改正
B. 执行监督检查任务时,必须出示有效的监督执法证件
C. 对涉及被检查单位的技术秘密和业务秘密,应当为其保密
D. 应当忠于职守,坚持原则,秉公执法

19.【多选题】生产经营单位安全生产保障措施由（　　）组成。
A. 经济保障措施　　　　　　　　B. 技术保障措施
C. 组织保障措施　　　　　　　　D. 法律保障措施
E. 管理保障措施

【答案】1. ×；2. ×；3. ×；4. ×；5. √；6. ×；7. ×；8. ×；9. ×；10. ×；11. C；12. C；13. D；14. C；15. A；16. D；17. D；18. A；19. ABCE

考点 10：安全事故应急救援与调查处理的规定★

> **教材点睛**　教材 P14～P16
>
> 法规依据：《安全生产法》第 79 条～第 89 条；《生产安全事故报告和调查处理条例》。
>
> **1. 生产安全事故的等级划分标准**（按生产安全事故造成的人员伤亡或直接经济损失划分）
>
> （1）特别重大事故：死亡≥30 人，或重伤≥100 人（包括急性工业中毒，下同），或直接经济损失＞1 亿元的事故；
>
> （2）重大事故：10 人≤死亡＜30 人，或 50 人≤重伤＜100 人，或 5000 万元≤直接经济损失＜1 亿元的事故；
>
> （3）较大事故：3 人≤死亡＜10 人，或 10 人≤重伤＜50 人，或 1000 万元≤直接经济损失＜5000 万元的事故；
>
> （4）一般事故：死亡＜3 人，或重伤＜10 人，或直接经济损失＜1000 万元的事故。
>
> **2. 生产安全事故报告**
>
> （1）生产经营单位发生生产安全事故后，事故现场有关人员应当立即报告本单位负责人。单位负责人接到事故报告后，应当按照国家有关规定立即如实报告当地负有安全生产监督管理职责的部门，不得隐瞒不报、谎报或者迟报，不得故意破坏事故现场、毁灭有关证据。
>
> （2）特种设备发生事故的，还应当同时向特种设备安全监督管理部门报告。实行施工总承包的建设工程，由总承包单位负责上报事故。
>
> **3. 应急抢救工作**：单位负责人接到事故报告后，应当迅速采取有效措施，组织抢救，防止事故扩大，减少人员伤亡和财产损失。
>
> **4. 事故的调查**：事故调查处理应当按照科学严谨、依法依规、实事求是、注重实效的原则，及时、准确地查清事故原因，查明事故性质和责任，评估应急处置工作总结事故教训，提出整改措施，并对事故责任者提出处理建议。

巩固练习

1.【判断题】某施工现场脚手架倒塌，造成 3 人死亡 8 人重伤，根据《生产安全事故

报告和调查处理条例》规定，该事故等级属于一般事故。　　　　　　（　　）

2. 【判断题】某化工厂施工过程中造成化学品试剂外泄导致现场 15 人死亡，120 人急性工业中毒，根据《生产安全事故报告和调查处理条例》规定，该事故等级属于重大事故。
　　　　　　　　　　　　　　　　　　　　　　　　　　　　　　　　（　　）

3. 【判断题】生产经营单位发生生产安全事故后，事故现场相关人员应当立即报告施工项目经理。　　　　　　　　　　　　　　　　　　　　　　　　　　（　　）

4. 【判断题】某实行施工总承包的建设工程的分包单位所承担的分包工程发生生产安全事故，分包单位负责人应当立即如实报告给当地建设行政主管部门。　　（　　）

5. 【单选题】根据《生产安全事故报告和调查处理条例》规定：造成 10 人及以上 30 人以下死亡，或者 50 人及以上 100 人以下重伤，或者 5000 万元及以上 1 亿元以下直接经济损失的事故属于(　　)。

　　A. 重伤事故　　　　　　　　　　　　B. 较大事故
　　C. 重大事故　　　　　　　　　　　　D. 死亡事故

6. 【单选题】某市地铁工程施工作业面内，因大量水和流沙涌入，引起部分结构损坏及周边地区地面沉降，造成 3 栋建筑物严重倾斜，直接经济损失约合 1.5 亿元。根据《生产安全事故报告和调查处理条例》规定，该事故等级属于(　　)。

　　A. 特别重大事故　　　　　　　　　　B. 重大事故
　　C. 较大事故　　　　　　　　　　　　D. 一般事故

7. 【单选题】以下关于安全事故调查的说法中，错误的是(　　)。

A. 重大事故由事故发生地省级人民政府负责调查

B. 较大事故的事故发生地与事故发生单位不在同一个县级以上行政区域的，由事故发生单位所在地的人民政府负责调查，事故发生地人民政府应当派人参加

C. 一般事故以下等级事故，可由县级人民政府直接组织事故调查，也可由上级人民政府组织事故调查

D. 特别重大事故由国务院或者国务院授权有关部门组织事故调查组进行调查

8. 【多选题】国务院《生产安全事故报告和调查处理条例》规定：根据生产安全事故造成的人员伤亡或者直接经济损失，以下事故等级分类正确的有(　　)。

A. 造成 120 人急性工业中毒的事故为特别重大事故

B. 造成 8000 万元直接经济损失的事故为重大事故

C. 造成 3 人死亡 800 万元直接经济损失的事故为一般事故

D. 造成 10 人死亡 35 人重伤的事故为较大事故

E. 造成 10 人死亡 35 人重伤的事故为重大事故

9. 【多选题】国务院《生产安全事故报告和调查处理条例》规定，事故一般分为以下(　　)等级。

　　A. 特别重大事故　　　　　　　　　　B. 重大事故
　　C. 大事故　　　　　　　　　　　　　D. 一般事故
　　E. 较大事故

【答案】1. ×；2. ×；3. ×；4. ×；5. C；6. A；7. B；8. ABE；9. ABDE

第三节 《建设工程安全生产管理条例》《建设工程质量管理条例》

考点11：《安全生产管理条例》★●

教材点睛 教材 P16~P19

1. **立法目的**：是为了加强建设工程安全生产监督管理，保障人民群众生命和财产安全。
2. 现行《建设工程安全生产管理条例》是2004年施行的。
3. 《建设工程安全生产管理条例》关于施工单位的安全责任的有关规定

法规依据：《建设工程安全生产管理条例》第20条~第38条。

(1) 施工单位有关人员的安全责任

1) 施工单位主要负责人（法人及施工单位全面负责、有生产经营决策权的人）：依法对本单位的安全生产工作全面负责。

2) 施工单位的项目负责人（具有建造师执业资格的项目经理）：对建设工程项目的安全全面负责。

3) 专职安全生产管理人员（具有安全生产考核合格证书）：对安全生产进行现场监督检查。发现安全事故隐患，应当及时向项目负责人和安全生产管理机构报告；对于违章指挥、违章操作的，应当立即制止。

(2) 总承包单位和分包单位的安全责任：总承包单位对施工现场的安全生产负总责，分包单位应当服从总承包单位的安全生产管理；总承包单位和分包单位对分包工程的安全生产承担连带责任，但分包单位不服从管理导致生产安全事故的，由分包单位承担主要责任。

(3) 安全生产教育培训

1) 管理人员的考核：施工单位的主要负责人、项目负责人、专职安全生产管理人员应当经建设行政主管部门或者其他有关部门考核合格后方可任职。

2) 作业人员的安全生产教育培训：日常培训、新岗位培训、特种作业人员的专业培训。

(4) 施工单位应采取的安全措施：编制安全技术措施、施工现场临时用电方案和专项施工方案；实行安全施工技术交底；设置施工现场安全警示标志；采取施工现场安全防护措施；施工现场的布置应当符合安全和文明施工要求；采取周边环境防护措施；制定实施施工现场消防安全措施；加强安全防护设备、起重机械设备管理；为施工现场从事危险作业人员办理意外伤害保险。

巩固练习

1. **【判断题】** 建设工程施工前，施工单位负责该项目管理的施工员应当对有关安全施工的技术要求向施工作业班组、作业人员做出详细说明，并由双方签字确认。（　　）

2.【判断题】施工技术交底的目的是使现场施工人员对安全生产有所了解,最大限度避免安全事故的发生。   (   )

3.【判断题】施工单位应当在施工现场入口处、施工起重机械、临时用电设施、脚手架等危险部位,设置明显的安全警示标志。   (   )

4.【单选题】以下关于专职安全生产管理人员的说法中,错误的是(   )。
A. 施工单位安全生产管理机构的负责人及其工作人员属于专职安全生产管理人员
B. 施工现场专职安全生产管理人员属于专职安全生产管理人员
C. 专职安全生产管理人员是指经过建设单位安全生产考核合格取得安全生产考核证书的专职人员
D. 专职安全生产管理人员应当对安全生产进行现场监督检查

5.【单选题】下列安全生产教育培训中,不是施工单位必须做的是(   )。
A. 施工单位的主要负责人的考核
B. 特种作业人员的专门培训
C. 作业人员进入新岗位前的安全生产教育培训
D. 监理人员的考核培训

6.【单选题】《特种设备安全监察条例》规定的施工起重机械,在验收前应当经有相应资质的检验检测机构监督检验合格。施工单位应当自施工起重机械和整体提升脚手架、模板等自升式架设设施验收合格之日起(   )日内,向建设行政主管部门或者其他有关部门登记。
A. 15   B. 30
C. 7   D. 60

7.【多选题】以下关于总承包单位和分包单位的安全责任的说法中,正确的是(   )。
A. 总承包单位应当自行完成建设工程主体结构的施工
B. 总承包单位对施工现场的安全生产负总责
C. 经业主认可,分包单位可以不服从总承包单位的安全生产管理
D. 分包单位不服从管理导致生产安全事故的,由总包单位承担主要责任
E. 总承包单位和分包单位对分包工程的安全生产承担连带责任

8.【多选题】根据《建设工程安全生产管理条例》,应编制专项施工方案,并附具安全验算结果的分部分项工程包括(   )。
A. 深基坑工程   B. 起重吊装工程
C. 模板工程   D. 楼地面工程
E. 脚手架工程

9.【多选题】施工单位应当根据论证报告修改完善专项方案,并经(   )签字后,方可组织实施。
A. 施工单位技术负责人   B. 总监理工程师
C. 项目监理工程师   D. 建设单位项目负责人
E. 建设单位法人

10.【多选题】施工单位使用承租的机械设备和施工机具及配件的,由(   )共同进行验收。

A. 施工总承包单位 B. 出租单位
C. 分包单位 D. 安装单位
E. 建设监理单位

【答案】1. √；2. ×；3. √；4. C；5. D；6. B；7. ABE；8. ABCE；9. AB；10. ABCD

考点 12：《建设工程质量管理条例》★●

> **教材点睛** 教材 P19～P21
>
> **1. 立法目的**：是为了加强对建设工程质量的管理，保证建设工程质量，保护人民生命和财产安全。
>
> 2. 现行《建设工程质量管理条例》是 2019 年修订的。
>
> **3.《建设工程质量管理条例》关于施工单位的质量责任和义务的有关规定**
>
> 法规依据：《建设工程质量管理条例》第 25 条～第 33 条。
>
> （1）依法承揽工程：施工单位应依法取得相应等级的资质证书，在资质等级许可范围内承揽工程；禁止以超资质、挂靠、被挂靠等方式承揽工程；不得转包或者违法分包工程。
>
> （2）施工单位的质量责任：施工单位对建设工程的施工质量负责。建设工程实行总承包的，总承包单位应当对全部建设工程质量负责；建设工程勘察、设计、施工、设备采购的一项或者多项实行总承包的，总承包单位应当对其承包的建设工程或者采购设备的质量负责；分包单位应当对其分包工程的质量向总承包单位负责，总承包单位与分包单位对分包工程的质量承担连带责任。
>
> （3）施工单位的质量义务：按图施工；对建筑材料、构配件和设备进行检验的责任；对施工质量进行检验的责任；见证取样；保修责任。

巩固练习

1.【判断题】施工人员对涉及结构安全的试块、试件以及有关材料，应当在建设单位或者工程监理单位监督下现场取样，并送具有相应资质等级的质量检测单位进行检测。
(   )

2.【判断题】在建设单位竣工验收合格前，施工单位应对质量问题履行返修义务。
(   )

3.【单选题】某项目分期开工建设，开发商二期工程 3、4 号楼仍然复制使用一期工程施工图纸。施工时施工单位发现该图纸使用的 02 标准图集现已废止，按照《建设工程质量管理条例》的规定，施工单位正确的做法是(   )。

A. 继续按图施工，因为按图施工是施工单位的本分
B. 按现行图集套改后继续施工
C. 及时向有关单位提出修改意见
D. 由施工单位技术人员修改图纸

4.【单选题】根据《建设工程质量管理条例》规定，施工单位应当对建筑材料、建筑

构配件、设备和商品混凝土进行检验,下列做法不符合规定的是( )。

A. 未经检验的,不得用于工程上
B. 检验不合格的,应当重新检验,直至合格
C. 检验要按规定的格式形成书面记录
D. 检验要有相关的专业人员签字

5.【单选题】根据有关法律法规有关工程返修的规定,下列说法正确的是( )。

A. 对施工过程中出现质量问题的建设工程,若非施工单位原因造成的,施工单位不负责返修
B. 对施工过程中出现质量问题的建设工程,无论是否施工单位原因造成的,施工单位都应负责返修
C. 对竣工验收不合格的建设工程,若非施工单位原因造成的,施工单位不负责返修
D. 对竣工验收不合格的建设工程,若是施工单位原因造成的,施工单位负责有偿返修

6.【多选题】以下各项中,属于施工单位应承担的质量责任和义务的有( )。

A. 建立质量保证体系
B. 按图施工
C. 对建筑材料、构配件和设备进行检验的责任
D. 组织竣工验收
E. 见证取样

【答案】1.√;2.√;3.C;4.B;5.B;6.ABCE

第四节 《劳动法》《劳动合同法》

考点 13:《劳动法》《劳动合同法》立法目的

> **教材点睛**　教材 P21
>
> 1.《劳动法》立法目的:是为了保护劳动者的合法权益,调整劳动关系,建立和维护适应社会主义市场经济的劳动制度,促进经济发展和社会进步。现行《劳动法》是 2018 年修订的。
>
> 2.《劳动合同法》立法目的:是为了完善劳动合同制度,明确劳动合同双方当事人的权利和义务,保护劳动者的合法权益,构建和发展和谐稳定的劳动关系。现行《劳动合同法》是 2012 年修订的。

考点 14:《劳动法》《劳动合同法》关于劳动合同和集体合同的有关规定 ★●

> **教材点睛**　教材 P21~P27
>
> 法规依据:关于劳动合同的条文参见《劳动法》第 16 条~第 32 条,《劳动合同法》第 7 条~第 50 条;

> **教材点睛** 教材 P21~P27（续）

关于集体合同的条文参见《劳动法》第 33 条~第 35 条，《劳动合同法》第 51 条~第 56 条。

1. 劳动合同分类：固定期限劳动合同、无固定期限劳动合同和以完成一定工作任务为期限的劳动合同。集体合同实际上是一种特殊的劳动合同。

2. 劳动合同的订立

（1）劳动合同的类型：固定期限劳动合同、期限劳动合同、无固定期限劳动合同。

（2）应当订立无固定期限劳动合同的情况：劳动者在该用人单位连续工作满 10 年的；用人单位初次实行劳动合同制度或者国有企业改制重新订立劳动合同时，劳动者在该用人单位连续工作满 10 年且距法定退休年龄不足 10 年的；同一单位连续订立两次固定期限劳动合同的。

（3）订立劳动合同的时间限制：建立劳动关系，应当订立书面劳动合同。

3. 劳动合同无效的情况

（1）以欺诈、胁迫的手段或者乘人之危，使对方在违背真实意思的情况下订立或者变更劳动合同的。

（2）用人单位免除自己的法定责任、排除劳动者权利的。

（3）违反法律、行政法规强制性规定的。

劳动合同部分无效，不影响其他部分效力的，其他部分仍然有效。

4. 集体合同的内容与订立

(1) 集体合同的主要内容包括：劳动报酬、工作时间、休息休假、劳动安全卫生、保险福利等事项，也可以就劳动安全卫生、女职工权益保护、工资调整机制等事项订立专项集体合同。

(2) 集体合同的签订人：工会代表职工或由职工推举的代表。

(3) 集体合同的效力：对企业和企业全体职工具有约束力。职工个人与企业订立的劳动合同中劳动条件和劳动报酬等标准不得低于集体合同的规定。

(4) 集体合同争议的处理：因履行集体合同发生争议，经协商解决不成的，工会或职工协商代表可以自劳动争议发生之日起 1 年内向劳动争议仲裁委员会申请劳动仲裁；对劳动仲裁结果不服的，可以自收到仲裁裁决书之日起 15 日内向人民法院提起诉讼。

考点 15：《劳动法》关于劳动安全卫生的有关规定●

> **教材点睛** 教材 P27

法规依据：《劳动法》第 52 条~第 57 条。

1. 劳动安全卫生的概念：指直接保护劳动者在劳动中的安全和健康的法律保护。
2. 用人单位和劳动者应当遵守的劳动安全卫生法律规定。【详见 P27】

> 巩固练习

1. 【判断题】《劳动合同法》的立法目的，是为了完善劳动合同制度，建立和维护适应社会主义市场经济的劳动制度，明确劳动合同双方当事人的权利和义务，保护劳动者的合法权益，构建和发展和谐稳定的劳动关系。（　　）

2. 【判断题】用人单位和劳动者之间订立的劳动合同可以采用书面或口头形式。
（　　）

3. 【判断题】已建立劳动关系，未同时订立书面劳动合同的，应当自用工之日起一个月内订立书面劳动合同。（　　）

4. 【判断题】用人单位违反集体合同，侵犯职工劳动权益的，职工可以要求用人单位承担责任。（　　）

5. 【单选题】下列社会关系中，属于《劳动法》调整的劳动关系的是（　　）。
   A. 施工单位与某个体经营者之间的加工承揽关系
   B. 劳动者与施工单位之间在劳动过程中发生的关系
   C. 家庭雇佣劳动关系
   D. 社会保险机构与劳动者之间的关系

6. 【单选题】2005年2月1日小李经过面试合格后并与某建筑公司签订了为期5年的用工合同，并约定了试用期，则试用期最迟至（　　）。
   A. 2005年2月28日 B. 2005年5月31日
   C. 2005年8月1日 D. 2006年2月1日

7. 【单选题】甲建筑材料公司聘请王某担任推销员，双方签订劳动合同，合同中约定如果王某完成承包标准，每月基本工资1000元，超额部分按40%提成，若不完成任务，可由公司扣减工资。下列选项中表述正确的是（　　）。
   A. 甲建筑材料公司不得扣减王某工资
   B. 由于在试用期内，所以甲建筑材料公司的做法是符合《劳动合同法》规定的
   C. 甲公司可以扣发王某的工资，但是不得低于用人单位所在地的最低工资标准
   D. 试用期内的工资不得低于本单位相同岗位的最低档工资

8. 【单选题】贾某与乙建筑公司签订了一份劳动合同，在合同尚未期满时，贾某拟解除劳动合同。根据规定，贾某应当提前（　　）日以书面形式通知用人单位。
   A. 3 B. 15
   C. 15 D. 30

9. 【单选题】在下列情形中，用人单位可以解除劳动合同，但应当提前30天以书面形式通知劳动者本人的是（　　）。
   A. 小王在试用期内迟到早退，不符合录用条件
   B. 小李因盗窃被判刑
   C. 小张在外出执行任务时负伤，失去左腿
   D. 小吴下班时间酗酒摔伤住院，出院后不能从事原工作也拒不从事单位另行安排的工作

10. 【单选题】按照《劳动合同法》的规定，在下列选项中，用人单位提前30日以书

面形式通知劳动者本人或额外支付1个月工资后可以解除劳动合同的情形是( )。

A. 劳动者患病或非工负伤在规定的医疗期满后不能胜任原工作的
B. 劳动者试用期间被证明不符合录用条件的
C. 劳动者被依法追究刑事责任的
D. 劳动者不能胜任工作，经培训或调整岗位仍不能胜任工作的

11.【单选题】王某应聘到某施工单位，双方于4月15日签订为期3年的劳动合同，其中约定试用期3个月，次日合同开始履行，7月18日，王某拟解除劳动合同，则( )。

A. 必须取得用人单位同意
B. 口头通知用人单位即可
C. 应提前30日以书面形式通知用人单位
D. 应报请劳动行政主管部门同意后以书面形式通知用人单位

12.【单选题】2013年1月，甲建筑材料公司聘请王某担任推销员，但2013年3月，由于王某怀孕，身体健康状况欠佳，未能完成任务，为此，公司按合同的约定扣减工资，只发生活费，其后，又有两个月均未能完成承包任务，因此，甲公司解除与王某的劳动合同。下列选项中表述正确的是( )。

A. 由于在试用期内，甲公司可以随时解除劳动合同
B. 由于王某不能胜任工作，甲公司应提前30日通知王某，解除劳动合同
C. 甲公司可以支付王某一个月工资后解除劳动合同
D. 由于王某在怀孕期间，所以甲公司不能解除劳动合同

13.【多选题】无效的劳动合同，从订立的时候起，就没有法律约束力。下列属于无效劳动合同的有( )。

A. 报酬较低的劳动合同
B. 违反法律、行政法规强制性规定的劳动合同
C. 采用欺诈、威胁等手段订立的严重损害国家利益的劳动合同
D. 未规定明确合同期限的劳动合同
E. 劳动内容约定不明确的劳动合同

14.【多选题】关于劳动合同变更，下列表述中正确的有( )。

A. 用人单位与劳动者协商一致，可变更劳动合同的内容
B. 变更劳动合同只能在合同订立之后、尚未履行之前进行
C. 变更后的劳动合同文本由用人单位和劳动者各执一份
D. 变更劳动合同，应采用书面形式
E. 建筑公司可以单方变更劳动合同，变更后劳动合同有效

15.【多选题】根据《劳动合同法》，劳动者有下列( )情形之一的，用人单位可随时解除劳动合同。

A. 在试用期间被证明不符合录用条件的
B. 严重失职，营私舞弊，给用人单位造成重大损害的
C. 劳动者不能胜任工作，经过培训或者调整工作岗位，仍不能胜任工作的
D. 劳动者患病，在规定的医疗期满后不能从事原工作，也不能从事由用人单位另行

安排的工作的

E. 被依法追究刑事责任

16.【多选题】某建筑公司发生以下事件：职工李某因工负伤而丧失劳动能力；职工王某因盗窃自行车一辆而被公安机关给予行政处罚；职工徐某因与他人同居而怀孕；职工陈某被派往境外逾期未归；职工张某因工程重大安全事故罪被判刑。对此，建筑公司可以随时解除劳动合同的有（　　）。

A. 李某　　　　　　　　　　B. 王某
C. 徐某　　　　　　　　　　D. 陈某
E. 张某

17.【多选题】下列情形中，用人单位不得解除劳动合同的有（　　）。

A. 劳动者被依法追究刑事责任
B. 女职工在孕期、产期、哺乳期
C. 患病或者非因工负伤，在规定的医疗期内的
D. 因工负伤被确认丧失或者部分丧失劳动能力
E. 劳动者不能胜任工作，经过培训，仍不能胜任工作

18.【多选题】下列情况中，劳动合同终止的有（　　）。

A. 劳动者开始依法享受基本养老待遇
B. 劳动者死亡
C. 用人单位名称发生变更
D. 用人单位投资人变更
E. 用人单位被依法宣告破产

【答案】1. ×；2. ×；3. √；4. ×；5. B；6. C；7. C；8. D；9. D；10. D；11. C；12. D；13. BC；14. ACD；15. ABE；16. DE；17. BCD；18. ABE

第二章 建 筑 材 料

第一节 无机胶凝材料

考点 16：无机胶凝材料的分类及特性★

> **教材点睛** 教材 P28～P29

无机胶凝材料类型	适用环境	代表材料
气硬性胶凝材料	只适用于干燥环境	石灰、石膏、水玻璃
水硬性胶凝材料	既适用于干燥环境，也适用于潮湿环境及水中工程	水泥

考点 17：通用水泥的特性、主要技术性质及应用★●

> **教材点睛** 教材 P29～P32

1. 通用水泥的特性及应用：【详见 P29 表 2-2】。

2. 通用水泥的主要技术性质包括：细度、标准稠度及其用水量、凝结时间、体积安定性、强度、水化热。

3. 特性水泥的分类、特性及应用

（1）快硬硅酸盐水泥（快硬水泥）：硅酸盐水泥熟料加适量石膏磨细制成。

1）适用范围：可用于紧急抢修工程、低温施工工程等，可配制成早强、高等级混凝土。

2）优缺点：凝结硬化快，早期强度增长率高。快硬水泥易受潮变质，故储运时须特别注意防潮，并应及时使用，不宜久存，出厂超过 1 个月，应重新检验，合格后方可使用。

（2）白色硅酸盐水泥（白水泥）、彩色硅酸盐水泥（彩色水泥）

1）白水泥组成：以白色硅酸盐水泥熟料，加入适量石膏，经磨细制成的水硬性胶凝材料。

2）彩色水泥组成：①在白水泥的生料中加入少量金属氧化物，直接烧成彩色水泥熟料，然后再加适量石膏磨细而成。②为白水泥熟料、适量石膏及碱性颜料共同磨细而成。

3）适用范围：主要用于建筑物内外的装饰。配以大理石、白云石石子和石英砂等粗细骨料，可以拌制成彩色砂浆和混凝土，做成彩色水磨石、水刷石等。

（3）膨胀水泥：以适当比例的硅酸盐水泥或普通硅酸盐水泥、铝酸盐水泥等和天然二水石膏磨制而成的膨胀性的水硬性胶凝材料。

> **教材点睛** 教材 P29～P32(续)
>
> 1) 我国常用的膨胀水泥有：硅酸盐、铝酸盐、硫铝酸及铁铝酸盐膨胀水泥等。
> 2) 适用范围：主要用于收缩补偿混凝土工程，防渗混凝土（屋顶防渗、水池等），防渗砂浆，结构的加固，构件接缝、接头的灌浆，固定设备的基座及地脚螺栓等。

巩固练习

1. 【判断题】气硬性胶凝材料只能在空气中凝结、硬化、保持和发展强度，一般只适用于干燥环境，不宜用于潮湿环境与水中，那么水硬性胶凝材料则只能适用于潮湿环境与水中。（ ）

2. 【判断题】通常将水泥、矿物掺合料、粗细骨料、水和外加剂按一定的比例配制而成的、干表观密度为 2000～3000kg/m³ 的混凝土称为普通混凝土。（ ）

3. 【单选题】下列属于水硬性胶凝材料的是（ ）。
   A. 石灰
   B. 石膏
   C. 水泥
   D. 水玻璃

4. 【单选题】气硬性胶凝材料一般只适用于（ ）环境中。
   A. 干燥
   B. 干湿交替
   C. 潮湿
   D. 水中

5. 【单选题】下列不属于按用途和性能对水泥分类的是（ ）。
   A. 通用水泥
   B. 专用水泥
   C. 特性水泥
   D. 多用水泥

6. 【单选题】下列关于建筑工程常用的特性水泥的特性及应用的表述中，不正确的是（ ）。
   A. 白水泥和彩色水泥主要用于建筑物室内外的装饰
   B. 膨胀水泥主要用于收缩补偿混凝土工程，防渗混凝土，防渗砂浆，结构的加固，构件接缝、接头的灌浆，固定设备的基座及地脚螺栓等
   C. 快硬水泥易受潮变质，故储运时须特别注意防潮，并应及时使用，不宜久存，出厂超过 3 个月，应重新检验，合格后方可使用
   D. 快硬硅酸盐水泥可用于紧急抢修工程、低温施工工程等，可配制成早强、高等级混凝土

7. 【多选题】下列关于通用水泥的特性及应用的基本规定中，表述正确的是（ ）。
   A. 复合硅酸盐水泥适用于早期强度要求高的工程及冬期施工的工程
   B. 矿渣硅酸盐水泥适用于大体积混凝土工程
   C. 粉煤灰硅酸盐水泥适用于有抗渗要求的工程
   D. 火山灰质硅酸盐水泥适用于抗裂性要求较高的构件
   E. 硅酸盐水泥适用于严寒地区反复遭受冻融循环作用的混凝土工程

8. 【多选题】下列属于通用水泥的主要技术指标的是（ ）。
   A. 细度
   B. 凝结时间

C. 黏聚性　　　　　　　　　　　D. 体积安定性
E. 水化热

【答案】1.×；2.×；3.C；4.A；5.D；6.C；7.BE；8.ABDE

第二节　混　凝　土

考点 18：普通混凝土★

教材点睛　教材 P32～P34

1. 普通混凝土（干表观密度为 2000～2800kg/m³）的分类

普通混凝土分类一览表

按用途分类	结构混凝土、抗渗混凝土、抗冻混凝土、大体积混凝土、水工混凝土、耐热混凝土、耐酸混凝土、装饰混凝土等	普通混凝土广泛用于建筑、桥梁、道路、水利、码头、海洋等工程
按强度等级分类	普通强度混凝土（<C60）、高强混凝土（≥C60）、超高强混凝土（≥C100）	
按施工工艺分类	喷射混凝土、泵送混凝土、碾压混凝土、压力灌浆混凝土、离心混凝土、真空脱水混凝土	

2. 普通混凝土的主要技术性质

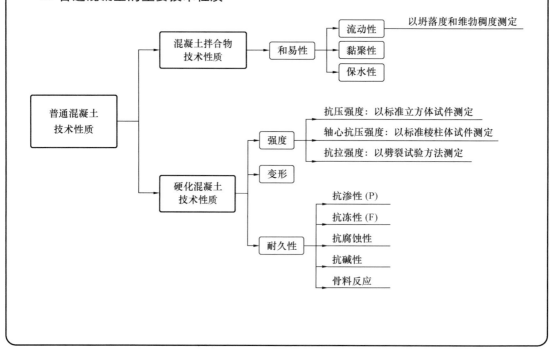

教材点睛 教材 P34～P36

3. 普通混凝土的组成材料及其主要技术要求

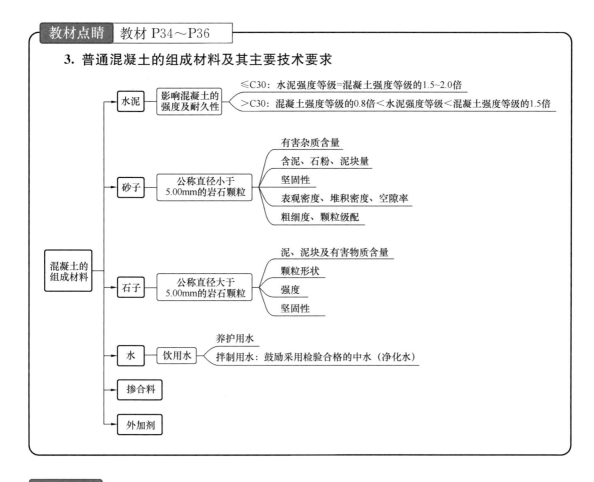

巩固练习

1.【判断题】混凝土立方体抗压强度标准值系指按照标准方法制成边长为150mm的标准立方体试件，在标准条件（温度20℃±2℃，相对湿度为95％以上）下养护28d，然后采用标准试验方法测得的极限抗压强度值。（　　）

2.【判断题】混凝土的轴心抗压强度是采用150mm×150mm×500mm棱柱体作为标准试件，在标准条件（温度20℃±2℃，相对湿度为95％以上）下养护28d，采用标准试验方法测得的抗压强度值。（　　）

3.【判断题】我国目前采用劈裂试验方法测定混凝土的抗拉强度。劈裂试验方法是采用边长为150mm的立方体标准试件，按规定的劈裂拉伸试验方法测定的混凝土的劈裂抗拉强度。（　　）

4.【判断题】混凝土外加剂按照其主要功能分为高性能减水剂、高效减水剂、普通减水剂、引气减水剂、泵送剂、早强剂、缓凝剂和引气剂共八类。（　　）

5.【单选题】下列关于普通混凝土的分类方法错误的是（　　）。
A. 按用途分为结构混凝土、抗渗混凝土、抗冻混凝土、大体积混凝土、水工混凝土、耐热混凝土、耐酸混凝土、装饰混凝土等
B. 按强度等级分为普通强度混凝土、高强混凝土、超高强混凝土

C. 按强度等级分为低强度混凝土、普通强度混凝土、高强混凝土、超高强混凝土
D. 按工艺分为喷射混凝土、泵送混凝土、碾压混凝土、压力灌浆混凝土、离心混凝土、真空脱水混凝土

6.【单选题】下列关于混凝土耐久性的相关表述中，正确的是（　　）。
A. 抗渗等级是以28d龄期的标准试件，用标准试验方法进行试验，以每组八个试件，六个试件未出现渗水时，所能承受的最大静水压来确定
B. 主要包括抗渗性、抗冻性、耐久性、抗碳化、抗碱骨料反应等方面
C. 抗冻等级是28d龄期的混凝土标准试件，在浸水饱和状态下，进行冻融循环试验，以抗压强度损失不超过20%，同时质量损失不超过10%时，所能承受的最大冻融循环次数来确定
D. 当工程所处环境存在侵蚀介质时，对混凝土必须提出耐久性要求

7.【多选题】下列关于普通混凝土的组成材料及其主要技术要求的相关说法中，正确的是（　　）。
A. 一般情况下，配制中、低强度的混凝土时，水泥强度等级为混凝土强度等级的1.0～1.5倍
B. 天然砂的坚固性用硫酸钠溶液法检验，砂样经5次循环后其质量损失应符合国家标准的规定
C. 和易性一定时，采用粗砂配制混凝土，可减少拌合用水量，节约水泥用量
D. 按水源不同分为饮用水、地表水、地下水、海水及工业废水
E. 混凝土用水应优先采用符合国家标准的饮用水

【答案】1.√；2.×；3.√；4.√ 5.C；6.B；7.BCE

考点19：轻混凝土、高性能混凝土、预拌混凝土 ★●

教材点睛 教材 P36～P37

1. 轻混凝土

（1）轻混凝土的分类

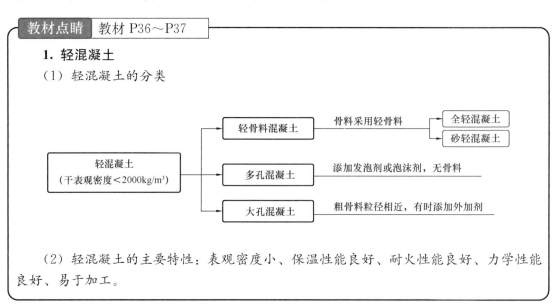

（2）轻混凝土的主要特性：表观密度小、保温性能良好、耐火性能良好、力学性能良好、易于加工。

> **教材点睛** 教材 P36~P37（续）
>
> （3）适用范围：主要用于非承重的墙体及保温、隔声材料。轻骨料混凝土还可用于承重结构，以达到减轻自重的目的。
>
> **2. 高性能混凝土**
>
> （1）高性能混凝土主要特性：具有一定的强度和高抗渗能力；具有良好的工作性、耐久性好；具有较高的体积稳定性（早期水化热低、后期收缩变形小）。
>
> （2）适用范围：桥梁工程、高层建筑、工业厂房、港口及海洋工程、水工结构等工程。
>
> **3. 预拌混凝土（商品混凝土）**
>
> 预拌混凝土设备利用率高、计量准确、产品质量好、材料消耗少、工效高、成本较低，又能改善劳动条件，减少环境污染。

考点 20：常用混凝土外加剂的品种及应用★

> **教材点睛** 教材 P37~P39
>
> **1. 混凝土外加剂的分类及主要功能**
>
> | 外加剂分类及主要功能 | 代表外加剂名称 |
> | --- | --- |
> | 改善混凝土拌合物流变性的外加剂 | 减水剂、泵送剂等 |
> | 调节混凝土凝结时间、硬化性能的外加剂 | 缓凝剂、速凝剂、早强剂等 |
> | 改善混凝土耐久性的外加剂 | 引气剂、防水剂、阻锈剂和矿物外加剂等 |
> | 改善混凝土其他性能的外加剂 | 加气剂、膨胀剂、防冻剂和着色剂等 |
>
> **2. 混凝土外加剂常用品种**：减水剂、早强剂、氯盐类早强剂、硫酸盐类早强剂、缓凝剂、引气剂、膨胀剂、防冻剂、泵送剂、速凝剂（用于喷射混凝土、堵漏等）。

巩固练习

1.【判断题】轻混凝土主要用于非承重的墙体及保温、隔声材料。（ ）
2.【判断题】混凝土外加剂按照其主要功能分为高性能减水剂、高效减水剂、普通减水剂、引气减水剂、泵送剂、早强剂、缓凝剂和引气剂共八类。（ ）
3.【单选题】下列不属于高性能混凝土主要特性的是（ ）。
   A. 具有一定的强度和高抗渗能力　　B. 具有良好的工作性
   C. 力学性能良好　　D. 具有较高的体积稳定性
4.【单选题】轻混凝土干表观密度是（ ）kg/m³。
   A. <1000　　B. <1200　　C. <1500　　D. <2000
5.【单选题】下列不属于常用早强剂的是（ ）。
   A. 氯盐类早强剂　　B. 硝酸盐类早强剂
   C. 硫酸盐类早强剂　　D. 有机胺类早强剂

6.【单选题】改善混凝土拌合物和易性的外加剂是(　　)。
A. 缓凝剂　　　　　B. 早强剂　　　　　C. 引气剂　　　　　D. 速凝剂

7.【单选题】下列关于膨胀剂、防冻剂、泵送剂、速凝剂的相关说法中,错误的是(　　)。
A. 膨胀剂是能使混凝土产生一定体积膨胀的外加剂
B. 常用防冻剂有氯盐类、氯盐阻锈类、氯盐与阻锈剂为主复合的外加剂、硫酸盐类
C. 泵送剂是改善混凝土泵送性能的外加剂
D. 速凝剂主要用于喷射混凝土、堵漏等

8.【多选题】预拌混凝土（商品混凝土）的特点有(　　)。
A. 设备利用率高　　　　　　　　B. 成本较低
C. 改善劳动条件　　　　　　　　D. 材料消耗大
E. 减少环境污染

9.【多选题】下列属于减水剂的是(　　)。
A. 高效减水剂　　　　　　　　　B. 早强减水剂
C. 复合减水剂　　　　　　　　　D. 缓凝减水剂
E. 泵送减水剂

10.【多选题】混凝土缓凝剂主要用于(　　)的施工。
A. 高温季节混凝土　　　　　　　B. 蒸养混凝土
C. 大体积混凝土　　　　　　　　D. 滑模工艺混凝土
E. 商品混凝土

11.【多选题】混凝土引气剂适用于(　　)的施工。
A. 蒸养混凝土　　　　　　　　　B. 大体积混凝土
C. 抗冻混凝土　　　　　　　　　D. 防水混凝土
E. 泌水严重的混凝土

【答案】1. √；2. √；3. C；4. D；5. B；6. C；7. B；8. ABCE；9. ABD；10. ACD；11. CDE

第三节　砂　　浆

考点 21：砂浆 ★●

教材点睛　教材 P39～P40

1. 砂浆的分类、特性及应用

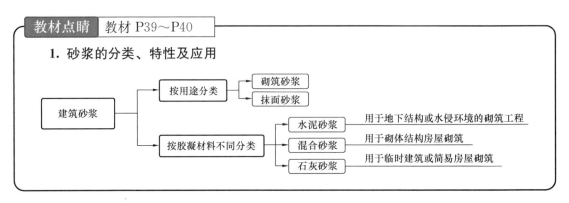

教材点睛 教材 P39～P42

2. 砌筑砂浆的主要技术性质

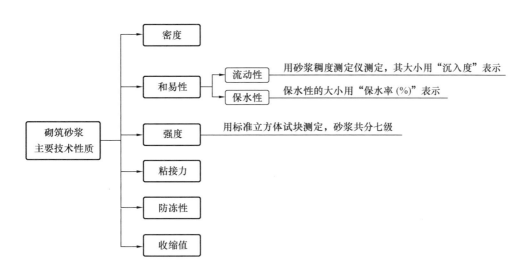

3. 砌筑砂浆的组成材料及其技术要求

（1）胶凝材料（水泥）

1）常用水泥品种：普通水泥、矿渣水泥、火山灰水泥、粉煤灰水泥和砌筑水泥等。

2）根据砂浆品种及强度等级选用水泥品种：M15 及以下强度等级的砌筑砂浆宜选用 42.5 级通用硅酸盐水泥或砌筑水泥；M15 以上强度等级的砌筑砂浆宜选用 42.5 级通用硅酸盐水泥。

（2）细骨料（砂）：除毛石砌体宜选用粗砂外，其他一般宜选用中砂。砂的含泥量不应超过 5%。

（3）水：选用不含有害杂质的洁净水来拌制砂浆。

（4）掺加料有：石灰膏（严禁使用脱水硬化的石灰膏）、电石膏（没有乙炔气味后，方可使用）、粉煤灰。【消石灰粉不得直接用于砌筑砂浆中】

（5）常用的外加剂有：有机塑化剂、引气剂、早强剂、缓凝剂、防冻剂等。

4. 抹面砂浆的分类及应用

（1）抹面砂浆（抹灰砂浆）的作用：保护墙体不受风雨、潮气等侵蚀，提高墙体的耐久性；也可使建筑表面平整、光滑、清洁美观。

（2）按使用要求不同可分为：普通抹面砂浆、装饰砂浆和具有特殊功能的抹面砂浆（如防水砂浆、耐酸砂浆、绝热砂浆、吸声砂浆等）。

（3）普通抹面砂浆

1）常用的普通抹面砂浆有：水泥砂浆、水泥石灰砂浆、水泥粉煤灰砂浆、掺塑化剂水泥砂浆、聚合物水泥砂浆、石膏砂浆。

2）抹面砂浆施工通常分为底层、中层和面层施工。各层抹面砂浆配合比及用料，需根据其作用、要求、部位、环境及材料品种等因素确定。

> **教材点睛** 教材 P40～P42（续）
>
> **5. 装饰砂浆**
> （1）材料组成：胶凝材料采用白水泥和彩色水泥，以及石灰、石膏等。细骨料常用大理石、花岗石等带颜色的细石渣或玻璃、陶瓷碎粒等。
> （2）装饰砂浆常用的工艺做法包括：水刷石、水磨石、斩假石、拉毛等。

巩固练习

1. 【判断题】M15 以上强度等级的砌筑砂浆宜选用 42.5 级通用硅酸盐水泥。（　　）
2. 【单选题】下列关于砂浆与水泥的说法，错误的是（　　）。
A. 根据胶凝材料的不同，建筑砂浆可分为石灰砂浆、水泥砂浆和混合砂浆
B. 水泥属于水硬性胶凝材料，因而只能在潮湿环境与水中凝结、硬化、保持和发展强度
C. 水泥砂浆强度高、耐久性和耐火性好，常用于地下结构或经常受水侵蚀的砌体部位
D. 水泥按其用途和性能可分为通用水泥、专用水泥以及特性水泥
3. 【单选题】下列关于砌筑砂浆主要技术性质的说法，错误的是（　　）。
A. 砌筑砂浆的技术性质主要包括新拌砂浆的密度、和易性、硬化砂浆强度等指标
B. 流动性的大小用"沉入度"表示，通常用砂浆稠度测定仪测定
C. 砂浆流动性的选择与砌筑种类、施工方法及天气情况有关。流动性过大，砂浆太稀，不仅铺砌难，而且硬化后强度降低；流动性过小，砂浆太稠，难于铺平
D. 砂浆的强度是以 5 个 150mm×150mm×150mm 的立方体试块，在标准条件下养护 28d 后，用标准方法测得的抗压强度（MPa）算术平均值来评定的
4. 【单选题】下列关于砌筑砂浆的组成材料及其技术要求的说法，正确的是（　　）。
A. M15 及以下强度等级的砌筑砂浆宜选用 42.5 级通用硅酸盐水泥或砌筑水泥
B. 砌筑砂浆常用的细骨料为普通砂，砂的含泥量不应超过 5%
C. 生石灰熟化成石灰膏时，熟化时间不得少于 7d；磨细生石灰粉的熟化时间不得少于 3d
D. 制作电石膏的电石渣应用孔径不大于 3mm×3mm 的网过滤，检验时应加热至 70℃并保持 60min
5. 【单选题】下列关于抹面砂浆分类及应用的说法，错误的是（　　）。
A. 常用的普通抹面砂浆有水泥砂浆、水泥石灰砂浆、水泥粉煤灰砂浆、掺塑化剂水泥砂浆等
B. 为了保证抹灰表面的平整，避免开裂和脱落，抹面砂浆通常分为底层、中层和面层
C. 装饰砂浆与普通抹面砂浆的主要区别在中层和面层
D. 装饰砂浆常用的胶凝材料有白水泥和彩色水泥，以及石灰、石膏等
6. 【多选题】装饰砂浆常用的工艺做法有（　　）。

A. 搓毛　　　　　　　　　　　B. 拉毛
C. 斩假石　　　　　　　　　　D. 水磨石
E. 水刷石

【答案】1.√；2.B；3.D；4.B；5.C；6.BCDE

第四节　石材、砖和砌块

考点 22：石材、砖和砌块★●

> **教材点睛** 教材 P42～P47
>
> **1. 砌筑用石材的分类及应用**
>
>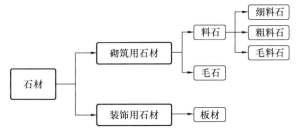
>
> （1）砌筑用石材主要用于建筑物基础、挡土墙等，也可用于建筑物墙体。
> （2）装饰用石材主要用于公共建筑或装饰等级要求较高的室内外装饰工程。
>
> **2. 砖的分类、主要技术要求及应用**
>
> （1）烧结砖品种及用途
>
> 1）烧结普通砖：主要用于砌筑建筑物的内墙、外墙、柱、烟囱和窑炉。目前，禁止使用黏土实心砖，可使用黏土多孔砖和空心砖。
>
> 2）烧结多孔砖：优等品可用于墙体装饰和清水墙砌筑，一等品和合格品可用于混水墙，中等泛霜的砖不得用于潮湿部位。
>
> 3）烧结空心砖：多层建筑内隔墙或框架结构的填充墙等。
>
> （2）非烧结砖的用途
>
> 常用的非烧结砖有：蒸压灰砂砖、蒸压粉煤灰砖、炉渣砖、混凝土砖，均可用于工业与民用建筑的墙体和基础砌筑。除混凝土砖以外，均不得用于长期受热 200℃以上、受急冷急热或有侵蚀的环境。
>
> **3. 砌块的分类、主要技术要求及应用**
>
> （1）目前我国常用的砌块有：蒸压加气混凝土砌块、普通混凝土小型空心砌块、石膏砌块等。
>
> （2）蒸压加气混凝土砌块：适用于低层建筑的承重墙，多层建筑和高层建筑的隔离墙、填充墙及工业建筑物的围护墙体和绝热墙体。
>
> （3）普通混凝土小型空心砌块：建筑体系比较灵活，砌筑方便，主要用于建筑的内外墙体。

> 巩固练习

1. 【判断题】砌筑用石材主要用于建筑物基础、挡土墙等。（　　）
2. 【单选题】下列关于烧结砖的分类、主要技术要求及应用的相关说法中，正确的是（　　）。
   A. 强度、抗风化性能和放射性物质合格的烧结普通砖，根据尺寸偏差、外观质量、泛霜和石灰爆裂等指标，分为优等品、一等品、合格品三个等级
   B. 强度和抗风化性能合格的烧结空心砖，根据尺寸偏差、外观质量、孔型及孔洞排列、泛霜、石灰爆裂等指标，分为优等品、一等品、合格品三个等级
   C. 烧结多孔砖主要用作非承重墙，如多层建筑内隔墙或框架结构的填充墙
   D. 烧结空心砖在对安全性要求低的建筑中，可以用于承重墙体
3. 【单选题】砌筑用石材分类不包括（　　）。
   A. 毛料石　　　　　　　　　　B. 细料石
   C. 板材　　　　　　　　　　　D. 粗料石
4. 【单选题】砌墙砖按规格、孔洞率及孔的大小分类不包括（　　）。
   A. 空心砖　　　　　　　　　　B. 多孔砖
   C. 实心砖　　　　　　　　　　D. 普通砖
5. 【单选题】按有无孔洞，砌块可分为实心砌块和空心砌块，空心砌块的空心率（　　）。
   A. ≥10%　　　　　　　　　　B. ≥15%
   C. ≥20%　　　　　　　　　　D. ≥25%
6. 【多选题】下列关于砌筑用石材的分类及应用的相关说法中，正确的是（　　）。
   A. 装饰用石材主要为板材
   B. 细料石通过细加工，外形规则，叠砌面凹入深度不应大于10mm，截面的宽度、高度不应小于200mm，且不应小于长度的1/4
   C. 毛料石外形大致方正，一般不加工或稍加修整，高度不应小于200mm，叠砌面凹入深度不应大于20mm
   D. 毛石指形状不规则，中部厚度不小于300mm的石材
   E. 装饰用石材主要用于公共建筑或装饰等级要求较高的室内外装饰工程

【答案】1.√；2.A；3.C；4.C；5.D；6.ABE

第五节 钢 材

考点 23：钢材的分类及主要技术性能★

> **教材点睛** 教材 P47～P50
>
> 1. 建筑工程中目前常用的钢种是普通碳素结构钢和普通低合金结构钢。
> 2. 钢材的技术性能
>
>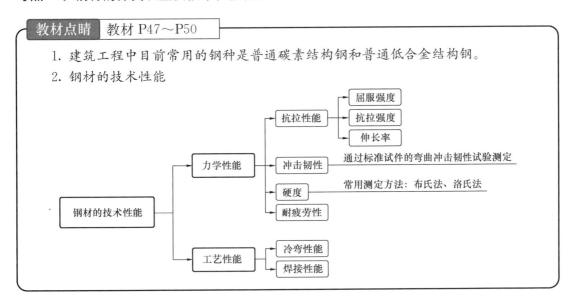

考点 24：钢结构用钢材的品种及特性★

> **教材点睛** 教材 P50～P52
>
> 1. **建筑钢结构用钢材分为**：碳素结构钢和低合金高强度结构钢两种。
> 2. **钢结构用钢材**主要是型钢和钢板。型钢和钢板的成型有热轧和冷轧两种。
> 3. **常用的热轧型钢有**：角钢、工字钢、槽钢、H 型钢等。
> （1）工字钢广泛应用于各种建筑结构和桥梁，主要用于承受横向弯曲（腹板平面内受弯）的杆件，但不宜单独用作轴心受压构件或双向弯曲的构件。
> （2）槽钢主要用于承受轴向力的杆件、承受横向弯曲的梁以及联系杆件。用于建筑钢结构、车辆制造等。
> （3）宽翼缘和中翼缘 H 型钢适用于钢柱等轴心受压构件，窄翼缘 H 型钢适用于钢梁等受弯构件。
> 4. **冷弯薄壁型钢**的类型有：C 型钢、U 型钢、Z 型钢、带钢、镀锌带钢、镀锌卷板、镀锌 C 型钢、镀锌 U 型钢、镀锌 Z 型钢。可用作钢架、桁架、梁、柱等主要承重构件，也被用作屋面檩条、墙架梁柱、龙骨、门窗、屋面板、墙面板、楼板等次要构件和围护结构。
> 5. **钢板**按轧制方式可分为热轧钢板和冷轧钢板。①热轧碳素结构钢厚板，是钢结构的主要用钢材。②低合金高强度结构钢厚板，用于重型结构、大跨度桥梁和高压容器等。③薄板用于屋面、墙面或轧型板原料等。

> 巩固练习

1.【判断题】低碳钢拉伸时，从受拉至拉断，经历的四个阶段为：弹性阶段，强化阶段，屈服阶段和颈缩阶段。　　　　　　　　　　　　　　　　　　　　　　（　）
2.【判断题】冲击韧性指标是通过标准试件的弯曲冲击韧性试验确定的。　（　）
3.【判断题】钢板按轧制方式可分为热轧钢板、冷轧钢板和低温轧板。　（　）
4.【单选题】下列关于钢材的分类的相关说法，不正确的是(　　)。
　A. 按化学成分合金钢分为低合金钢、中合金钢和高合金钢
　B. 按质量分为普通钢、优质钢和高级优质钢
　C. 含碳量为 0.2%～0.5% 的碳素钢为中碳钢
　D. 按脱氧程度分为沸腾钢、镇静钢和特殊镇静钢
5.【单选题】下列关于钢结构用钢材的相关说法，正确的是(　　)。
　A. 工字钢主要用于承受轴向力的杆件、承受横向弯曲的梁以及联系杆件
　B. Q235A 代表屈服强度为 $235N/mm^2$，A 级，沸腾钢
　C. 低合金高强度结构钢均为镇静钢或特殊镇静钢
　D. 槽钢主要用于承受横向弯曲的杆件，但不宜单独用作轴心受压构件或双向弯曲的构件
6.【多选题】下列关于钢材的技术性能的相关说法，正确的是(　　)。
　A. 钢材最重要的使用性能是力学性能
　B. 伸长率是衡量钢材塑性的一个重要指标，δ 越大说明钢材的塑性越好
　C. 常用的测定硬度的方法有布氏法和洛氏法
　D. 钢材的工艺性能主要包括冷弯性能、焊接性能、冷拉性能、冷拔性能、冲击韧性等
　E. 钢材可焊性的好坏，主要取决于钢的化学成分，含碳量高将增加焊接接头的硬脆性，含碳量小于 0.2% 的碳素钢具有良好的可焊性
7.【多选题】冷弯薄壁型钢可用于(　　)构件。
　A. 桁架承重构件　　　　　　　　　B. 千斤顶
　C. 围护结构　　　　　　　　　　　D. 龙骨
　E. 屋面檩条

【答案】1.×；2.√；3.×；4.C；5.C；6.ABC；7.ACDE

考点 25：钢筋混凝土结构用钢材的品种及特性 ★●

> **教材点睛**　教材 P52～P54

1. 钢筋混凝土结构用钢材主要是由碳素结构钢和低合金结构钢轧制而成的各种钢筋。常用的是热轧钢筋、预应力混凝土用钢丝和钢绞线。
2. 热轧钢筋：分为光圆钢筋和带肋钢筋两大类。

> **教材点睛** 教材 P52~P54
>
> (1) 热轧光圆钢筋：塑性及焊接性能很好，但强度较低，广泛用于钢筋混凝土结构的构造筋。
>
> (2) 热轧带肋钢筋：延性、可焊性、机械连接性能和锚固性能均较好，且其400MPa、500MPa级钢筋的强度高，实际工程中主要用作结构构件中的受力主筋、箍筋等。
>
> 3. 预应力混凝土用钢丝
>
> (1) 分类：按加工状态分为冷拉钢丝和消除应力钢丝两类。
>
> (2) 优点：抗拉强度比钢筋混凝土用热轧光圆钢筋、热轧带肋钢筋高很多，在构件中采用预应力钢丝可节省钢材、减少构件截面和节省混凝土。
>
> (3) 适用范围：预应力钢丝主要用于桥梁、吊车梁、大跨度屋架和管桩等预应力钢筋混凝土构件中。
>
> 4. 钢绞线
>
> (1) 预应力钢绞线按捻制结构分为五类。
>
> (2) 优点：强度高、柔度好，质量稳定，与混凝土粘结力强，易于锚固，成盘供应不需接头等。
>
> (3) 适用范围：大跨度、大负荷的桥梁、电杆、轨枕、屋架、大跨度吊车梁等结构的预应力筋。

巩固练习

1.【判断题】钢筋混凝土结构常用的是热轧钢筋、预应力混凝土用钢丝和钢绞线。

( )

2.【单选题】钢绞线的优点不包括( )。

A. 与混凝土粘结力强　　　　　　B. 柔度好

C. 强度高　　　　　　　　　　　D. 易于拆除

3.【单选题】热轧光圆钢筋广泛用于钢筋混凝土结构的( )。

A. 抗剪钢筋　　　　　　　　　　B. 弯起钢筋

C. 受力主筋　　　　　　　　　　D. 构造筋

4.【多选题】预应力钢丝主要用于( )等预应力钢筋混凝土构件中。

A. 基础底板　　　　　　　　　　B. 吊车梁

C. 桥梁　　　　　　　　　　　　D. 大跨度屋架

E. 管桩

【答案】1.√；2.D；3.D；4.BCDE

第六节 防水材料

考点 26：防水卷材的品种及特性 ★●

> **教材点睛** 教材 P54～P57

1. 沥青防水卷材

（1）优点：质量轻、价格低廉、防水性能良好、施工方便、能适应一定的温度变化和基层伸缩变形。

（2）沥青防水卷材的品种有：石油沥青纸胎防水卷材、沥青玻璃纤维布油毡、沥青玻璃纤维胎油毡。

2. 高聚物改性沥青防水卷材

（1）高聚物改性沥青防水卷材的品种有：SBS 改性沥青防水卷材、APP 改性沥青防水卷材、铝箔塑胶改性沥青防水卷材、再生橡胶改性沥青防水卷材、聚氯乙烯（PVC）改性煤焦油防水卷材等。

（2）SBS 改性沥青防水卷材：具有较高的弹性、延伸率、耐疲劳性和低温柔性。主要用于屋面及地下室防水工程，尤其适用于寒冷地区。可以冷法施工或热熔铺贴，适于单层铺设或复合使用。

（3）APP 改性沥青防水卷材：耐热性优异，耐水性、耐腐蚀性较好，低温柔性较好（但不及 SBS 卷材）。适用于建筑屋面和地下防水工程、道路、桥梁等建筑物的防水，尤其适用于较高气温环境的建筑防水。

（4）铝箔塑胶改性沥青防水卷材：对阳光的反射率高，具有一定的抗拉强度和延伸率，弹性好、低温柔性好，在 −20～80℃ 温度范围内适应性较强，抗老化能力强，具有装饰功能。该卷材适用于外露防水面层，并且价格较低，是一种中档的新型防水材料。

3. 合成高分子防水卷材

（1）三元乙丙（EPDM）橡胶防水卷材：质量轻，耐老化性好，弹性和抗拉伸性能极佳，对基层伸缩变形或开裂的适应性强，耐高低温性能优良，能在严寒和酷热环境中使用。可采用单层冷施工的防水做法，提高了工效，减少了环境污染，改善了劳动条件。适用于防水要求高、耐用年限长的防水工程的屋面、地下建筑、桥梁、隧道等的防水工程。

（2）聚氯乙烯（PVC）防水卷材：具有较高的拉伸和撕裂强度，延伸率较大，耐老化性能好，耐腐蚀性强，且其原料丰富，价格便宜，容易粘结。适用于屋面、地下防水工程和防腐工程，单层或复合使用，可用冷粘法或热风焊接法施工。

（3）氯化聚乙烯橡胶共混防水卷材：既具有氯化聚乙烯的高强度和优异的耐久性，又具有橡胶的高弹性和高延伸性以及良好的耐低温性能。可用于各种建筑、道路、桥梁、水利工程的防水，尤其适用于寒冷地区或变形较大的屋面工程。

> 巩固练习

1. 【判断题】SBS 改性沥青防水卷材尤其适用于炎热地区的屋面及地下室防水。
（　　）

2. 【单选题】下列关于沥青防水卷材的相关说法中，正确的是（　　）。
A. 350 号和 500 号油毡适用于简易防水、临时性建筑防水、建筑防潮及包装等
B. 沥青玻璃纤维布油毡适用于铺设地下防水、防腐层，并用于屋面作防水层及金属管道（热管道除外）的防腐保护层
C. 玻纤胎油毡按上表面材料分为膜面、粉面、毛面和砂面四个品种
D. 15 号玻纤胎油毡适用于屋面、地下、水利等工程的多层防水

3. 【单选题】下列关于合成高分子防水卷材的相关说法中，错误的是（　　）。
A. 常用的合成高分子防水卷材如三元乙丙橡胶防水卷材、聚氯乙烯防水卷材、氯化聚乙烯-橡胶共混防水卷材等
B. 三元乙丙橡胶防水卷材是我国目前用量较大的一种卷材，适用于屋面、地下防水工程和防腐工程
C. 三元乙丙橡胶防水卷材质量轻，耐老化性好，弹性和抗拉伸性能极佳，对基层伸缩变形或开裂的适应性强，耐高低温性能优良，能在严寒和酷热环境中使用
D. 氯化聚乙烯-橡胶共混防水卷材价格相较于三元乙丙橡胶防水卷材低得多，属于中、高档防水材料，可用于各种建筑、道路、桥梁、水利工程的防水，尤其适用寒冷地区或变形较大的屋面

4. 【多选题】下列关于防水卷材的相关说法中，正确的是（　　）。
A. SBS 改性沥青防水卷材适用于工业与民用建筑的屋面和地下防水工程，以及道路、桥梁等建筑物的防水，尤其适用于较高气温环境的建筑防水
B. 根据构成防水膜层的主要原料，防水卷材可以分为沥青防水卷材、高聚物改性沥青防水卷材和合成高分子防水卷材三类
C. APP 改性沥青防水卷材主要用于屋面及地下室防水工程，尤其适用于寒冷地区
D. 铝箔塑胶改性沥青防水卷材在 －20～80℃ 范围内适应性较强，抗老化能力强，具有装饰功能
E. 三元乙丙橡胶防水卷材是目前国内外普遍采用的高档防水材料，用于防水要求高、耐用年限长的防水工程的屋面、地下建筑、桥梁、隧道等的防水

【答案】1. ×；2. B；3. B；4. BDE

考点 27：防水涂料的品种及特性 ★●

> 教材点睛　教材 P57

1. 防水涂料的特点：整体防水性好、温度适应性强、操作方便、施工速度快、易于维修。

> **教材点睛** 教材 P57(续)

2. 沥青基防水涂料：适用于Ⅲ、Ⅳ级防水等级的工业与民用屋面、混凝土地下室和卫生间等的防水工程。

3. 高聚物改性沥青基防水涂料：
（1）优点：柔韧性、抗裂性、拉伸强度、耐高低温性能、使用寿命等方面优于沥青基防水涂料。
（2）适用范围：适用于Ⅱ、Ⅲ、Ⅳ级防水等级的屋面、地面、混凝土地下室和卫生间等的防水工程。
（3）常用品种有：再生橡胶沥青防水涂料、氯丁橡胶沥青防水涂料、SBS橡胶改性沥青防水涂料等。

4. 合成高分子防水涂料
（1）优点：具有高弹性、高耐久性及优良的耐高低温性能。
（2）适用范围：适用于Ⅰ、Ⅱ、Ⅲ级防水等级的屋面、地下室、水池和卫生间等的防水工程。
（3）常用品种有：聚氨酯防水涂料、硅橡胶防水涂料、氯磺化聚乙烯橡胶防水涂料和丙烯酸酯防水涂料等。

巩固练习

1.【判断题】沥青基防水涂料适用于Ⅲ、Ⅳ级防水等级的工业与民用屋面、混凝土地下室和卫生间等的防水工程。（　　）

2.【单选题】防水涂料的特点不包括(　　)。
A. 难于维修　　　　　　　　　B. 施工速度快
C. 操作方便　　　　　　　　　D. 整体防水性好

3.【单选题】合成高分子防水涂料常用品种不包括(　　)。
A. 再生橡胶沥青防水涂料　　　B. 丙烯酸酯防水涂料
C. 硅橡胶防水涂料　　　　　　D. 聚氨酯防水涂料

4.【多选题】高聚物改性沥青基防水涂料常用品种有(　　)。
A. 高弹防水涂料　　　　　　　B. SBS橡胶改性沥青防水涂料
C. 氯丁橡胶沥青防水涂料　　　D. JS防水涂料
E. 再生橡胶沥青防水涂料

【答案】1.√；2. A；3. A；4. BCE

第七节　建筑节能材料

考点 28：建筑节能材料★●

> **教材点睛**　教材 P58～P60
>
> **1. 建筑节能的范围和技术**
> (1) 墙体、屋面、地面、隔热保温技术及产品。
> (2) 具有建筑节能效果的门、窗、幕墙、遮阳设施或其他附属部件。
> (3) 太阳能、地热（冷）和生物质能等在建筑节能工程中的应用技术及产品。
> (4) 提高供暖通风效能的节电体系与产品。
> (5) 供暖、通风与空气调节、空调与供暖系统的冷热源处理。
> (6) 利用工业废物生产的节能建筑材料或部件。
> (7) 配电与照明、监测与控制节能技术及产品。
>
> **2. 建筑绝热材料**
> (1) 绝热材料的特点：表观密度小、多孔、疏松、导热系数小等。
> (2) 常用绝热材料有：岩棉及其制品、矿渣棉及其制品、玻璃棉及其制品、膨胀珍珠岩及其制品、膨胀蛭石及其制品、泡沫塑料、微孔硅酸钙制品、泡沫石棉、铝箔波形纸保温隔热板。
>
> **3. 建筑节能墙体材料**
> (1) 蒸压加气混凝土砌块：原材料大部分是工业废料，有利于保护环境和节约能源。蒸压加气混凝土砌块既能作保温材料又能作墙体材料。
> (2) 混凝土小型空心砌块：具有节能、节地的特点。适用于工业及民用建筑的墙体。
> (3) 陶粒空心砌块：其骨料用膨化的陶粒代替，提高了砌块本身的保温性能，在节能建筑中被广泛使用。
> (4) 多孔砖：具有较高的强度、抗腐蚀性、耐久性能，并有表观密度小、保温性能好等特点。一般用于工业与民用建筑 6 层及 6 层以下的墙体，但防潮层以下不能使用。
>
> **4. 节能门窗和节能玻璃**
> (1) 主要节能门窗有：PVC 门窗、铝木复合门窗、铝塑复合门窗、玻璃钢门窗等。
> (2) 主要节能玻璃有：中空玻璃、真空玻璃和镀膜玻璃等。

> **巩固练习**

1.【判断题】建筑节能是指建筑材料生产、房屋建筑和构筑物施工及使用过程中，合理使用能源，尽可能降低能耗。　　　　　　　　　　　　　　　　　　　　　（　）

2.【单选题】下列关于建筑绝热材料的相关说法中，正确的是(　　)。
A. 岩棉、矿渣棉、玻璃棉、膨胀珍珠岩、陶粒空心砌块均属于绝热材料

B. 岩棉制品具有良好的保温、隔热、吸声、耐热和不燃等性能和良好的化学稳定性，广泛用于有保温、隔热、隔声要求的房屋建筑、管道、储罐、锅炉等有关部位

C. 矿渣棉可用于工业与民用建筑工程、管道、锅炉等有保温、隔热、隔声要求的部位

D. 泡沫石棉适用于房屋建筑的保温、隔热、绝冷、吸声、防振等有关部位，以及各种热力管道、热工设备、冷冻设备

3.【单选题】下列不属于建筑绝热材料特点的是(　　)。

A. 表观密度小　　　　　　　　B. 导热系数小
C. 多孔　　　　　　　　　　　D. 刚度大

4.【多选题】下列各选项中，目前运用于节能建筑的新型墙体材料的是(　　)。

A. 蒸压加气混凝土砌块　　　　B. 陶粒空心砌块
C. 空心砖　　　　　　　　　　D. 混凝土小型空心砌块
E. 多孔砖

5.【多选题】下列各选项中，关于节能门窗和节能玻璃说法中，正确的是(　　)。

A. 目前我国市场主要的节能门窗有PVC门窗、铝木复合门窗、铝塑复合门窗、玻璃钢门窗

B. 就门窗而言，对节能性能影响最大的是选用的类型

C. 国内外研究并推广应用的节能玻璃主要有中空玻璃、真空玻璃、镀膜玻璃和有机玻璃

D. 真空玻璃的节能性能优于中空玻璃

E. 热反射镀膜玻璃的使用可大量节约能源，有效降低空调的运营费用，还具有装饰效果，可防眩、单面透视和提高舒适度

【答案】1.√；2. D；3. D；4. ABDE；5. ADE

第三章 建筑工程识图

第一节 施工图的基本知识

考点 29：房屋建筑施工图的组成及作用 ★●

> **教材点睛** 教材 P61~P62
>
> **1. 建筑施工图的组成及作用**
> （1）建筑施工图组成：建筑设计说明、建筑总平面图、建筑平面图、建筑立面图、建筑剖面图及建筑详图等。
> （2）建造房屋时，建筑施工图主要作为定位放线、砌筑墙体、安装门窗、装修的依据。
> （3）各图样的作用
> 1）建筑设计说明：主要说明装修做法和门窗的类型、数量、规格、采用的标准图集等情况。
> 2）建筑总平面图（总图）：用以表达建筑物的地理位置和周围环境，是新建房屋及构筑物施工定位，规划设计水、暖、电等专业工程总平面图及施工总平面图设计的依据。
> 3）建筑平面图：主要用来表达房屋平面布置的情况，是施工备料、放线、砌墙、安装门窗及编制概预算的依据。
> 4）建筑立面图：用来表达房屋的外部造型、门窗位置及形式、外墙面装修、阳台、雨篷等部分的材料和做法等，在施工中是外墙面造型、外墙面装修、工程概预算、备料等的依据。
> 5）建筑剖面图：用来表达房屋内部垂直方向的高度、楼层分层情况及简要的结构形式和构造方式，是施工、编制概预算及备料的重要依据。
> 6）建筑详图：用来表达建筑物体细部构造。
> **2. 结构施工图的组成及作用**
> （1）结构施工图的组成：结构设计说明、结构平面布置图和结构详图三部分。
> （2）结构施工图的作用：用以表示房屋骨架系统的结构类型、构件布置、构件种类、数量、构件的内部构造和外部形状、大小，以及构件间的连接构造，是结构施工的依据。
> （3）结构设计说明：主要针对图形不容易表达的内容，利用文字或表格加以说明。
> （4）结构平面布置图：是表示房屋中各承重构件总体平面布置的图样。
> （5）结构详图：是为了清楚地表示某些重要构件的结构做法。
> **3. 设备施工图的作用**：表达给水排水、供电照明、供暖通风、空调、燃气等设备的布置和施工要求等。

考点 30：房屋建筑施工图图示特点及制图标准规定

> **教材点睛** 教材 P62～P67
>
> **1. 房屋建筑施工图图示特点**
> （1）施工图中的各图样用正投影法绘制。
> （2）施工图绘制比例较小，对于需要表达清楚的节点、剖面等部位，则采用较大比例进行绘制。
> （3）建筑构配件、卫生设备、建筑材料等图例采用统一的国家标准标注。
> **2. 制图标准相关规定**
> （1）常用建筑材料图例。【详见 P63 表 3-1】
> （2）建筑专业制图、建筑结构专业制图的图线。【详见 P64 表 3-2】
> （3）尺寸标注形式。【详见 P65 表 3-3】
> （4）标高
> 1）建筑施工图中的标高采用相对标高，以建筑物地上部分首层室内地面作为相对标高的±0.000 点。地上部分标高为正数，地下部分标高为负数。
> 2）标高单位除建筑总平面图以米（m）为单位外，其余一律以毫米（mm）为单位。
> 3）在建筑施工图中的标高数字表示其完成面的数值。

巩固练习

1.【判断题】房屋建筑施工图是工程设计阶段的最终成果，同时又是工程施工、监理和计算工程造价的主要依据。（　　）
2.【判断题】结构平面布置图是为了清楚地表示某些重要构件的结构做法。（　　）
3.【单选题】按照内容和作用不同，下列不属于房屋建筑施工图的是（　　）。
A. 建筑施工图　　　　　　　　　B. 结构施工图
C. 设备施工图　　　　　　　　　D. 系统施工图
4.【单选题】下列关于建筑施工图的作用的说法中，不正确的是（　　）。
A. 是新建房屋及构筑物施工定位，规划设计水、暖、电等专业工程总平面图及施工总平面图设计的依据
B. 建筑平面图主要用来表达房屋平面布置情况，是施工备料、放线、砌墙、安装门窗及编制概预算的依据
C. 建造房屋时，建筑施工图主要作为定位放线、砌筑墙体、安装门窗、装修的依据
D. 建筑剖面图是施工、编制概预算及备料的重要依据
5.【单选题】下列关于结构施工图的作用的说法中，不正确的是（　　）。
A. 结构施工图是施工放线、开挖基坑（槽），施工承重构件（如梁、板、柱、墙、基础、楼梯等）的主要依据
B. 结构立面布置图是表示房屋中各承重构件总体立面布置的图样
C. 结构设计说明是带全局性的文字说明

D. 结构详图一般包括梁、柱、板及基础结构详图,楼梯结构详图,屋架结构详图等

6.【单选题】下列不属于设备施工图的是(   )。
A. 给水排水施工图　　　　　　　　　B. 供暖通风与空调施工图
C. 基础详图　　　　　　　　　　　　D. 电气设备施工图

7.【单选题】下列不属于建筑立面图表达的是(   )。
A. 建筑物的地理位置和周围环境　　　B. 门窗位置及形式
C. 外墙面装修做法　　　　　　　　　D. 房屋的外部造型

8.【单选题】作为定位放线、砌筑墙体、安装门窗、装修依据的是(   )。
A. 设备施工图　　　　　　　　　　　B. 建筑施工图
C. 结构平面布置图　　　　　　　　　D. 结构施工图

9.【多选题】下列关于建筑制图的线型及其应用的说法中,正确的是(   )。
A. 平、剖面图中被剖切的主要建筑构造（包括构配件）的轮廓线用粗实线绘制
B. 建筑平、立、剖面图中的建筑构配件的轮廓线用中粗实线绘制
C. 建筑立面图或室内立面图的外轮廓线用中粗实线绘制
D. 拟建、扩建建筑物轮廓用中粗虚线绘制
E. 预应力钢筋线在建筑结构中用粗单点长画线绘制

【答案】1.√;2.×;3.D;4.A;5.B;6.C;7.A;8.B;9.ABD

第二节　施工图的图示方法及内容

考点31：建筑施工图的图示方法及内容★●

教材点睛　教材P67~P74

1. 建筑总平面图
（1）建筑总平面图的图示方法：是新建房屋所在地域的一定范围内的水平投影图。
（2）总平面图的图示主要内容及作用
1）新建建筑物的定位：①按原有建筑物或原有道路定位；②按测量坐标或建筑坐标定位。
2）标高：在总平面图中,标高以米为单位,并保留至小数点后两位。
3）指北针或风玫瑰图：用来确定新建房屋的朝向。
4）建筑红线：是各地方国土管理部门提供给建设单位的土地使用范围,任何建筑物在设计和施工中均不能超过此线。

2. 建筑平面图
（1）建筑平面图的图示方法：相当于建筑物的水平剖面图,反映建筑物内各层的布置情况；被剖切到的墙、柱断面轮廓线用粗实线画出,其余可见的轮廓线用中实线或细实线,尺寸标注和标高符号均用细实线,定位轴线用细单点长画线绘制。砖墙一般不画图例,钢筋混凝土的柱和墙的断面通常涂黑表示。

> **教材点睛** 教材 P67～P74(续)
>
> （2）建筑平面图的图示内容。【详见 P70】
>
> **3. 建筑立面图**
>
> （1）建筑立面图的图示方法：建筑物主要外墙面的<u>正投影图</u>（立面图），一般按朝向＋立面图两端轴线编号命名；立面图的最外轮廓线为粗实线；建筑构件及门窗轮廓线为中粗实线画出；其余轮廓线均为细实线；地坪线为加粗实线。
>
> （2）建筑立面图的图示内容。【详见 P71～P72】
>
> **4. 建筑剖面图**
>
> （1）建筑剖面图的图示方法：相当于建筑物的竖向剖面图，反映建筑物高度方向的结构形式；被剖切到的墙、板、梁等构件断面轮廓线用粗实线表示；没有被剖切到的轮廓线用细实线表示。
>
> （2）建筑剖面图的图示内容。【详见 P72～P73】
>
> **5. 需要绘制建筑详图部位**：包括内外墙节点、楼梯、电梯、厨房、卫生间、门窗、室内外装饰等。

巩固练习

1.【判断题】建筑总平面图是将拟建工程四周一定范围内的新建、拟建、原有和将拆除的建筑物、构筑物连同其周围的地形地物状况，用正投影方法画出的图样。（   ）

2.【判断题】建筑平面图中凡是被剖切到的墙、柱断面轮廓线用粗实线画出，其余可见的轮廓线用中实线或细实线，尺寸标注和标高符号均用细实线，定位轴线用细单点长画线绘制。（   ）

3.【单选题】下列关于建筑总平面图图示内容的说法中，正确的是（   ）。

A. 新建建筑物的定位一般采用两种方法：一是按原有建筑物或原有道路定位；二是按坐标定位

B. 在总平面图中，标高以米为单位，并保留至小数点后三位

C. 新建房屋所在地区风向情况的示意图即为风玫瑰图，风玫瑰图不可用于表明房屋和地物的朝向情况

D. 临时建筑物在设计和施工中可以超过建筑红线

4.【单选题】下列关于建筑剖面图和建筑详图基本规定的说法中，错误的是（   ）。

A. 剖面图一般表示房屋在高度方向的结构形式

B. 建筑剖面图中高度方向的尺寸包括总尺寸、内部尺寸和细部尺寸

C. 建筑剖面图中不能详细表示清楚的部位应引出索引符号，另用详图表示

D. 需要绘制详图或局部平面放大位置包括内外墙节点、楼梯、电梯、厨房、卫生间、门窗、室内外装饰等

5.【单选题】建筑总平面图的主要内容不包括（   ）。

A. 新建建筑物的定位　　　　　　　　B. 标高

C. 指北针或风玫瑰图　　　　　　　　D. 外墙节点

6.【多选题】下列有关建筑平面图的图示内容的表述中,不正确的是( )。
A. 定位轴线的编号宜标注在图样的下方与右侧,横向编号应用阿拉伯数字,从左至右顺序编写,竖向编号应用大写拉丁字母,从上至下顺序编写
B. 对于隐蔽的或者在剖切面以上部位的内容,应以虚线表示
C. 建筑平面图上的外部尺寸在水平方向和竖直方向各标注三道尺寸
D. 在平面图上所标注的标高均应为绝对标高
E. 屋面平面图一般内容有:女儿墙、檐沟、屋面坡度、分水线与落水口、变形缝、楼梯间、水箱间、天窗、上人孔、消防梯以及其他构筑物、索引符号等

【答案】1.×;2.√;3.A;4.B;5.D;6.AD

考点32：结构施工图的图示方法及内容★●

> **教材点睛** 教材 P74～P93

1. 结构施工图的组成：包括结构设计说明、基础图、结构平面布置图、结构详图等图样。

(1) 结构设计说明：包括设计依据,工程概况,自然条件,选用材料的类型、规格、强度等级,构造要求,施工注意事项,选用标准图集等。

(2) 基础图：是建筑物正负零标高以下的结构图,包括基础平面图和基础详图,是施工放线、开挖基槽(坑)、基础施工、计算基础工程量的依据。

(3) 结构平面布置图：主要表示结构构件的位置、数量、型号及相互关系。

(4) 结构详图：主要用作构件制作、安装的依据,包括梁、板、柱等构件详图,楼梯详图,屋架详图,模板、支撑、预埋件详图以及构件标准图等。

2. 结构平面布置图

结构平面布置图的图示方法：相当于建筑物结构的水平剖面图,主要表示各楼层结构构件的平面布置情况,以及构件的构造、配筋情况及构件之间的结构关系。对于承重构件布置相同的楼层,可统一绘制标准层结构平面布置图。

3. 钢结构施工图的图例及标注方法

焊缝符号：由基本符号、引出线和辅助符号组成

1) 基本符号：表示焊缝横截面的基本形式。"◿"表示角焊缝;"‖"表示Ⅰ形坡口的对接焊缝;"V"表示V形坡口的对接焊缝等。

2) 引出线：由箭头线和横线组成。箭头指向焊缝的位置;图形符号和尺寸标注根据焊缝形式,标注在横线的上方或下方。

4. 混凝土结构平法施工图的制图规则

(1) 混凝土结构平法施工图的特点：是将结构构件的尺寸和配筋,按照平面整体表示方法制图规则,整体直接表达在结构平面布置图上,再与标准构造详图配合,构成一套新型完整的结构设计图纸。

(2) 混凝土结构平法施工图的国家建筑标准设计图集为《混凝土结构施工图平面整体表示方法制图规则和构造详图》G101系列图集,现行版本为22G101。

(3) 独立基础、柱、梁、有梁楼板和板式楼梯平法施工图的制图规则。【详见P83～P93】

> 巩固练习

1.【判断题】焊缝标注时，引出线由箭头线和横线组成。当箭头指向焊缝的一面时，应将图形符号和尺寸标注在横线的上方；当箭头指向焊缝所在的另一面时，应将图形符号和尺寸标注在横线的下方。（ ）

2.【判断题】混凝土结构施工图平面整体设计方法是将结构构件的尺寸和配筋，按照平面整体表示方法制图规则，整体直接表达在结构平面布置图上，再与标准构造详图配合，即构成一套新型完整的结构设计图纸。（ ）

3.【判断题】平面注写方式包括集中标注与原位标注两部分，集中标注表达梁的特殊数值，原位标注表达梁的通用数值。（ ）

4.【单选题】下列关于基础图的图示方法及内容基本规定的说法，错误的是（ ）。

A. 基础平面图中的定位轴线网格与建筑平面图中的轴线网格完全相同

B. 在基础平面图中，只画出基础墙、柱及基础底面的轮廓线，基础的细部轮廓可省略不画

C. 基础平面图的尺寸标注分外部尺寸、内部尺寸和细部尺寸

D. 采用复合地基时，应绘出复合地基处理范围和深度，置换桩的平面布置及其材料和性能要求、构造详图

5.【单选题】下列关于楼梯结构施工图基本规定的说法，错误的是（ ）。

A. 楼梯结构平面图应直接绘制出休息平台板的配筋

B. 楼梯结构施工图包括楼梯结构平面图、楼梯结构剖面图和构件详图

C. 钢筋混凝土楼梯的可见轮廓线用细实线表示，不可见轮廓线用细虚线表示

D. 当楼梯结构剖面图比例较大时，也可直接在楼梯结构剖面图上表示梯段板的配筋

6.【单选题】下列关于焊缝符号及标注方法基本规定的说法，错误的是（ ）。

A. 双面焊缝应在横线的上、下都标注符号和尺寸；当两面的焊缝尺寸相同时，只需在横线上方标注尺寸

B. 在引出线的转折处绘 2/3 圆弧表示相同焊缝

C. 当焊缝分布不均匀时，在标注焊缝符号的同时，宜在焊缝处加中粗实线或加细栅线

D. 同一张图有数种相同焊缝时，可将焊缝分类编号标注。同一类焊缝中，可选择一处标注焊缝符号和尺寸

7.【单选题】下列关于独立基础平法施工图的制图规定的说法，错误的是（ ）。

A. 独立基础平法施工图，有平面注写与截面注写两种表达方式

B. 独立基础的平面注写方式，分为集中标注和分类标注两部分内容

C. 基础编号、截面竖向尺寸、配筋三项为集中标注的必注内容

D. 独立基础的截面注写方式，可分为截面标注和列表注写两种表达方式

8.【多选题】下列关于结构平面布置图基本规定的说法，错误的是（ ）。

A. 对于承重构件布置相同的楼层，只画出一个结构平面布置图，称为标准层结构平面布置图

B. 对于现浇楼板，可以在平面布置图上标出板的名称，必须另外绘制板的配筋图

C. 结构布置图中钢筋混凝土楼板的表达方式，有预制楼板的表达方式和现浇楼板的

表达方式

D. 现浇板必要时，尚应在平面图中表示施工后浇带的位置及宽度

E. 采用预制板时注明预制板的跨度方向、板号、数量及板底标高即可

9.【多选题】下列关于现浇混凝土有梁楼盖板标注的说法，正确的是(　　)。

A. 板面标高高差，系指相对于结构层梁顶面标高的高差，将其注写在括号内，无高差时不标注

B. 板厚注写为 $h=×××$（为垂直于板面的厚度）；当悬挑板的端部改变截面厚度时，用斜线分隔根部与端部的高度值，注写为 $h=×××/×××$

C. 板支座上部非贯通筋自支座中线向跨内的延伸长度，注写在线段的下方

D. 板支座原位标注的内容为板支座上部非贯通纵筋和悬挑板上部受力钢筋

E. 贯通全跨或延伸至全悬挑一侧的长度值和非贯通筋另一侧的延伸长度值均需注明

【答案】1. √；2. √；3. ×；4. C；5. A；6. B；7. B；8. BE；9. BCD

第三节　施工图的绘制与识读

考点33：施工图绘制与识读★

> **教材点睛**　教材 P93～P95
>
> **1. 施工图纸绘制步骤：**
> （1）确定绘制图样的数量
> （2）选择合适的比例
> （3）进行合理的图面布置
> （4）绘制图样
> 1）绘制建筑施工图时，按平面图→立面图→剖面图→详图的顺序进行。
> 2）绘制结构施工图时，按基础平面图→基础详图→结构平面布置图→结构详图的顺序进行。
>
> **2. 房屋建筑施工图识读的步骤与方法**
> （1）施工图识读方法
> 1）总揽全局：先阅读建筑施工图，建立起建筑物的轮廓概念；其次阅读结构施工图目录，对图样数量和类型做到心中有数；再阅读结构设计说明，了解工程概况及所采用的标准图等；最后粗读结构平面图，了解构件类型、数量和位置。
> 2）循序渐进：根据投影关系、构造特点和图纸顺序，从前往后、从上往下、从左往右、由外向内、由大到小、由粗到细反复阅读。
> 3）相互对照：识读施工图时，应当图样与说明对照看，建施图、结施图、设施图对照看，基本图与详图对照看。
> 4）重点细读：以不同工种身份，有重点地细读施工图，掌握施工必需的重要信息。
> （2）施工图识读步骤：阅读图纸目录→阅读设计总说明→通读图纸→精读图纸。

> 巩固练习

1. 【判断题】施工图绘制总的规律是：先整体、后局部；先骨架、后细部；先底稿、后加深；先画图、后标注。（　　）
2. 【判断题】在柱平法施工图绘制中，当纵筋采用两种直径时，须再注写截面各边中部筋的具体数值；对称配筋的矩形截面柱，可只在一侧注写中部筋。（　　）
3. 【单选题】下列关于施工图识读方法的说法，正确的是（　　）。
   A. 先阅读结构施工图目录
   B. 先阅读结构设计说明
   C. 先粗读结构平面图，了解构件类型、数量和位置
   D. 先阅读建筑施工图
4. 【多选题】下列关于施工图绘制基本规定的说法中，错误的是（　　）。
   A. 绘制建筑施工图的一般步骤为：平面图→立面图→剖面图→详图
   B. 绘制结构施工图的一般步骤为：基础平面图→基础详图→结构平面布置图→结构详图
   C. 结构平面图用中实线表示剖切到或可见构件轮廓线，用中虚线表示不可见构件轮廓线，门窗洞也需画出
   D. 在结构平面图中，不同规格的分布筋也应画出
   E. 建筑立面图应从平面图中引出立面的长度，从剖面图中量出立面的高度及各部位的相应位置

【答案】1.√；2.√；3.D；4.CD

第四章 建筑施工技术

第一节 地基与基础工程

考点 34：常用地基处理方法★

> **教材点睛** 教材 P96~P97

1. 常用的地基处理方法：换土垫层法、重锤表层夯实、强夯、振冲、砂桩挤密、深层搅拌、堆载预压、化学加固等方法。
2. 换土垫层法：适用于地下水位较低，基槽经常处于较干燥状态下的一般黏性土地基的加固。换土材料有灰土、砂和砂石混合料（天然级配砂石）三种。
3. 夯实地基法：常用方法有重锤夯实法和强夯法。
4. 挤密桩施工法：常用方法有灰土挤密桩、砂石桩、水泥粉煤灰碎石桩。
5. 深层密实法：常用方法有振冲法、深层搅拌法。
6. 预压法：适用于处理深厚软土和冲填土地基。

考点 35：基坑（槽）开挖、支护及回填方法★

> **教材点睛** 教材 P98~P101

1. 基坑（槽）开挖

（1）施工工艺流程：测量放线→切线分层开挖→排水/降水→修坡→平整→验槽
（2）施工要点
1）在地下水位以下挖土时，应在基坑（槽）四周挖好临时排水沟和集水井，或采用井点降水，将水位降低至坑（槽）底以下 500mm，方可开挖。
2）基坑（槽）开挖时，应对平面控制桩、水准点、基坑（槽）平面位置、水平标高、边坡坡度等经常复测检查。
3）采用机械开挖基坑（槽）时，为避免地基扰动，在基底标高以上预留 15~30cm 厚土层由人工挖掘修整。
4）基坑（槽）挖完后进行验槽，当发现地基土质与地质勘探报告不符时，应及时与有关人员研究处理。

2. 深基坑土方开挖方案

（1）中心岛（墩）式挖土
1）适用范围：用于大型基坑，支护结构的支撑中间具有较大空间的情况。
2）施工流程：测量放线→开挖第一层土→施工第一层支撑并搭设运土栈桥→开挖第二层土→施工第二层支撑→（以此类推）→挖除中心墩→将全部挖土机械吊出基坑，退场。

(2) 盆式挖土施工流程：测量放线→施工围护墙→开挖基坑中间部分的土，周围四边留土坡→开挖四边土坡→将全部挖土机械吊出基坑，退场。

3. 基坑支护施工方法

（1）护坡桩施工

1）护坡桩支护结构常用方法：钢板桩支护、H型钢（工字钢）桩加挡板支护、灌注桩排桩支护等。

2）钢板桩支护：具有施工速度快、可重复使用的特点。常用材料有U型、Z型、直腹板式、H型和组合式钢板桩。常用施工机械有自由落锤、气动锤、柴油锤、振动锤。

3）护坡桩加内支撑支护：对深度较大，面积不大、地基土质较差的基坑，可在基坑内沿围护排桩，竖向设置一定支撑点组成内支撑式基坑支护体系，提高侧向刚度，减少变形。

（2）土钉墙支护

1）工艺特点：施工操作简便、设备简单、噪声小、工期短、费用低。

2）适用范围：地下水位低于土坡开挖层或经过人工降水以后使地下水位低于土坡开挖层的人工填土、黏性土和微黏性砂土，开挖深度不超过5m，土钉墙墙面坡度不应大于1∶0.1。

（3）水泥土桩墙施工：将地基软土和水泥强制搅拌形成水泥土，利用水泥和软土之间产生的物理化学反应，使软土硬化成整体性，形成有一定强度的挡土、防渗墙。

（4）地下连续墙施工

1）施工工艺：用特制的挖槽机械，在泥浆护壁下开挖一个单元槽段的沟槽，清底后放入钢筋笼，用导管浇筑混凝土至设计标高，如此逐段施工，用特制的接头将各段连接起来，形成连续的钢筋混凝土墙体。

2）地下连续墙可用作支护结构，同时用作建筑物的承重结构。

4. 基坑排水与降水

（1）地面水排除

1）目的：防止地面水流入基坑。

2）方法：设置排水沟、截水沟、挡水土坝等；排水沟横断面不应小于0.5m×0.5m，纵坡不应小于2‰。

（2）基坑排水

1）目的：排除基坑内的地下渗水及雨水。

2）方法：明沟排水；基坑四周的排水沟及集水井必须设置在基础范围以外。

（3）基坑降水

1）当地下水位高于基底标高时，基坑开挖前须进行降水作业。

2）降水方法有：轻型井点、喷射井点、电渗井点、管井井点及深井泵等。

5. 土方回填压实

（1）施工工艺流程：填方土料处理→基底处理→分层回填压实→回填土试验检验合格后继续回填。

> **教材点睛** 教材 P98~P101(续)
>
> (2) 施工要点
>
> 土料要求与含水量控制：常用土料有符合压实要求的黏性土、碎石类土、砂土和爆破石渣，淤泥和淤泥质土不能用作填料。土料含水量一般以手握成团，落地开花为适宜。
>
> 1) 基底处理：清除基底上垃圾、草皮、树根，排除坑穴中积水、淤泥和杂物。
> 2) 回填土压实操作：采用分层铺填。
> 3) 填土的压实密实度：采用环刀取样试验，以符合设计要求为准。

巩固练习

1. 【判断题】普通土的现场鉴别方法为挖掘。（　　）
2. 【判断题】坚石和特坚石的现场鉴别方法都可以使用爆破方法。（　　）
3. 【判断题】基坑开挖工艺流程：测量放线→分层开挖→排水降水→修坡→留足预留土层→整平。（　　）
4. 【判断题】放坡开挖是最经济的挖土方案，当基坑开挖深度不大（软土地基挖深不超过4m；地下水位低、土质较好地区）周围环境又允许时，均可采用放坡开挖；放坡坡度按经验确定即可。（　　）
5. 【判断题】主排水沟最好设置在施工区域的边缘或道路的两旁，一般排水沟的横断面不应小于0.5m×0.5m，纵坡不应小于2‰。（　　）
6. 【判断题】土方回填压实的施工工艺流程：填方土料处理→基底处理→分层回填压实→对每层回填土的质量进行检验，符合设计要求后，填筑上一层。（　　）
7. 【单选题】下列土的工程分类，除（　　）之外，均为岩石。
A. 软石　　　　　B. 砂砾坚土　　　　　C. 坚石　　　　　D. 硬石
8. 【单选题】下列关于基坑（槽）开挖施工工艺的说法中，正确的是（　　）。
A. 采用机械开挖基坑（槽）时，为避免破坏基底土，应在标高以上预留15~50cm的土层由人工挖掘修整
B. 基坑（槽）四侧或两侧挖好临时排水沟和集水井，或采用井点降水，将水位降低至坑（槽）底以下500mm
C. 雨期施工时，基坑（槽）需全段开挖，尽快完成
D. 当基坑（槽）挖好后不能立即进行下道工序时，应预留30cm的土不挖，待下道工序开始再挖至设计标高
9. 【单选题】下列各项中不属于深基坑土方开挖方案的是（　　）。
A. 放坡挖土　　　　　　　　　　B. 中心岛（墩）式挖土
C. 箱式挖土　　　　　　　　　　D. 盆式挖土
10. 【单选题】下列各项中不属于基坑排水与降水的是（　　）。
A. 地面水排除　　　　　　　　　B. 基坑截水
C. 基坑排水　　　　　　　　　　D. 基坑降水

11. 【单选题】下列关于土方回填压实的基本规定，说法错误的是(   )。
A. 对有密实度要求的填方，在压实之后，对每层回填土一般采用环刀法（或灌砂法）取样测定
B. 基坑和室内填土，每层按 20～50m² 取样一组
C. 场地平整填方，每层按 400～900m³ 取样一组
D. 填方结束后应检查标高、边坡坡度、压实程度等

12. 【多选题】下列关于常用人工地基处理方法的基本规定，说法正确的是(   )。
A. 砂石桩适用于挤密松散砂土、素填土和杂填土等地基
B. 振冲桩适用于加固松散的素填土、杂填土地基
C. 强夯法适用于处理高于地下水位 0.8m 以上稍湿的黏性土、砂土、湿陷性黄土等地基的加固处理
D. 沙井堆载预压法适用于处理深厚软土和冲填土地基，对于泥炭等有机质沉积地基同样适用
E. 沙井堆载预压法多用于处理机场跑道、水工结构、道路、路堤、码头、岸坡等工程地基

13. 【多选题】下列关于土方回填压实的基本规定，说法正确的是(   )。
A. 碎石类土、砂土和爆破石渣（粒径不大于每层铺土后 2/3）可作各层填料
B. 人工填土每层虚铺厚度，用人工木夯夯实时不大于 25cm，用打夯机械夯实时不大于 30cm
C. 铺土应分层进行，每次铺土厚度不大于 30～50cm（视所用压实机械的要求而定）
D. 当填方基底为耕植土或松土时，应将基底充分夯实和碾压密实
E. 机械填土时填土程序一般尽量采取横向或纵向分层卸土，以利于行驶时初步压实

【答案】1. √；2. √；3. ×；4. ×；5. √；6. √；7. B；8. B；9. C；10. B；11. B；12. AE；13. CDE

考点 36：混凝土基础施工★

> **教材点睛** 教材 P101～P102
>
> **1. 混凝土基础施工工艺流程**
> 测量放线→基坑开挖，验槽→混凝土垫层施工→钢筋绑扎→支基础模板→浇基础混凝土
>
> **2. 钢筋混凝土扩展基础（独立基础、条形基础）施工要点**
> （1）基坑验槽完成后，应尽快进行垫层混凝土施工，以保护地基。
> （2）先支模后绑扎钢筋，模板支设要求牢固，无缝隙。
> （3）钢筋绑扎完成后，做好隐蔽验收工作。
> （4）混凝土浇筑前，模板内的垃圾、杂物应清除干净；木模板应浇水湿润。
> （5）混凝土宜分段分层浇筑，每层厚度不超过 500mm，各段各层间应互相衔接长度 2～3m，逐段逐层呈阶梯形推进；混凝土应连续浇筑，以保证结构良好的整体性。

> **教材点睛** 教材 P101~P102(续)

3. 筏形基础（梁板式、平板式）、箱形基础施工要点

（1）当基坑开挖危及邻近建、构筑物、道路及地下管线的安全与使用时，开挖也应采取支护措施。

（2）基础长度超过 40m 时，宜设置施工缝，缝宽不宜小于 80cm。在施工缝处，钢筋必须贯通。

（3）基础混凝土应采用同一品种水泥、掺合料、外加剂和同一配合比。

> **巩固练习**

1.【判断题】钢筋混凝土扩展基础施工工艺流程：测量放线→基坑开挖、验槽→混凝土垫层施工→支基础模板→钢筋绑扎→浇基础混凝土。（　　）

2.【单选题】下列关于钢筋混凝土扩展基础混凝土浇筑的基本规定，错误的是(　　)。
　A. 混凝土宜分段分层浇筑，每层厚度不超过 500mm
　B. 混凝土自高处倾落时，如高度超过 3m，应设料斗、漏斗、串筒、斜槽、溜管，防止混凝土产生分层离析
　C. 各层各段间应相互衔接，每段长 2~3m，使逐段逐层呈阶梯形推进
　D. 混凝土应连续浇筑，以保证结构良好的整体性

3.【多选题】下列关于筏形基础的基本规定正确的是(　　)。
　A. 筏形基础分为梁板式和平板式两种类型，梁板式又分为正向梁板式和反向梁板式
　B. 施工工艺流程为：测量放线→基坑支护→排水、降水（或隔水）→基坑开挖验槽→混凝土垫层施工→支基础模板→钢筋绑扎→浇基础混凝土
　C. 回填应由两侧向中间进行，并分层夯实
　D. 当采用机械开挖时，应保留 200~300mm 土层由人工挖除
　E. 基础长度超过 40m 时，宜设置施工缝，缝宽不宜小于 80cm

【答案】1.×；2. B；3. ADE

考点 37：砖、石基础施工

> **教材点睛** 教材 P102~P104

1. 砖基础施工要点

（1）在垫层转角、交接及高低踏步处预先立好基础皮数杆，控制基础的砌筑高度。
（2）大放脚的最下一皮和每个台阶的上面一皮应以丁砖为主。
（3）有高低台的砖基础，应从低台砌起，并由高台向低台搭接，搭接长度不小于基础大放脚的高度。

> **教材点睛** 教材 P102~P104（续）

(4) 宽度超过 500mm 的洞口上方应砌筑平拱或设置过梁。
(5) 抹防潮层前应将基础墙顶面清扫干净，浇水湿润。

2. 石基础施工要点

(1) 毛石的强度等级不低于 MU20。砂浆一般采用水泥砂浆或水泥石灰砂浆。
(2) 毛石基础的顶面两边各宽出墙厚 100mm，每级台阶的高度一般在 300~400mm，每阶内至少砌两皮毛石。上级台阶的最外边毛石至少压砌下面毛石的一半以上。有高低台的毛石基础，从低处启砌，高台向低台搭接，搭接长度不小于基础高度。
(3) 砌筑基础时应先在墙角处盘角，缝隙和上部凹坑用小石块或碎石和砂浆填塞平稳严实。
(4) 毛石基础最上一皮、转角处、交接处和洞口等处，宜选用较大的平毛石砌筑。大面朝下坐浆，先砌里、外石，后砌中间石。
(5) 毛石砌体的灰缝厚度宜为 20~30mm，砂浆要饱满，上下皮错缝砌筑；石块间较大的空隙先布砂浆、再用碎石块嵌实。
(6) 基础砌筑每天砌筑高度不应超过 1.2m。

考点 38：桩基础施工 ★

> **教材点睛** 教材 P104~P105

1. 预制桩施工

(1) 常见的预制桩类型：有钢筋混凝土预制桩、预应力管桩、钢管桩和 H 型桩及其他异型钢桩。
(2) 施工方法：有打入式和静力压桩式两种。
(3) 静力压桩的特点：施工无噪声、无振动、无污染。
(4) 适用范围：特别适合在建筑稠密及危房附近、环境保护要求严格的地区沉桩，不宜用于地下有较多孤石、障碍物或有 4m 以上硬隔离层的情况。
(5) 施工工艺流程：测量放线→桩机就位→吊桩→插桩→桩身对中调直→静压沉桩→接桩、送桩→再静压沉桩→达到设计标高后，切割桩头。
(6) 施工要点
1) 依据符合设计要求测量放线确定桩位。
2) 插桩、接桩时要注意对中，并保证桩身稳定、牢固。
3) 送桩时可不采用送桩器，送桩深度不宜超过 8m。
4) 压桩时应连续进行。施工过程中要认真记录桩入土深度和压力表读数，当压力表读数发生异常，应停机分析原因。
5) 切割桩头时需注意不能桩身受到损坏。

2. 钻、挖、冲孔灌注桩施工

(1) 施工工艺流程：测量放线→开挖泥浆池及浆沟→护筒埋设→钻机就位对中→成孔、泥浆护壁清渣→清孔换浆→验收终孔→下钢筋笼和钢导管→灌浆→成桩养护。

> **教材点睛** 教材 P104～P105（续）
>
> （2）施工要点
>
> 1）钻（冲）孔时，应随时测定和控制泥浆密度，对于较好的黏土层，可采用自成泥浆护壁。
>
> 2）成孔后孔底沉渣要清除干净，沉渣厚度应小于 100mm。
>
> 3）钢筋笼检查无误后要马上浇筑混凝土，间隔时间不能超过 4h。
>
> 4）用导管开始浇筑混凝土时，管口至孔底的距离为 300～500mm；第一次浇筑时，导管要埋入混凝土下 0.8m 以上，以后浇捣时，导管埋深宜为 2～6m。

巩固练习

1. 【判断题】砖基础中的灰缝宽度应控制在 15mm 左右。（ ）
2. 【判断题】预制桩按入土受力方式分为打入式和静力压桩式两种。（ ）
3. 【单选题】下列关于砖基础的施工工艺的基本规定，错误的是（ ）。
   A. 垫层混凝土在验槽后应随即浇灌，以保护地基
   B. 砖基础施工工艺流程：测量放线→基坑开挖，验槽→混凝土垫层施工→砖基础砌筑
   C. 砖基础中的洞口、沟槽等，应在砌筑时正确留出，宽度超过 900mm 的洞口上方应砌筑平拱或设置过梁
   D. 基础砌筑前，应先检查垫层施工是否符合质量要求，再清扫垫层表面，将浮土及垃圾清除干净
4. 【单选题】毛石基础砌筑每天砌筑高度不应超过（ ）m。
   A. 1.0 B. 1.2 C. 1.5 D. 1.8
5. 【单选题】下列关于预制桩施工的基本规定，正确的是（ ）。
   A. 静力压桩不宜用于地下有较多孤石、障碍物或有 4m 以上硬隔离层的情况
   B. 如遇特殊原因，压桩时可以不连续进行
   C. 静力压桩的施工工艺流程：测量放线→桩机就位、吊桩、插桩、桩身对中调直→静压沉桩→接桩→送桩、再静压沉桩→终止压桩→切割桩头
   D. 送桩时必须采用送桩器
6. 【单选题】静力压桩的特点不包括（ ）。
   A. 施工无噪声 B. 无污染 C. 无振动 D. 适用任何土层
7. 【多选题】钻孔灌注桩施工的做法正确的是（ ）。
   A. 第一次浇筑时，导管要埋入混凝土下 1.8m 以上
   B. 用导管开始浇筑混凝土时，管口至孔底的距离为 300～500mm
   C. 钢筋笼检查无误后要马上浇筑混凝土，间隔时间不能超过 4h
   D. 成孔后孔底沉渣要清除干净，沉渣厚度应小于 100mm
   E. 对于较好的黏土层，可采用自成泥浆护壁

【答案】1.×；2.√；3.C；4.B；5.A；6.D；7.BCDE

第二节 砌 体 工 程

考点 39：常见脚手架搭设施工要点 ★

> **教材点睛** 教材 P105～P107

1. 落地式脚手架

（1）主要构件：有钢管、扣件、脚手板、底座、安全网。

（2）主要构造：由立杆、纵向水平杆、横向水平杆、剪刀撑、水平斜拉杆、纵横向水平扫地杆等。

（3）搭设顺序：定位放线→基础平整、夯实→垫板铺设→立杆、横纵扫地杆搭设→第一步横纵水平杆搭设→设置结构拉结→立杆接杆→（以此类推搭设至要求高度）→剪刀撑、斜杆搭设→操作面脚手板铺设→立面及水平安全网布设。

（4）施工要点

1）在搭设之前，必须对进场的脚手架杆配件进行严格的检查，禁止使用规格和质量不合格的杆配件。

2）脚手架基础：根据放线进行场地平整、夯实、设置排水措施；在立杆布设部位铺设宽度≥200mm、厚度≥50mm 的垫木、垫板或其他刚性垫块。

3）脚手架搭设：

① 构造要求：脚手架立杆间距、步距应通过设计确定。

② 设置第一排连墙点前，应每隔 6 跨设一道抛撑；顶层连墙点之上的自由高度不大于 6m，否则应采取适当的临时撑拉措施。

③ 立杆接头位置需错开，严禁在同一部位搭接；杆件端部伸出扣件之外的长度不小于 100mm。

④ 剪刀撑、斜杆、连接点应随搭接的架子一起设置，滞后不得超过 2 步；剪刀撑搭接及架子杆件之间至少有 3 道连接，对接接头部位至少有 1 道连接。

⑤ 支托挑、吊、挂脚手架的悬挑梁、架必须与支承结构可靠连接，悬臂端应适当起拱。同一层各挑梁、架上表面之间的水平误差应不大于 20mm。

4）脚手板：铺设应平稳，绑扎固定；脚手板端头超出支撑横杆不大于 250mm；在立杆内侧设置挡脚板，作业层外架增设 2 道大横杆为栏杆，高度不小于 1.2m；转角处脚手板应交圈铺设，且高度一致，并在转角部位增设立杆和横杆。

2. 非落地式脚手架

（1）非落地式脚手架：包括附着升降脚手架、悬挑式脚手架、吊篮和挂脚手架等。

（2）型钢悬挑式脚手架

1）型钢悬挑式脚手架为悬挑式脚手架中的常用形式，适用于层数不超过 8 层或高度不得超过 25m 的多层及高层建筑的主体结构施工。

> **教材点睛** 教材 P105~P107(续)
>
> 2)材料组成:型钢采用热轧工字型钢,材质应符合现行标准的规定;锚固预埋件由钢板及钢筋组成,钢筋不得使用螺纹钢;其他材料同落地式脚手架。
>
> 3)悬挑式脚手架搭设:悬挑梁与架体底部立杆应连接牢靠,不得滑动或窜动。架体底部设双向扫地杆,扫地杆距悬挑梁顶面150~200mm。第一步架步距不得大于1.5m,架体的连墙件数量按照每2步3跨设置一道刚性连墙件,其余架体构造要求均按照落地式脚手架的相应规定。
>
> 4)型钢悬挑架应采用16号以上规格的工字钢,结构外悬挑段长度不宜大于1.4m,型钢的总长度不小于3m;使用槽钢悬挑梁时应对槽钢进行抗扭计算。
>
> 5)固端倒U形环钢筋预埋在当层梁板混凝土内。
>
> 6)悬挑分载:分载采用 $\phi16$ 双股钢芯钢丝绳穿过型钢悬挑端部,在型钢上钢丝绳穿越位置以及立杆底部位置预焊 $\phi25$HPB300短钢筋,防止钢丝绳和钢管滑动或窜动。
>
> 7)斜挑防护:每隔12m搭设一道长斜挑防护棚满铺板,并牢固固定。挑出外架宽度1500~2000mm,倾斜度30°~60°。操作层及往下每10m满铺一道防护板,防护板下满铺密目安全网。

巩固练习

1.【判断题】常用落地式脚手架构件有钢管、扣件、脚手板、底座、安全网,并由立杆、纵向水平杆、横向水平杆、剪刀撑、水平斜拉杆、纵横向水平扫地杆构造而成。
( )

2.【判断题】型钢悬挑式脚手架适用于超过8层或高度超过25m的多层及高层建筑主体结构施工。 ( )

3.【单选题】下列关于常用非落地式脚手架施工工艺的说法中,错误的是( )。
A. 非落地式脚手架特别适合高层建筑以及各种不便或不必搭设落地式脚手架的情况
B. 悬挑式脚手架搭设时,架体底部应设双向扫地杆,扫地杆距悬挑梁顶面100~200mm
C. 分段悬挑架体搭设高度应符合设计计算要求,但不得超过25m或8层
D. 锚固端倒U形环钢筋预埋在当层梁板混凝土内,倒U形环两肢应与梁板底筋焊牢

4.【单选题】落地式脚手架立于土面之上的立杆底部应加设宽度( )mm、厚度( )mm的垫木、垫板或其他刚性垫块。
A. ≥100,≥50   B. ≥200,≥100
C. ≥50,≥100   D. ≥200,≥50

5.【单选题】边长大于等于( )m的周边脚手架,亦应适量设置抛撑。
A. 30   B. 20
C. 40   D. 50

6.【单选题】脚手板采用搭接铺放时,其搭接长度不得( )mm,且应在搭接段的中部设有支承横杆。

A. 大于200 B. 小于100
C. 小于200 D. 大于100

7.【单选题】钢管脚手架连墙件和剪刀撑应及时设置,不得滞后超过( )步。
A. 2 B. 3 C. 4 D. 5

8.【多选题】下列关于常用落地式脚手架的施工要点的基本规定中,表述正确的是( )。
A. 底立杆应接立杆接长要求选择不同长度的钢管交错设置,至少应有三种适合不同长度的钢管作立杆
B. 对接平板脚手板时,对接处的两侧必须设置横杆,作业层的栏杆和挡脚板一般应设在立杆的外侧
C. 连墙件和剪刀撑应及时设置,不得滞后超过2步
D. 杆件端部伸出扣件之外的长度不得小于100mm
E. 周边脚手架的纵向平杆必须在角部交圈并与立杆连接固定

9.【多选题】下列属于非落地式脚手架的是( )。
A. 附着式升降脚手架 B. 爬升式脚手架
C. 悬挑式脚手架 D. 吊篮脚手架
E. 挂脚手架

【答案】1.√;2.×;3.B;4.D;5.B;6.C;7.A;8.CDE;9.ACDE

考点40:砌体施工工艺★

教材点睛 教材 P107~P110

1. 砖砌体施工要点

(1)找平、放线:砌筑前,在基础防潮层或楼面上先用水泥砂浆或细石混凝土找平,然后在龙门板上以定位钉为标志,弹出墙的轴线、边线,定出门窗洞口位置。

(2)摆砖:校对放出的墨线在门窗洞口、附墙垛等处是否符合砖的模数,以尽可能减少砍砖,并使砌体灰缝均匀(砖缝10mm),组砌得当。

(3)立皮数杆:一般立于房屋的四大角、内外墙交接处、楼梯间以及洞口等部位,间距10~15m。皮数杆应有两个方向斜撑或锚钉加以固定,每次砌砖前应用水准仪校正标高,检查皮数杆的垂直度和牢固程度。

(4)盘角、砌筑:盘角时主要大角不宜超过5皮砖,且应随砌随盘,做到"三皮一吊,五皮一靠",对照皮数杆检查无误后,才能挂线砌筑中间墙体。砌筑时要挂线砌筑,一砖墙单面挂线,一砖半以上砖墙宜双面挂线。

(5)清理、勾缝:砌筑完成后,应及时清理墙面和落地灰。墙面勾缝采用砌筑砂浆随砌随勾缝,灰缝深度1cm,砌完整个墙体后,再用细砂拌制1:1.15水泥砂浆勾缝。

(6)楼层轴线引测:根据龙门板上标注的轴线位置将轴线引测到房屋的外墙基上,二层以上各层墙的轴线,可用经纬仪或锤球引测到楼层上,同时根据图轴线尺寸用钢尺进行校核。

教材点睛 教材 P107~P110(续)

(7) 楼层标高的控制方法有两种：一种采用皮数杆控制，另一种在墙角两点弹出50水平线进行控制。

2. 石砌体施工要点

(1) 砂浆用水泥砂浆或水泥混合砂浆，一般用铺浆法砌筑，灰缝厚度应符合要求，且砂浆饱满。毛料石和粗料石砌体的灰缝厚度不大于20mm，细料石砌体的灰缝厚度不大于5mm。

(2) 毛石砌体宜分皮卧砌，且按内外搭接，上下错缝，拉结石、丁砌石交错设置的原则组砌，不得采用外面侧立石块，中间填心的砌筑方法。每日砌筑高度不大于1.2m，在转角处及交接处应同时砌筑或留斜槎。

(3) 外观要求整齐的毛石墙面，外皮石材需适当加工。毛石墙的第一皮及转角、交接处和洞口处，及每个楼层砌体最上一皮，应用料石或较大的平毛石砌筑。

(4) 平毛石砌筑，第一皮大面向下，以后各皮上下错缝，内外搭接，墙中不应放铲口石和全部对合石，毛石墙必须设置拉结石，拉结石应均匀分布，相互错开，一般每$0.7m^2$墙面至少设置一块，且同皮内的中距不大于2m。

(5) 毛石挡土墙一般按3~4皮为一个分层高度砌筑，每砌一个分层高度应找平一次；毛石挡土墙外露面灰缝厚度不大于40mm，两个分层高度间分层处的错缝不得小于80mm；对于中间毛石砌筑的料石挡土墙，丁砌料石深入中间毛石部分的长度不应小于200mm；挡土墙的泄水孔若无设计规定，应按每米高度上间隔2m设置一个。

3. 砌块砌体施工要点

(1) 基层处理：清理砌筑基层，用砂浆找平，拉线，用水平尺检查其平整度。

(2) 砌底部实心砖：在砌第一皮加气砖前，应用实心砖砌筑，高度宜不小于200mm。

(3) 拉准线、铺灰、依准线砌筑；灰缝厚度宜为15mm，灰缝要求横平竖直，水平灰缝应饱满；竖缝采用挤浆和加浆方法，不得出现透明缝，严禁用水冲洗灌缝。

(4) 埋墙拉筋：与钢筋混凝土柱（墙）的连接，采取在混凝土柱（墙）上打入2Φ6@500的膨胀螺栓，然后在膨胀螺栓上焊接φ6的钢筋，埋入加气砖墙体1000mm。

(5) 砌块整砖砌至梁底，待一周后，采用灰砂砖斜砌顶紧。

巩固练习

1. 【判断题】石砌体施工一般用铺浆法砌筑。　　　　　　　　　　　　　　　(　　)
2. 【单选题】下列关于砖砌体的施工工艺过程，正确的是(　　　)。
A. 找平、放线、摆砖样、盘角、立皮数杆、砌筑、勾缝、清理、楼层标高控制、楼层轴线标引等
B. 找平、放线、摆砖样、立皮数杆、盘角、砌筑、清理、勾缝、楼层轴线标引、楼层标高控制等
C. 找平、放线、摆砖样、立皮数杆、盘角、砌筑、勾缝、清理、楼层轴线标引、楼层标高控制等

D. 找平、放线、立皮数杆、摆砖样、盘角、挂线、砌筑、勾缝、清理、楼层标高控制、楼层轴线标引等

3.【单选题】下列关于砌块砌体施工工艺的基本规定中，错误的是(　　)。

A. 灰缝厚度宜为15mm

B. 灰缝要求横平竖直，水平灰缝应饱满，竖缝采用挤浆和加浆方法，允许用水冲洗清理灌缝

C. 在墙体底部，在砌第一皮加气砖前，应用实心砖砌筑，其高度宜不小于200mm

D. 与梁的接触处待加气砖砌完14d后采用灰砂砖斜砌顶紧

4.【多选题】下列关于石砌体施工工艺的说法，正确的是(　　)。

A. 毛料石和粗料石砌体的灰缝厚度不大于20mm，细料石砌体的灰缝厚度不大于5mm

B. 不得采用外面侧立石块，中间填心的砌筑方法

C. 挡土墙的泄水孔若无设计规定，应按每米高度上间隔3m设置一个

D. 每日砌筑高度不大于1.2m

E. 外观要求整齐的毛石墙面，外皮石材需适当加工

【答案】1.√；2.B；3.B；4.ABDE

第三节　钢筋混凝土工程

考点41：模板工程施工工艺★

教材点睛　教材P110~P111

1. 常见的模板种类、特性

（1）组合式模板：具有通用性强、装拆方便、周转使用次数多等特点；常见形式有组合钢模板、钢框木（竹）胶合板模板两种。

（2）工具式模板：是针对工程结构构件的特点，研制开发的可持续周转使用的专用性模板，包括大模板、滑动模板、爬升模板、飞模、模壳等。

2. 模板的安装与拆除

（1）模板安装的施工要求

1）模板的支设方法基本上有单块就位组拼（散装）和预组拼两种。预组拼方法，可以加快施工速度，提高工效和模板的安装质量，但必须具备相适应的吊装设备和有较大的拼装场地。

2）模板拼接：同一条拼缝上的U形卡，不宜向同一方向卡紧；钢楞接头应错开设置，搭接长度不小于200mm；对拉螺栓孔应平直相对，穿插螺栓不得斜拉硬顶，严禁采用电、气焊灼孔。

（2）模板拆除的安全要求

1）拆模前应制定拆模程序、拆模方法及安全措施。

教材点睛 教材 P110~P111(续)

　　2）模板拆除的顺序遵循先支后拆，先非承重部位，后承重部位以及自上而下的原则。拆模时，严禁用大锤和撬棍硬砸硬撬。
　　3）支承件和连接件应逐件拆卸，模板应逐块拆卸传递，拆除时不得损伤模板和混凝土。
　　4）拆下的模板和配件均应分类堆放整齐，及时清理、保养。

巩固练习

1.【判断题】工具式模板是可持续周转使用的通用性模板。　　　　　　　　　　(　　)
2.【单选题】工具式模板不包括(　　)。
　A. 滑动模板　　　　　　　　　　　　B. 爬升模板
　C. 模壳　　　　　　　　　　　　　　D. 小钢模板
3.【单选题】下列关于常见模板的种类、特性的基本规定，说法不正确的是(　　)。
　A. 常见模板的种类有组合式模板、工具式模板两大类
　B. 爬升模板适用于现浇钢筋混凝土竖向（或倾斜）结构
　C. 飞模适用于小开间、小柱网、小进深的钢筋混凝土楼盖施工
　D. 组合式模板可事先组拼成梁、柱、墙、楼板的大型模板，整体吊装就位，也可采用散支散拆方法
4.【单选题】组合式模板的特点不包括(　　)。
　A. 通用性强　　　　　　　　　　　　B. 装拆方便
　C. 周转使用次数多　　　　　　　　　D. 专用性强
5.【单选题】飞模组成不包括(　　)。
　A. 支撑系统　　　　　　　　　　　　B. 平台板
　C. 电动脱模系统　　　　　　　　　　D. 升降和行走机构
6.【多选题】下列关于模板安装与拆除的基本规定，说法正确的是(　　)。
　A. 同一条拼缝上的U形卡，不宜向同一方向卡紧
　B. 钢楞宜采用整根杆件，接头宜错开设置，搭接长度不应小于300mm
　C. 模板支设时采用预组拼方法，可以加快施工速度，提高工效和模板的安装质量，但必须具备相适应的吊装设备和有较大的拼装场地
　D. 模板拆除时，当混凝土强度大于 $1.2N/mm^2$ 时，应先拆除侧面模板，再拆除承重模板
　E. 模板拆除的顺序和方法，应遵循先支后拆，先非承重部位，后承重部位以及自上而下的原则

【答案】1.×；2.D；3.C；4.D；5.C；6.ACE

考点42：钢筋工程施工工艺★

教材点睛 教材 P111~P115

1. 钢筋加工包括： 除锈、调直、切断、弯曲成型等工序。加工质量需满足设计及规范要求。

2. 钢筋的连接

(1) 钢筋连接的方法分为三类：绑扎搭接、焊接和机械连接。其中，受拉钢筋的直径大于25mm及受压钢筋的直径大于28mm时，不宜采用绑扎搭接方式。

(2) 钢筋绑扎搭接连接施工要点：同一构件中相邻纵向受力钢筋的绑扎搭接接头宜相互错开；纵向受拉钢筋搭接长度不小于300mm，纵向受压钢筋搭接长度不小于200mm。

(3) 钢筋焊接连接方法有：钢筋电阻点焊、钢筋电弧焊、钢筋电渣压力焊。

(4) 钢筋机械连接方法有：套筒挤压连接、锥螺纹套筒连接、镦粗直螺纹套筒连接、滚压直螺纹套筒连接（直接滚压螺纹、压肋滚压螺纹、剥肋滚压螺纹）。

3. 钢筋安装施工

(1) 钢筋绑扎准备

1) 核对成品钢筋的钢号、直径、形状、尺寸和数量等是否与料单料牌相符。

2) 准备绑扎用的钢丝（20~22号）、绑扎工具、绑扎架、水泥砂浆垫块或塑料卡等辅助材料、工具。

3) 划出钢筋位置线，制定绑扎形式复杂结构部位的施工方案。

(2) 基础钢筋绑扎施工要点

1) 钢筋网的绑扎：单层网片及双层网片的下层网片，钢筋弯钩应朝上；双层网片的上层网片，钢筋弯钩朝下。钢筋交叉点应根据设计要求扎牢到位，注意相邻绑扎点铁丝扣成八字形布置。

2) 双层钢筋网上下层之间应设置钢筋支撑，钢筋支撑间距1m，钢筋直径根据设计板厚确定。

3) 柱插筋位置要准确，固定牢固。

(3) 柱钢筋绑扎施工要点

1) 柱中的竖向钢筋搭接绑扎时，角部钢筋的弯钩应与模板成45°（多边形柱为模板内角的平分角、圆形柱应与模板切线垂直），中间钢筋的弯钩应与模板成90°。

2) 箍筋的接头应交错布置在四角纵向钢筋上；箍筋转角与纵向钢筋交叉点均应扎牢，绑扣相互间应成八字形。

3) 下层柱的钢筋露出楼面部分，宜用工具式柱箍将其收进一个柱筋直径，以利于上层柱的钢筋搭接。

当柱截面有变化时，其下层柱钢筋的露出部分，必须在绑扎梁的钢筋之前先行收缩准确。

4) 框架梁、牛腿及柱帽等钢筋，应放在柱的纵向钢筋内侧。

> **教材点睛** 教材P111～P115(续)
>
> （4）梁、板钢筋绑扎施工要点
> 1）单向受力板，应先铺设平行于短边方向的受力钢筋，后铺设平行于长边方向分布钢筋；双向受力板，应先铺设平行于短边方向的受力钢筋，后铺设平行于长边方向的受力钢筋。
> 2）板上部的负筋、主筋与分布钢筋的相交点必须全部绑扎，并垫上保护层垫块；双层钢筋时，两层钢筋之间应设撑铁，管线应在负筋绑扎前预埋。
> 3）板、次梁与主梁交叉处，板的钢筋在上，次梁的钢筋居中，主梁的钢筋在下；当有圈梁或垫梁时，主梁的钢筋在上。
> 4）板上部负筋，双层钢筋上部钢筋，雨篷、挑檐、阳台等悬臂板钢筋，应采取防踩踏措施进行保护。

巩固练习

1.【判断题】当受拉钢筋的直径大于22mm及受压钢筋的直径大于25mm时，不宜采用绑扎搭接接头。（　　）

2.【单选题】下列各项中，关于钢筋安装的基本规定正确的说法是（　　）。
A. 钢筋绑扎用的22号钢丝只用于绑扎直径14mm以下的钢筋
B. 基础底板采用双层钢筋网时，在上层钢筋网下面每隔1.5m放置一个钢筋撑脚
C. 基础钢筋绑扎的施工工艺流程为：清理垫层、画线→摆放下层钢筋，并固定绑扎→摆放钢筋撑脚（双层钢筋时）→绑扎柱墙预留钢筋→绑扎上层钢筋
D. 控制混凝土保护层用的水泥砂浆垫块或塑料卡的厚度，应等于保护层厚度

3.【单选题】钢筋机械连接的方法不包括（　　）。
A. 电渣压力焊连接　　　　　　　B. 滚压直螺纹套筒连接
C. 锥螺纹套筒连接　　　　　　　D. 套筒挤压连接

4.【多选题】下列各项中，属于钢筋加工的是（　　）。
A. 钢筋除锈　　　　　　　　　　B. 钢筋调直
C. 钢筋切断　　　　　　　　　　D. 钢筋冷拉
E. 钢筋弯曲成型

【答案】1.×；2.D；3.A；4.ABCE

考点43：混凝土工程施工工艺★

> **教材点睛** 教材P115～P116
>
> **1. 混凝土工程施工工艺流程：**混凝土拌合料的制备→运输→浇筑→振捣→养护。
> **2. 混凝土拌合料的运输**
> （1）运输要求：能保持混凝土的均匀性，不离析、不漏浆；浇筑点坍落度检测符合

> **教材点睛** 教材 P115~P116(续)
>
> 设计配合比要求;应在混凝土初凝前浇入模板并捣实完毕;保证混凝土浇筑能连续进行。
>
> (2) 运输时间。【详见 P115 表 4-3】
>
> (3) 运输方案及运输设备:多采用混凝土搅拌运输车运;在工地内混凝土运输可选用"泵送"或"塔式起重机+料斗"两种方式。
>
> **3. 混凝土浇筑施工要求**
>
> (1) 基本要求
>
> 1) 混凝土应连续作业\分层浇筑,分层捣实,但两层混凝土浇捣时间间隔不超过规范规定。
>
> 2) 竖向结构混凝土前,应底部浇筑 50~100mm 厚与混凝土内砂浆同配比的水泥砂浆(接浆处理);浇筑高度超过 2m 时,应采用溜槽或串筒下料。
>
> 3) 浇筑过程应观察模板及其支架、钢筋、埋设件和预留孔洞的情况,当发现变形或位移应立即处理。
>
> (2) 施工缝的留设和处理
>
> 1) 施工缝应留在结构受剪力较小且便于施工的部位。柱子应留水平缝,梁、板和墙应留垂直缝。
>
> 2) 施工缝的处理:待施工缝混凝土抗压强度不小于 1.2MPa,可进行施工缝处理。将混凝土表面凿毛、清洗、清除水泥浆膜和松动石子或软弱混凝土层,再满铺一层厚 10~15mm 与混凝土同水灰比的水泥砂浆,方可继续浇筑混凝土。
>
> (3) 混凝土振捣:根据结构特点选用适用的振捣机械振捣混凝土,尽快将拌合物中的空气振出。振捣机械按其作业方式可分为:插入式振动器、表面振动器、附着式振动器和振动台。
>
> **4. 混凝土养护**
>
> (1) 养护方法:自然养护(洒水养护、喷洒塑料薄膜养生液养护)、蒸汽养护、蓄热养护等。
>
> (2) 混凝土必须养护至其强度达到 1.2MPa 以上,方可上人、作业。

巩固练习

1.【判断题】自然养护是指利用平均气温高于 5℃的自然条件,用保水材料或草帘等对混凝土加以覆盖后适当浇水,使混凝土在一定的时间内在湿润状态下硬化。   ( )

2.【判断题】混凝土必须养护至其强度达到 1.2 MPa 以上,才准在上面行人和架设支架、安装模板。   ( )

3.【单选题】下列关于混凝土拌合料运输过程中一般要求,说法不正确的是( )。

A. 保持混凝土的均匀性,不离析、不漏浆

B. 保证混凝土能连续浇筑

C. 运到浇筑地点时应具有设计配合比所规定的坍落度

D. 应在混凝土终凝前浇入模板并捣实完毕

4.【单选题】浇筑竖向结构混凝土前,应先在底部浇筑一层水泥砂浆,对砂浆的要求是( )。

A. 与混凝土内砂浆成分相同且强度高一级
B. 与混凝土内砂浆成分不同且强度高一级
C. 与混凝土内砂浆成分不同
D. 与混凝土内砂浆成分相同

5.【单选题】对采用硅酸盐水泥、普通硅酸盐水泥或矿渣硅酸盐水泥拌制的混凝土,养护的时间不得少于( )。

A. 7d
B. 10d
C. 5d
D. 14d

6.【多选题】关于施工缝的留设与处理的说法中,正确的是( )。

A. 施工缝宜留在结构受剪力较小且便于施工的部位
B. 柱应留水平缝,梁、板应留垂直缝
C. 在施工缝处继续浇筑混凝土时,应待浇筑的混凝土抗压强度不小于1.2MPa方可进行
D. 对施工缝进行处理需满铺一层厚20~50mm水泥浆或与混凝土同水灰比水泥砂浆,方可浇筑混凝土
E. 继续浇筑混凝土前,应清除施工缝混凝土表面的水泥浆膜、松动石子及软弱的混凝土层

7.【多选题】用于振捣密实混凝土拌合物的机械,按其作业方式可分为( )。

A. 插入式振动器
B. 表面振动器
C. 振动台
D. 独立式振动器
E. 附着式振动器

【答案】1.√;2.√;3.D;4.D;5.A;6.ABCE;7.ABCE

第四节 钢 结 构 工 程

考点44:钢结构工程★

> **教材点睛** 教材 P117~P119
>
> **1. 钢结构的连接方法**
> (1)焊接连接:常用方法有手工电弧焊、埋弧焊、气体保护焊。
> (2)螺栓连接:常用方法有普通螺栓连接、高强度螺栓连接、自攻螺钉连接、铆钉连接。

> 教材点睛　教材 P117~P119（续）

2. 钢结构安装施工工艺要点

（1）吊装施工：吊点采用四点绑扎，绑扎点应用软材料垫保护；起吊时，先将钢构件吊离地面 50cm 左右对准安装位置中心，然后将钢构件吊至需连接位置，对准预留螺栓孔就位；将螺栓穿入孔内，初拧固定，垂直度校正后终拧螺栓固定。

（2）高强度螺栓连接施工要点

1）根据设计要求复核螺栓的规格和螺栓号；将螺栓自由穿入孔内，不得强行敲打，不得切割扩孔。

2）应从螺栓群中央按顺序向外施拧，当天需终拧完毕；对于大型节点螺栓数量较多时，则需要增加一道复拧工序，复拧扭矩仍等于初拧的扭矩，以保证螺栓均达到初拧值。

3）施拧采用电动扭矩扳手，按拧紧力矩的 50% 进行初拧，然后按 100% 拧紧力矩进行终拧。拧紧时对螺母施加顺时针力矩，对梅花头施加逆时针力矩，终拧至栓杆端部断颈拧掉梅花头为止。

4）高强度螺栓上、下接触面处加有 1/20 以上斜度时应采用垫圈垫平。高强度螺栓不得兼作安装螺栓。高强度螺栓孔必须采用机械钻孔，中心线倾斜度不得大于 2mm。

（3）钢构件焊接连接

1）焊接区表面及其周围 20mm 范围内，应当彻底清除待焊处表面的氧化皮、锈、油污、水分等污物。

2）施焊前，焊工应复核焊接件的接头质量和焊接区域的坡口、间隙、钝边等的处理情况。

3）厚度 12mm 以下板材，可不开坡口；厚度较大板，需开坡口焊，一般采用手工打底焊。

4）多层焊时，一般每层焊高为 4~5mm；填充层总厚度低于母材表面 1~2mm，不得熔化坡口边；盖面层应使焊缝对坡口熔宽每边 3mm±1mm。

5）不应在焊缝以外的母材上打火引弧。

巩固练习

1.【判断题】钢构件焊接施焊前，焊工应复核焊接件接头质量和焊接区域的坡口、间隙、钝边等的处理情况。　　　　　　　　　　　　　　　　　　　　　　　（　　）

2.【单选题】钢结构的连接方法不包括(　　)。

A. 绑扎连接　　　　　　　　　　B. 焊接

C. 螺栓连接　　　　　　　　　　D. 铆钉连接

3.【单选题】下列关于高强度螺栓的拧紧方法，说法错误的是(　　)。

A. 高强度螺栓连接的拧紧应分为初拧、终拧

B. 对于大型节点应分为初拧、复拧、终拧

C. 复拧扭矩应当大于初拧扭矩

D. 扭剪型高强度螺栓拧紧时对螺母施加逆时针力矩

4.【单选题】下列焊接方法中,不属于钢结构工程常用的是( )。
A. 自动(半自动)埋弧焊　　　　B. 闪光对焊
C. 药皮焊条手工电弧焊　　　　　D. 气体保护焊

5.【单选题】钢结构气体保护焊目前应用较多的是( )。
A. 熔化极气体保护焊　　　　　　B. 钨极氩弧焊
C. 镍极氩弧焊　　　　　　　　　D. CO_2气体保护焊

6.【多选题】下列关于钢结构安装施工要点的说法中,错误的是( )。
A. 起吊事先将钢构件吊离地面30cm左右,使钢构件中心对准安装位置中心
B. 高强度螺栓上、下接触面处加有1/15以上斜度时应采用垫圈垫平
C. 施焊前,焊工应检查焊接件的接头质量和焊接区域的坡口、间隙、钝边等的处理情况
D. 厚度大于12~20mm的板材,单面焊后,背面清根,再进行焊接
E. 焊道两端加引弧板和熄弧板,引弧和熄弧焊缝长度应大于或等于150mm

【答案】1.√;2.A;3.C;4.B;5.D;6.ABE

第五节　防　水　工　程

考点45:防水砂浆防水施工工艺★

> **教材点睛**　教材P119~P120
>
> 1. 防水砂浆防水层属于刚性防水层。
> 2. 在水泥砂浆中掺入占水泥重量3%~5%的防水剂。常用的有氯化物金属盐类和金属皂类防水剂。
> 3. 防水施工环境温度5~35℃,在结构变形、沉降稳定后进行。为防止裂缝可在防水层内增设金属网片。
> 4. 基层处理:清理干净表面、浇水湿润、补平表面蜂窝孔洞,使基层表面平整、坚实、粗糙,以增加防水层与基层间的粘结力。
> 5. 防水砂浆应分层施工,每层养护凝固或阴干后,方可进行下一层施工。
> 6. 防水砂浆防水层完工并待其强度达到要求后,应进行检查,以防水层不渗水为合格。

考点46:涂料防水工程施工工艺★

> **教材点睛**　教材P120~P123
>
> 1. 防水涂料防水层属于柔性防水层。常用的防水涂料有橡胶沥青类防水涂料、聚氨酯防水涂料、硅橡胶防水涂料、丙烯酸酯防水涂料、沥青类防水涂料等。

> **教材点睛** 教材 P120~P123(续)
>
> 2. 找平层施工：有水泥砂浆找平层、沥青砂浆找平层、细石混凝土找平层三种，施工要求密实平整，找好坡度。找平层的种类及施工要求见【P121 表4-5】。
>
> 3. 防水层施工
>
> （1）涂刷基层处理剂：涂刷时应用刷子用力薄涂，使涂料尽量刷进基层表面的毛细孔，并将基层可能留下来的少量灰尘等无机杂质，与基层牢固结合。
>
> （2）涂刷防水涂料：施工方法有刮涂、刷涂和机械喷涂。
>
> （3）铺设胎体增强材料：胎体增强材料可以是单一品种，也可以采用玻璃纤维布和聚酯纤维布混合使用。一般下层采用聚酯纤维布，上层采用玻璃纤维布。施工方法可采用湿铺法或干铺法铺贴。铺设时间在涂刷第二遍涂料时，或第三遍涂料涂刷前。
>
> （4）收头处理：所有收头均应用密封材料压边，压边宽度不小于10mm，收头处的胎体增强材料应裁剪整齐，不得出现翘边、皱折、露白等现象。
>
> 4. 保护层种类有水泥砂浆、泡沫塑料、细石混凝土和砖墙四种，施工要求不得损坏防水层。其施工要求详见【P122 表4-6】。

考点47：卷材防水工程施工工艺★

> **教材点睛** 教材 P123
>
> 1. 卷材防水材料：沥青防水卷材、高聚物改性沥青防水卷材。
>
> 2. 材料检验：防水卷材及配套材料应有产品合格证书和性能检测报告，材料进场后需进行材料复试。
>
> 3. 防水层施工要点
>
> （1）找平层表面应坚固、洁净、干燥。
>
> （2）基层处理剂应采用与卷材性能配套（相容）的材料，或采用同类涂料的底子油。
>
> （3）铺贴高分子防水卷材时，切忌拉伸过紧，以免使卷材长期处在受拉应力状态，加速卷材老化。
>
> （4）胶粘剂涂刷与粘合的间隔时间，受胶粘剂本身性能、气温湿度的影响，要根据试验、经验确定。
>
> （5）卷材搭接缝结合面应清洗干净，均匀涂刷胶粘剂后，要控制好胶粘剂涂刷与粘合间隔时间，粘合时要排净接缝间的空气，辊压粘牢。接缝口应采用宽度不小于10mm的密封材料封严，以确保防水层的整体防水性能。

巩固练习

1.【判断题】防水砂浆防水层通常称为刚性防水层，是依靠增加防水层厚度和提高砂浆层的密实性来达到防水要求。

（　　）

2. 【判断题】防水层每层应连续施工，素灰层与砂浆层允许不在同一天施工完毕。

（　　）

3. 【单选题】下列关于防水砂浆防水层施工的说法中，正确的是(　　)。
A. 砂浆防水是分层分次施工，相互交替抹压密实的封闭防水整体
B. 背水面基层的防水层采用五层做法，迎水面基层的防水层采用四层做法
C. 防水层每层应连续施工，素灰层与砂浆层可不在同一天施工完毕
D. 揉浆既保护素灰层又起到防水作用，当揉浆难时，允许加水稀释

4. 【单选题】下列关于掺防水剂水泥砂浆防水施工的说法中，错误的是(　　)。
A. 施工工艺流程为找平层施工→防水层施工→质量检查
B. 采用抹压法分层铺抹防水砂浆，每层厚度为10～15mm，总厚度不小于30mm
C. 氯化铁防水砂浆施工时，底层防水砂浆抹完12h后，抹压面层防水砂浆，其厚13mm，分两遍抹压
D. 防水层施工时的环境温度为5～35℃

5. 【单选题】下列关于涂料防水施工工艺的说法中，错误的是(　　)。
A. 防水涂料防水层属于柔性防水层
B. 一般采用外防外涂和外防内涂施工方法
C. 施工工艺流程为：找平层施工→保护层施工→防水层施工→质量检查
D. 找平层有水泥砂浆找平层、沥青砂浆找平层、细石混凝土找平层三种

6. 【单选题】下列关于涂料防水中防水层施工的说法中，正确的是(　　)。
A. 湿铺法是在铺第三遍涂料涂刷时，边倒料、边涂刷、边铺贴的操作方法
B. 对于流动性差的涂料，可以采用分条间隔施工的方法，条带宽800～1000mm
C. 胎体增强材料混合使用时，一般下层采用玻璃纤维布，上层采用聚酯纤维布
D. 所有收头均应用密封材料压边，压边宽度不得小于20mm

7. 【单选题】下列关于卷材防水施工的说法中，错误的是(　　)。
A. 基层处理剂应采用与卷材性能配套（相容）的材料，或采用同类涂料的底子油
B. 铺贴高分子防水卷材时，切忌拉伸过紧，以免使卷材长期处在受拉应力状态，易加速卷材老化
C. 施工工艺流程为：找平层施工→防水层施工→保护层施工→质量检查
D. 卷材搭接接缝口应采用宽度不小于20mm的密封材料封严，以确保防水层的整体防水性能

8. 【多选题】下列关于防水混凝土施工工艺的说法中，错误的是(　　)。
A. 水泥选用强度等级不低于32.5级
B. 在保证能振捣密实的前提下水灰比尽可能小，一般不大于0.6，坍落度不大于50mm
C. 为了有效起到保护钢筋和阻止钢筋的引水作用，迎水面防水混凝土的钢筋保护层厚度不得小于35mm
D. 在浇筑过程中，应严格分层连续浇筑，每层厚度不宜超过300～400mm，机械振捣密实
E. 墙体一般允许留水平施工缝和垂直施工缝

9.【多选题】下列关于涂料防水中找平层施工的说法中,正确的是(   )。
A. 采用沥青砂浆找平层时,滚筒应保持清洁,表面可涂刷柴油
B. 采用水泥砂浆找平层时,铺设找平层12h后,需洒水养护或喷冷底子油养护
C. 采用细石混凝土找平层时,浇筑时混凝土的坍落度应控制在20mm,浇捣密实
D. 沥青砂浆找平层一般不宜在气温0℃以下施工
E. 采用细石混凝土找平层时,浇筑完板缝混凝土后,应立即覆盖并浇水养护3d,待混凝土强度等级达到1.2MPa时,方可继续施工

【答案】1.√;2.×;3.A;4.B;5.C;6.B;7.D;8.ACE;9.ABD

第六节　装饰装修工程

考点48:楼地面工程施工工艺★

> **教材点睛**　教材P123~P127

1. 水泥砂浆地面施工

(1) 常用的材料:强度等级≥42.5级的通用硅酸盐水泥;中粗砂(含泥量不大于3%)。

(2) 基层处理:是防止水泥砂浆面层空鼓、裂纹、起砂等质量通病的关键工序。基层抗压强度达到1.2MPa方可施工;对于比较光滑的基层,应进行凿毛,并用清水冲洗干净。

(3) 弹线找规矩:先在四周墙上弹出一道水平基准线,作为控制水泥砂浆面层标高的依据;按纵横标筋间距为1500~2000mm在地面四周做灰饼冲筋,控制面层施工高度;地漏四周应做出坡度不小于5%的泛水。

(4) 铺设水泥砂浆面层:水泥砂浆要求拌合均匀,颜色一致;施工流程:基层浇水湿润→刷一道素水泥浆结合层→均匀铺上砂浆→用刮尺以标筋为准刮平、拍实→木抹子打磨→均匀涂抹纯水泥浆→用铁抹子抹光。

(5) 养护与保护:水泥砂浆面层施工完毕后,要及时进行浇水养护,养护时间不少于7d。

2. 陶瓷地砖楼地面施工

(1) 施工工艺流程:基础处理→弹线找规矩→灰饼、标筋→试拼→地砖铺贴→压平拔缝→养护。

(2) 施工要点

1) 试拼:根据分格线进行试拼,检查图案、颜色及纹理方向及效果。

2) 铺贴地砖:根据其尺寸大小分为湿贴法和干贴法两种。

① 湿贴法:适用于400mm×400mm以下地砖的铺贴;先将1:2水泥砂浆摊在地砖背面,然后根据放线及标筋铺设地砖,再用橡胶槌轻轻敲击地砖表面,与地面粘贴牢固;地面的整体水平标高相差超过40mm,用1:2半硬性水泥砂浆铺找平层。

教材点睛 教材 P123~P127(续)

② 干贴法：适用于 500mm×500mm 以上地砖的铺贴；在地面上用 1：3 的干硬性水泥砂浆铺一层厚度为 20~50mm 的垫层，将纯水泥浆刮在地砖背面，然后根据放线及标筋铺设地砖，再用橡胶槌轻轻敲击地砖表面，与地面粘贴牢固。

3）压平、拨缝：镶贴时，应边铺贴边用水平尺检查地砖平整度，拉线检查缝格的平直度。

4）养护：铺完砖 24h 后洒水养护，时间不少于 7d。

3. 石材楼地面铺设施工

（1）施工工艺流程：基层处理→抄平放线→做灰饼、标筋→铺板→灌缝、擦缝→打蜡、养护。

（2）施工要点

1）保新剂：可起到封闭石材表面空隙，防止污渍、油污浸入石材的作用；要求石材六面涂刷。

2）铺找平层：根据地面标筋用 1：1~1：3 干硬性水泥砂浆铺一层厚度 20~50mm 的找平层。

3）铺板：在找平层上接通线，随线铺设一行基准板，再从基准板的两边进行大面积铺贴。

4）灌缝、擦缝：用棉纱将板面上的灰浆擦拭干净，然后用与石材颜色相同的勾缝剂进行抹缝处理。

5）打蜡、养护：铺装完毕后，养护 7d。用草酸清洗板面，再打蜡、抛光。

4. 木地板楼地面施工

（1）木地板的施工方法：可分为实铺式、空铺式和浮铺式（也称悬浮式）。

（2）实铺式木地板工艺流程

1）格栅式：基层处理→安装木格栅→钉毛地板→弹线、铺钉硬木地板、踢脚板→刨光、打磨→油漆。

2）粘贴式：基层清理→弹线定位→涂胶→粘贴地板→刨光、打磨→油漆。

（3）实铺式木地板施工要点

1）格栅式实铺地板

① 基层处理：基层地面应平整、光洁、无起砂、起壳、开裂。

② 安装木格栅：用预埋的 Φ4 钢筋或 8 号钢丝将木格栅固定牢；木格栅与墙间应留出不小于 30mm 的缝隙。

③ 钉毛地板：毛地板条与木格栅成 30°或 45°斜角方向铺钉，板间缝隙不大于 3mm，接头要错开；在企口凸榫处斜着钉暗钉，每块板不少于 2 个钉，毛地板与墙之间应留 10~20mm 的缝隙。

④ 铺钉硬木地板、踢脚板：铺钉硬木地板先由中央向两边进行，后铺镶边；直条硬木地板相邻接头要错开 200mm 以上，相邻两块地板边缘高差不大于 1.0mm，木板与墙之间的缝隙，用踢脚板封盖。

> **教材点睛** 教材 P123～P127(续)
>
> ⑤ 刨平、刨光、磨光硬木地板：用刨地板机先斜纹后顺纹将表面刨平、刨光，再用磨砂皮机磨光。
> ⑥ 刷涂料、打蜡：清漆罩面涂刷，养护 3～5d 后打蜡，蜡要薄而匀，再用打蜡机擦亮。
> 2) 粘贴式实铺地板
> ① 粘贴地板：随刮胶粘剂随铺地板随铺随退，用力推紧、压平，板缝中挤出的胶粘剂要及时揩除。
> ② 地板粘贴后自然养护 3～5d。
> ③ 其他要求同格栅式实铺地板。

巩固练习

1. 【判断题】粘贴式实铺地板粘贴后需自然养护 10d。（　　）
2. 【单选题】下列关于水泥砂浆地面施工的说法中，错误的是（　　）。
   A. 在现浇混凝土或水泥砂浆垫层上做水泥砂浆地面面层时，其抗压强度达到 1.2MPa，才能铺设面层
   B. 地面抹灰前，应先在四周墙上 1200mm 处弹出一道水平基准线，作为确定水泥砂浆面层标高的依据
   C. 铺抹水泥砂浆面层前，先将基层浇水湿润，刷一道素水泥浆结合层，并随刷随抹
   D. 水泥砂浆面层施工完毕后，要及时进行浇水养护，必要时可蓄水养护，养护时间不少于 7d，强度等级应不小于 15MPa
3. 【单选题】下列关于陶瓷地砖楼地面施工的说法中，正确的是（　　）。
   A. 湿贴法主要适用于地砖尺寸在 500mm×500mm 以下的小地砖的铺贴
   B. 干贴法应首先在地面上用 1∶2 的干硬性水泥砂浆铺一层厚度为 20～50mm 的垫层
   C. 铺贴前应先进行试拼，试拼后按顺序排列，编号，浸水备用
   D. 铺完砖 24h 后洒水养护，时间不得少于 14d
4. 【单选题】下列关于石材和木地板楼地面铺设施工的说法中，错误的是（　　）。
   A. 根据地面标筋铺找平层，找平层起到控制标高和粘结面层的作用
   B. 按设计要求用 1∶1～1∶3 干硬性水泥砂浆，在地面均匀铺一层厚度为 20～30mm 的干硬性水泥砂浆
   C. 空铺式一般用于平房、底层房屋或较潮湿地面以及地面敷设管道需要将木地板架空等情况
   D. 搁栅式实铺木地板的施工工艺流程为：基层处理→安装木搁栅→钉毛地板→弹线、铺钉硬木地板、钉踢脚板→刨光、打磨→油漆
5. 【多选题】下列关于木地板楼地面铺设施工的说法中，正确的是（　　）。
   A. 安装木搁栅要严格做到整间木搁栅面标高一致，用 5m 直尺检查，空隙不大于 3mm

B. 实铺式木地板一般用于 2 层以上的干燥楼面

C. 铺钉硬木地板先由两边向中央进行，后铺镶边

D. 随刮胶粘剂随铺地板，人员随铺随往后退，要用力推紧、压平，并随即用砂袋等物压 6~24h

E. 一般做清漆罩面，涂刷完毕后养护 3~5d 打蜡，蜡要涂得薄而匀，再用打蜡机擦亮隔 1d 后就可上人使用

【答案】1. ×；2. B；3. C；4. B；5. BDE

考点 49：一般抹灰工程施工工艺 ★

> **教材点睛** 教材 P127
>
> 1. 一般抹灰按等级可分为普通抹灰和高级抹灰。
> 2. 施工要点
> （1）一般抹灰施工的施工顺序：遵循"先室外后室内、先上后下、先顶棚后墙地"的原则。
> （2）基层处理：将基层表面的灰尘、污垢和油渍等应清除干净，洒水湿润，再进行"毛化处理"。
> （3）找规矩、做灰饼标筋：根据抹灰基准线做灰饼标筋，作为大面积抹灰平整度和垂直度的控制依据。
> （4）阳角做护角：室内外墙角、柱角和门窗洞口的阳角抹灰要线条清晰、挺直，并应防止碰撞损坏。
> （5）抹灰工程应分层进行，一般抹灰分为抹底层灰、中层灰、面层灰三层。

巩固练习

1. 【判断题】一般抹灰等级可分为基础抹灰和高级抹灰。（　　）

2. 【判断题】一般抹灰的施工工艺流程为：基层处理→阳角做护角→找规矩做灰饼、标筋→抹底层灰、中层灰、面层灰。（　　）

3. 【判断题】一般抹灰施工的施工顺序应遵循"先室外后室内、先上后下、先顶棚后墙地"的原则。（　　）

4. 【单选题】下列关于一般抹灰工程施工要点的说法中，错误的是（　　）。

A. 对表面光滑的基层进行"毛化处理"时，常在浇水湿润后，用 1∶2 水泥细砂浆喷洒墙面

B. 与人、物经常接触的阳角部位，不论设计有无规定，都需要做护角，并用水泥浆捋出小圆角

C. 底层灰 6~7 成干时即可抹中层灰，操作时一般按自上而下、从左向右的顺序进行

D. 阳角护角无设计要求时，采用 1∶2 水泥砂浆做暗护角，其高度不应低于 2m，每侧宽度不应小于 50mm

71

5.【多选题】一般抹灰分为抹(　　)。
A. 底层灰
B. 中层灰
C. 面层灰
D. 上面层
E. 下面层

【答案】1. ×；2. ×；3. √；4. A；5. ABC

考点50：门窗工程施工工艺★

> **教材点睛**　教材 P128～P129

1. 木门窗的施工要点

（1）找规矩、弹线：在离楼地面500mm高的墙面上测弹一条水平控制线，按门窗安装标高、尺寸和开启方向，在墙体预留洞口四周弹出门窗落位线。建筑外窗还需以顶层外窗落位线为主，用线坠从外墙一侧向下吊线，分层弹出外窗垂直控制线。

（2）安装门窗框：以弹好的控制线为准，先用木楔将框临时固定门窗框，用水平尺、线坠、方尺调平、找垂直、找方正，调整无误后，将门窗框与墙体固定牢固。

（3）门窗框嵌缝：内门窗采用与墙面抹灰相同的砂浆进行缝隙塞实，外门窗一般采用保湿砂浆或发泡胶将门窗框与洞口的缝隙塞实。

（4）安装门窗扇：首先检查好门窗扇的质量、核对好型号、规格及开启方向，然后按设计要求调整好门窗扇留缝宽度，进行门窗扇安装。

（5）安装五金（玻璃）：有木节处或已填补的木节处，均不得安装小五金；门锁不宜安装在中冒头与立梃的结合处；合页、插销等需隐蔽的五金件，需做凹槽，安完后应低于表面1mm左右；所以五金件的安装位置要正确，且固定牢固。

（6）成品保护：木门窗安装完毕，要用薄膜包好加以保护。

2. 塑料门窗安装要点

（1）找规矩、弹线：门窗位置确定后，检查门窗预留洞口尺寸，不符合要求的及时进行修整。

（2）安装门窗框：门窗框准确后，检测校正门窗框的水平度、垂直度，先用木楔临时固定，再用连接件固定牢固。混凝土墙体宜采用射钉或塑料膨胀螺栓固定，砖墙或其他砌体墙，门窗框连接件直接与墙上预埋件固定。

（3）门窗框与墙体缝隙处理：框与墙体之间的缝隙一般采用泡沫塑料条或单组分发泡胶进行嵌缝，密封膏嵌填收口。对保湿、隔声要求高的工程，缝隙应采用聚氨酯发泡密封胶等隔热隔声材料填充。

（4）安装门窗扇及五金配件：按设计要求及配件产品说明书要求，安装牢固，开关灵活，满足使用功能要求。

（5）调试、清理：塑料门窗安装完毕后，要逐个进行启闭调试，保证开关灵活，性能良好，关闭严密，表面平整。玻璃及框周边注入的密封胶要平整、饱满。对成品进行妥善保护。

> **巩固练习**

1. 【判断题】木质外门窗一般采用保温砂浆或发泡胶将门窗框与洞口的缝隙塞实。
   （　　）

2. 【单选题】下列关于木门窗施工工艺的说法中，正确的是（　　）。
   A. 木门窗施工的施工工艺流程为：找规矩、弹线→安装门窗框→门窗框嵌缝→安装门窗扇→安装五金（玻璃）→成品保护
   B. 门窗安装前，应在离楼地面 900mm 高的墙面上测弹一条水平控制线
   C. 外门窗一般采用与墙面抹灰相同的砂浆将门窗框与洞口的缝隙塞实
   D. 将扇放入框中试装合格后，在框上按合页大小画线，剔出合页槽，槽深与合页厚度相适应，槽底要平

3. 【单选题】下列关于塑料门窗框连接件与墙体固定的方法，不正确的是（　　）。
   A. 混凝土墙体可采用射钉　　　　　B. 连接件之间的距离≤300mm
   C. 混凝土墙体可采用塑料膨胀螺栓　D. 连接件距窗角 150～200mm

4. 【单选题】不属于按门窗结构形式分类的是（　　）。
   A. 平开门窗　　　　　　　　　　　B. 防火门窗
   C. 自动门窗　　　　　　　　　　　D. 推拉门窗

5. 【单选题】塑料平开门窗合页安装位置应距端头 150～200mm，合页之间距离应不大于（　　）mm。
   A. 1000　　　　　　　　　　　　　B. 1200
   C. 1400　　　　　　　　　　　　　D. 1500

6. 【多选题】下列关于门窗工程施工工艺的说法中，正确的是（　　）。
   A. 塑料门窗中连接件的位置应距窗角、中竖框、中横框 150～250mm，连接件之间的距离≤800mm
   B. 塑料门窗安装完毕后，要逐个进行启闭调试，保证开关灵活，性能良好，关闭严密，表面平整
   C. 塑料门窗的安装工艺流程为：找规矩、弹线→安装门窗框→门窗框嵌缝→安装门窗扇→安装五金（玻璃）→调试、清理，成品保护
   D. 塑料门窗通常采用推拉、平开、自动式等方式开启
   E. 木门窗五金安装时，门窗扇嵌 L 形铁、T 形铁件时应加以隐蔽，做凹槽，安完后应低于表面 2mm 左右

【答案】1.√；2.A；3.B；4.B；5.A；6.BC

考点 51：涂饰工程施工工艺★

> **教材点睛**　教材 P129～P131
>
> 1. 常用施涂方法：刷涂、辊涂、喷涂、抹涂、刮涂。其中辊涂法生产效率高、施工环保效果良好。

教材点睛 教材 P129～P131（续）

2. 辊涂法施工要点：

（1）基层处理：用 1:3 水泥砂浆（或聚合物水泥砂浆）修补基层缺陷；清除基层表面上的灰尘、污垢、溅沫和砂浆流痕等。

（2）打底（批刮腻子）：满刮抗裂弹性腻子一遍，干燥后应用中号砂纸将刮痕打磨平整光滑。腻子施工适宜温度为 5℃ 以上，腻子应放在干燥、通风阴凉处，粉状料绝对避免受潮，胶液应避免日光暴晒。

（3）面层施涂

1）辊涂前，应注意基层的干湿程度，抹面含水率小于 10%，pH 值小于 10 后方可施工，以防止涂层出现起泡、掉粉、失光、涂面出现拉毛等现象。腻子层要干燥坚硬、平整，以保持涂层厚度均匀。

2）辊涂过程中若有气泡出现，待稍微吸水以后，用短辊蘸少量的外墙乳胶漆复压一次，就可使气泡消除。涂料的工作黏度或稠度，必须加以控制，使其在涂料施涂时不流坠、不显刷纹。

3）辊涂上下接槎要严，一面墙一气呵成，同一墙面应用同一批号的乳胶漆，保证饰面颜色一致。

4）辊涂间断或分段施工时，涂层接槎应留在分格缝、墙的阴角处或水落管背后等不明显部位，以确保同一墙面无明显接槎。

5）辊涂前和辊涂过程中，底漆和乳胶漆均应搅拌均匀，不可掺加异物；未用完的底乳胶漆应加盖密封，并存放在阴凉通风处。

巩固练习

1. 【判断题】抹涂法是涂饰施工最为常用的方法。　　　　　　　　　　　　　（　　）
2. 【判断题】涂饰工程施工工艺流程为：基层处理→打底、批刮腻子→面层施涂→修理。　　　　　　　　　　　　　　　　　　　　　　　　　　　　　　　　　　　（　　）
3. 【判断题】混凝土表面在施涂前应将基体缺棱掉角处、孔洞用 1:2 的水泥砂浆修补。　　　　　　　　　　　　　　　　　　　　　　　　　　　　　　　　　　　（　　）
4. 【判断题】底漆和乳胶漆施工适宜温度为 0℃ 以上，未用完的底乳胶漆应加盖密封，并存放在阴凉通风处。　　　　　　　　　　　　　　　　　　　　　　　　（　　）
5. 【单选题】下列选项中，不属于常用施涂方法的是（　　）。
　　A. 刷涂　　　　　　　　　　　　　　B. 滚涂
　　C. 甩涂　　　　　　　　　　　　　　D. 喷涂

【答案】1. ×；2. √；3. ×；4. √；5. C

第五章 施工项目管理

第一节 施工项目管理的内容及组织

考点 52：施工项目管理的特点及内容●

> **教材点睛** 教材 P132~P133
>
> **1. 施工项目管理的特点：**①主体是建筑企业；②对象是施工项目；③管理内容是按阶段变化的；④要求是强化组织协调工作。
> **2. 施工项目管理的内容（八个方面）：**①建立施工项目管理组织；②编制施工项目管理规划；③施工项目的目标控制；④施工项目的生产要素管理；⑤施工项目的合同管理；⑥施工项目的信息管理；⑦施工现场的管理；⑧组织协调。

考点 53：施工项目管理的组织机构★●

> **教材点睛** 教材 P133~P137
>
> 1. 施工项目管理组织的主要形式：直线式、职能式、矩阵式、事业部式等。
> 2. 施工项目经理部：由企业授权，在施工项目经理的领导下建立的项目管理组织机构，是施工项目的管理层，其职能是对施工项目实施阶段进行综合管理。
> （1）项目经理部的性质：相对独立性、综合性、临时性。
> （2）建立施工项目经理部的基本原则：
> 1）根据所设计的项目组织形式设置。
> 2）根据施工项目的规模、复杂程度和专业特点设置。
> 3）根据施工工程任务需要调整。
> 4）适应现场施工的需要。
> （3）项目经理部部门设置（5个基本部门）：经营核算部、技术管理部、物资设备供应部、质量安全部、安全后勤部。
> （4）项目部岗位设置及职责
> 1）项目部设置最基本的六大岗位：施工员、质量员、安全员、资料员、造价员、测量员，还有材料员、标准员、机械员、劳务员等。
> 2）岗位职责
> ① 施工项目经理：施工项目的最高责任人和组织者，是决定施工项目盈亏的关键性角色。
> ② 项目技术负责人：在项目部经理的领导下，负责项目部施工生产、工程质量、安全生产和机械设备管理工作。

> **教材点睛** 教材 P133～P137(续)

③ 施工员、质量员、安全员、资料员、造价员、测量员、材料员、标准员、机械员、劳务员都是项目的专业人员，是施工现场的管理者。

(5) 项目经理部的解体：企业工程管理部门是项目经理部解体善后工作的主管部门，主要负责项目经理部的解体后工程项目在保修期间问题的处理，包括因质量问题造成的返(维)修、工程剩余价款的结算以及回收等。

巩固练习

1.【判断题】施工项目管理是指建筑企业运用系统的观点、理论和方法对施工项目进行的决策、计划、组织、控制、协调等全过程的全面管理。（   ）

2.【判断题】在工程开工前，由项目经理组织编制施工项目管理实施规划，对施工项目管理从开工到交工验收进行全面的指导性规划。（   ）

3.【判断题】项目经理部是工程的主管部门，主要负责工程项目在保修期间问题的处理，包括因质量问题造成的返(维)修、工程剩余价款的结算以及回收等。（   ）

4.【判断题】在现代施工企业的项目管理中，施工项目经理是施工项目的最高责任人和组织者，是决定施工项目盈亏的关键性角色。（   ）

5.【判断题】施工现场包括红线以内占用的建筑用地和施工用地以及临时施工用地。
（   ）

6.【单选题】下列关于施工项目管理的特点说法，错误的是(   )。
A. 对象是施工项目　　　　　　　　B. 主体是建设单位
C. 内容是按阶段变化的　　　　　　D. 要求强化组织协调工作

7.【单选题】下列不属于施工项目管理组织的主要形式的是(   )。
A. 直线式　　　B. 线性结构式　　　C. 矩阵式　　　D. 事业部式

8.【单选题】下列关于施工项目管理组织的形式的说法中，错误的是(   )。
A. 线性项目组织适用于大型项目，工期要求紧，要求多工种、多部门配合的项目
B. 事业部式项目组织适用于大型经营型企业的工程承包项目
C. 部门控制式项目组织一般适用于专业性强的大中型项目
D. 矩阵式项目组织适用于同时承担多个需要进行项目管理工程的企业

9.【单选题】下列选项中，不属于项目经理部性质的是(   )。
A. 法律强制性　　　B. 相对独立性　　　C. 综合性　　　D. 临时性

10.【单选题】下列选项中，不属于建立施工项目经理部的基本原则的是(   )。
A. 根据所设计的项目组织形式设置
B. 适应现场施工的需要
C. 满足建设单位关于施工项目目标控制的要求
D. 根据施工工程任务需要调整

11.【单选题】下列不属于施工项目经理部综合性主要表现的是(   )。
A. 随项目开工而成立，随着项目竣工而解体

B. 管理职能是综合的
C. 管理施工项目的各种经济活动
D. 管理业务是综合的

12.【单选题】项目部设置的最基本的岗位不包括( )。
A. 统计员　　　B. 施工员　　　C. 安全员　　　D. 质量员

13.【多选题】施工项目管理周期包括( )、竣工验收、保修等。
A. 建设设想　　　　　　　　B. 工程投标
C. 签订施工合同　　　　　　D. 施工准备
E. 施工

14.【多选题】下列各项中，不属于施工项目管理的内容的是( )。
A. 建立施工项目管理组织　　　B. 编制《施工项目管理目标责任书》
C. 施工项目的生产要素管理　　D. 施工项目的施工情况的评估
E. 施工项目的信息管理

15.【多选题】下列各部门中，项目经理部不需设置的是( )。
A. 经营核算部门　　　　　　B. 物资设备供应部门
C. 设备检查检测部门　　　　D. 质量安全部门
E. 企业工程管理部门

【答案】1.√；2.√；3.×；4.√；5.×；6.B；7.B；8.C；9.A；10.C；11.A；12.A；13.BCDE；14.BD；15.CE

第二节　施工项目目标控制

考点54：施工项目目标控制★●

教材点睛　教材 P137～P143

1. 施工项目目标控制主要包括：施工项目进度控制、质量控制、成本控制、安全控制四个方面。

2. 施工项目目标控制的任务

（1）施工项目进度控制的任务：编制最优的施工进度计划；检查施工实际进度情况，对比计划进度，动态控制施工进程；出现偏差，分析原因和评估影响度，制定调整措施。

（2）施工项目质量控制的任务：准备阶段编制施工技术文件，制定质量管理计划和质量控制措施，进行施工技术交底；施工阶段对实施情况进行监督、检查和测量，找出存在的质量问题，分析质量问题的成因，采取补救措施。

（3）施工项目成本控制的任务：开工前预测目标成本，编制成本计划；项目实施过程中，收集实际数据，进行成本核算；对实际成本和计划成本进行比较，如果发生偏差，应及时进行分析，查明原因，并及时采取有效措施，不断降低成本。将各项生产费用控制在原来所规定的标准和预算之内，以保证实现规定的成本目标。

> **教材点睛** 教材 P137～P143(续)
>
> （4）施工项目安全控制的任务（包括职业健康、安全生产和环境管理）
>
> 1）职业健康管理的主要任务：制定并落实职业病、传染病的预防措施；为员工配备必要的劳动保护用品，按要求购买保险；组织员工进行健康体检，建立员工健康档案等。
>
> 2）安全生产管理的主要任务：制定安全管理制度、编制安全管理计划和安全事故应急预案；识别现场的危险源，采取措施预防安全事故；进行安全教育培训、安全检查，提高员工的安全意识和素质。
>
> 3）环境管理的主要任务：规范现场的场容环境，保持作业环境的整洁卫生；预防环境污染事件，减少施工对周围居民和环境的影响等。
>
> **3. 施工项目目标控制的措施**
>
> （1）施工项目进度控制的措施：组织措施、技术措施、合同措施、经济措施和信息管理措施等。
>
> （2）施工项目质量控制的措施：提高管理、施工及操作人员素质；建立完善的质量保证体系；加强原材料质量控制；提高施工的质量管理水平；确保施工工序的质量；加强施工项目的过程控制（三检制）。
>
> （3）施工项目安全控制的措施：安全制度措施、安全组织措施、安全技术措施。
> 【详见 P141 表 5-1、表 5-2】
>
> （4）施工项目成本控制的措施：组织措施、技术措施、经济措施、合同措施。

巩固练习

1.【判断题】项目质量控制贯穿于项目施工的全过程。　　　　　　　　　　　（　　）

2.【判断题】安全管理的对象是生产中一切人、物、环境、管理状态，安全管理是一种动态管理。　　　　　　　　　　　　　　　　　　　　　　　　　　　　（　　）

3.【单选题】施工项目的劳动组织不包括(　　)。
A. 劳务输入　　　　　　　　　　B. 劳动力组织
C. 劳务队伍的管理　　　　　　　D. 劳务输出

4.【单选题】施工项目目标控制包括：施工项目进度控制、施工项目质量控制、(　　)、施工项目安全控制四个方面。
A. 施工项目管理控制　　　　　　B. 施工项目成本控制
C. 施工项目人力控制　　　　　　D. 施工项目物资控制

5.【单选题】下列各项措施中，不属于施工项目质量控制的措施的是(　　)。
A. 提高管理、施工及操作人员自身素质
B. 提高施工的质量管理水平
C. 尽可能采用先进的施工技术、方法和新材料、新工艺、新技术，保证进度目标实现
D. 加强施工项目的过程控制

6.【单选题】施工项目过程控制中，加强专项检查，包括自检、（　　）、互检。
A. 专检　　　　　　　　　　　　B. 全检
C. 交接检　　　　　　　　　　　D. 质检

7.【单选题】下列措施中，不属于施工项目安全控制的措施的是（　　）。
A. 组织措施　　　　　　　　　　B. 技术措施
C. 管理措施　　　　　　　　　　D. 制度措施

8.【单选题】下列措施中，不属于施工准备阶段的安全技术措施的是（　　）。
A. 技术准备　　　　　　　　　　B. 物资准备
C. 资金准备　　　　　　　　　　D. 施工队伍准备

9.【多选题】下列关于施工项目目标控制的措施说法，错误的是（　　）。
A. 建立完善的工程统计管理体系和统计制度属于信息管理措施
B. 主要有组织措施、技术措施、合同措施、经济措施和管理措施
C. 落实施工方案，在发生问题时，能适时调整工作之间的逻辑关系，加快实施进度属于技术措施
D. 签订并实施关于工期和进度的经济承包责任制属于合同措施
E. 落实各层次进度控制的人员及其具体任务和工作责任属于组织措施

【答案】1.×；2.√；3.D；4.B；5.C；6.A；7.C；8.C；9.BD

第三节　施工资源与现场管理

考点55：施工资源与现场管理★●

教材点睛　教材 P144~P146

1. 施工项目资源管理
（1）施工项目资源管理的内容：劳动力、材料、机械设备、技术和资金等。
（2）施工资源管理的任务：确定资源类型及数量；确定资源的分配计划；编制资源进度计划；施工资源进度计划的执行和动态调整。

2. 施工现场管理
（1）施工现场管理的任务
1）全面完成生产计划规定的任务，包含产量、产值、质量、工期、资金、成本、利润和安全等。
2）按施工规律组织生产，优化生产要素的配置，实现高效率和高效益。
3）搞好劳动组织和班组建设，不断提高施工现场人员的思想和技术素质。
4）加强定额管理，降低物料和能源的消耗，减少生产储备和资金占用，不断降低生产成本。
5）优化专业管理，建立完善管理体系，有效地控制施工现场的投入和产出。

> **教材点睛** 教材 P144～P146（续）
>
> 　　6）加强施工现场的标准化管理，使人流、物流高效有序。
> 　　7）治理施工现场环境，改变"脏、乱、差"的状况，注意保护施工环境，做到施工不扰民。
> 　　（2）施工项目现场管理的内容：规划及报批施工用地；设计施工现场平面图；建立施工现场管理组织；建立文明施工现场；及时清场转移。

巩固练习

1.【判断题】施工项目的生产要素主要包括劳动力、材料、技术和资金。（　　）
2.【判断题】建筑辅助材料指在施工中被直接加工，构成工程实体的各种材料。（　　）
3.【单选题】以下不属于施工资源管理任务的是（　　）。
　A. 确定资源类型及数量　　　　　　　　B. 设计施工现场平面图
　C. 编制资源进度计划　　　　　　　　　D. 施工资源进度计划的执行和动态调整
4.【单选题】以下不属于施工项目现场管理内容的是（　　）。
　A. 规划及报批施工用地　　　　　　　　B. 设计施工现场平面图
　C. 建立施工现场管理组织　　　　　　　D. 为项目经理决策提供信息依据
5.【单选题】资金管理主要环节不包括（　　）。
　A. 资金回笼　　　　　　　　　　　　　B. 编制资金计划
　C. 资金使用　　　　　　　　　　　　　D. 筹集资金
6.【单选题】以下属于确定资源分配计划的工作是（　　）。
　A. 确定项目所需的管理人员和工种　　　B. 编制物资需求分配计划
　C. 确定项目施工所需的各种物资资源　　D. 确定项目所需资金的数量
7.【多选题】以下各项中，属于施工项目资源管理的内容的是（　　）。
　A. 劳动力　　　B. 材料　　　C. 技术　　　D. 机械设备
　E. 施工现场
8.【多选题】以下各项中，不属于施工资源管理的任务的是（　　）。
　A. 规划及报批施工用地　　　　　　　　B. 确定资源类型及数量
　C. 确定资源的分配计划　　　　　　　　D. 建立施工现场管理组织
　E. 施工资源进度计划的执行和动态调整
9.【多选题】以下各项中，属于施工现场管理的内容的是（　　）。
　A. 落实资源进度计划　　　　　　　　　B. 设计施工现场平面图
　C. 建立文明施工现场　　　　　　　　　D. 施工资源进度计划的动态调整
　E. 及时清场转移

【答案】1.×；2.×；3. B；4. D；5. A；6. B；7. ABCD；8. AD；9. BCE

第六章 建 筑 力 学

第一节 平 面 力 系

考点 56：平面力系 ★●

> **教材点睛** 教材 P147～P156
>
> **1. 力的基本性质**
> （1）力的基本概念
> 1）力的三要素：力的大小、力的方向和力的作用点。力的单位为牛顿（N）。
> 2）静力学公理：作用力与反作用力公理、二力平衡公理、加减平衡力系公理、力具有可传递性（加减平衡力系公理和力的可传递性原理都只适用于刚体）。
> （2）约束与约束反力
>
>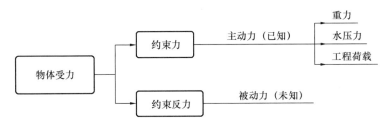
>
> （3）受力分析
> 1）受力图绘制步骤：明确分析对象，画出分离简图；在分离体上画出全部主动力、约束反力，注意约束反力与约束应力相对应。
> 2）力的平行四边形法则：作用于物体上的同一点的两个力，可以合成为一个合力，合力的大小和方向由这两个力为边所构成的平行四边形的对角线来表示。
> （4）计算简图：用结构计算简图来代替实际结构，重点显示其基本特点，是力学计算的基础。
>
> **2. 平面汇交力系**（凡各力的作用线都在同一平面内的力系）
> （1）平面汇交力系的合成
> 1）力在坐标轴上的投影：力的投影从开始端到末端的指向，与坐标轴正向相同为正，反之为负。
> 2）平面汇交力系合成的解析法：根据合力投影定理（合力在任意轴上的投影等于各分力在同一轴上投影的代数和），将平面汇交力系中的力合成为一合力。
> 3）力的分解：利用四边形法则进行力的分解。
> 4）力的分解和力的投影的区别与联系：分力是矢量，而投影为代数量；分力的大小等于该力在坐标轴上投影的绝对值，投影的正负号反映了分力的指向。

> **教材点睛** 教材 P147~P156（续）
>
> （2）平面汇交力系的平衡
>
> 1）平面一般力系的平衡条件：平面一般力系中各力在两个任选的直角坐标轴上的投影的代数和分别等于零，各力对任意一点力矩的代数和也等于零。
>
> 2）平面力系平衡的特例：平面汇交力系（所有力交汇于 O 点）、平面平行力系、平面力偶系。
>
> 3）荷载集度为常量，称为均匀分布荷载。均布荷载可简化计算：合力的大小 $F_q = qa$，合力作用于受载长度的中点。
>
> **3. 力偶、力矩的特性及应用**
>
> （1）力偶和力偶系
>
> 1）力偶的三要素：力偶矩的大小、转向和力偶的作用面的方位（凡是三要素相同的力偶，彼此相同，可以互相代替）。
>
> 2）力偶的性质
>
> ① 力偶无合力，只能用力偶来平衡，力偶在任意轴上的投影等于零。
>
> ② 力偶对其平面内任意点之矩，恒等于其力偶矩，而与矩心的位置无关。
>
> 3）力偶系的作用效果只能是产生转动，其转动效应的大小等于各力偶转动效应的总和。
>
> （2）合力矩定理：合力对平面内任意一点之矩，等于所有分力对同一点之矩的代数和。

巩固练习

1.【判断题】力是物体之间相互的机械作用，这种作用的效果是使物体的运动状态发生改变，而无法改变其形态。（　　）

2.【判断题】两个物体之间的作用力和反作用力，总是大小相等，方向相反，沿同一直线，并同时作用在任意一个物体上。（　　）

3.【判断题】链杆可以受到拉压、弯曲、扭转。（　　）

4.【判断题】梁通过混凝土垫块支承在砖柱上，不计摩擦时可视为可动铰支座。（　　）

5.【判断题】在平面力系中，各力的作用线都汇交于一点的力系，称为平面汇交力系。（　　）

6.【判断题】力偶不可以用一个合力来平衡。（　　）

7.【单选题】图示为一轴力杆，其中最大的拉力为（　　）kN。

A. 12

B. 20

C. 8

D. 13

题 7 图示

8. 【单选题】图示结构中 BC 和 AC 杆分别属于( )。
   A. 压杆，拉杆
   B. 压杆，压杆
   C. 拉杆，拉杆
   D. 拉杆，压杆

   题 8 图示

9. 【单选题】平行于横截面的竖向外力称为( )，此力是梁横截面上的切向分布内力的合力。
   A. 拉力
   B. 压力
   C. 剪力
   D. 弯矩

10. 【多选题】两物体间的作用力和反作用力总是( )。
    A. 大小相等
    B. 方向相反
    C. 沿同一直线分别作用在两个物体上
    D. 作用在同一物体上
    E. 方向一致

11. 【多选题】下列关于平面汇交力系的说法，正确的是( )。
    A. 各力的作用线不汇交于一点的力系，称为平面一般力系
    B. 力在 x 轴上投影绝对值为 $F_x = F\cos\alpha$
    C. 力在 y 轴上投影绝对值为 $F_y = F\cos\alpha$
    D. 合力在任意轴上的投影等于各分力在同一轴上投影的代数和
    E. 力的分解即为力的投影

12. 【多选题】有关力偶的性质叙述，不正确的是( )。
    A. 力偶对任意点取矩都等于力偶矩，不因矩心的改变而改变
    B. 力偶有合力，力偶可以用一个合力来平衡
    C. 只要保持力偶矩不变，力偶可在其作用面内任意移转，对刚体的作用效果不变
    D. 只要保持力偶矩不变，可以同时改变力偶中力的大小与力偶臂的长短
    E. 作用在同一物体上的若干个力偶组成一个力偶系

【答案】1. ×；2. √；3. ×；4. √；5. √；6. √；7. B；8. D；9. A；10. ABC；11. BD；12. BCE

第二节 杆 件 的 内 力

考点 57：杆件的内力 ★●

教材点睛 教材 P156～P158

1. 单跨静定梁的内力
（1）静定梁的受力
1）静定结构在几何特性上属于无多余联系的几何不变体系。
2）单跨静定梁的形式：简支、伸臂和悬臂。

> **教材点睛** 教材 P156~P158(续)
>
> 3) 静定梁的受力(横截面上的内力):轴力、剪力、弯矩。(画图时需注明受力方向)
>
> (2) 用截面法计算表达式
>
> $\sum F_x$=截面一侧所有外力在杆轴平行方向上投影的代数和。
>
> $\sum F_y$=截面一侧所有外力在杆轴垂直方向上投影的代数和。
>
> $\sum M$=截面一侧所有外力对截面形心力矩代数和,使隔离体下侧受拉为正。为便于判断哪边受拉,可假想该脱离体在截面处固定为悬臂梁。
>
> 2. 多跨静定梁内力的基本概念
>
> (1) 概念:指由若干根梁用铰相连,并用若干支座与基础相连而组成的静定结构。
>
> (2) 受力分析遵循先附属部分,后基本部分的分析计算顺序。
>
> (3) 多跨静定梁内力可使其自身和基本部分均产生内力和弹性变形。
>
> 3. 静定平面桁架内力的基本概念
>
> 桁架是由链杆组成的格构体系,当荷载仅作用在节点上时,杆件仅承受轴向力,截面上只有均匀分布的正应力,这是最理想的一种结构形式。

巩固练习

1.【判断题】以轴线变形为主要特征的变形形式称为弯曲变形(简称弯曲)。(　　)

2.【判断题】多跨静定梁是若干根梁用铰链连接,并用若干支座与基础相连而组成的。(　　)

3.【单选题】多跨静定梁的受力分析遵循先(　　),后(　　)的分析顺序。

A. 附属部分,基本部分　　　　B. 基本部分,附属部分

C. 整体,局部　　　　　　　　D. 局部,整体

4.【多选题】图示简单桁架,杆1和杆2的横截面面积均为 A,许用应力均为 $[\sigma]$,设 N_1、N_2 分别表示杆1和杆2的轴力,$\alpha+\beta=90°$,则在下列结论中,正确的是(　　)。

A. 载荷 $P=N_1\cos\alpha+N_2\cos\beta$

B. 载荷 $P=N_1\sin\alpha+N_2\cos\beta$

C. $N_1\sin\alpha=N_2\sin\beta$

D. 许可载荷 $[P]=[\sigma]A(\cos\alpha+\cos\beta)$

E. 许可载荷 $[P]\leq[\sigma]A(\cos\alpha+\cos\beta)$

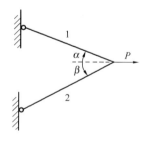

题4图示

【答案】1. ×;2. √;3. A;4. ACE

第三节　杆件强度、刚度和稳定的基本概念

考点 58：杆件的强度、刚度和稳定性 ★●

> **教材点睛**　教材 P158~P162
>
> 1. 变形固体的基本假设主要有：均匀性假设、连续性假设、各向同性假设、小变形假设。
> （1）弹性变形：随外力的解除而变形也随之消失的变形。
> （2）塑性变形：部分变形随外力的解除而变形不随之消失的变形。
> 2. 杆件的基本受力形式：轴向拉伸与压缩、剪切、扭转、弯曲。
> 3. 杆件强度：结构杆件在规定的荷载作用下，保证不因材料强度发生破坏的要求。
> 4. 杆件刚度：指构件抵抗变形的能力。
> （1）梁的挠度变形主要由弯矩引起，通常我们计算梁的最大挠度 $f_{max} = \dfrac{5qL^4}{384EI}$。
> （2）影响弯曲变形（位移）的因素：材料性能、截面大小和形状、构件的跨度。
> 5. 杆件稳定性：指构件保持原有平衡状态的能力。保持稳定的平衡状态，就要满足所受最大压力 F_{max} 小于临界压力 F_{cr}。
> 6. 应力、应变的基本概念
> （1）内力与构件的强度（破坏与否的问题）、刚度（变形大小的问题）紧密相连。要保证构件的承载必须控制构件的内力。
> （2）应力的概念：单位面积上的内力称为应力。是内力在某一点的分布集度。单位为帕（Pa）。
> （3）应变：①线应变：杆件在轴向或横向拉力或压力作用下产生的尺寸增减。分为纵向变形和横向变形。②切应变：在一对剪切力的作用下，角度的变化而引起的变形称为剪切变形。直角的改变量称为切应变，单位为弧度。
> （4）胡克定律：在一定条件下，应力与应变成正比。$\sigma = E\varepsilon$

巩固练习

1. 【判断题】变形固体的基本假设是为了使计算简化，但会影响计算和分析结果。
　　　　　　　　　　　　　　　　　　　　　　　　　　　　　　　　　（　　）
2. 【判断题】压杆的柔度越大，压杆的稳定性越差。　　　　　　　　　（　　）
3. 【判断题】所受最大力大于临界压力，受压杆件保持稳定平衡状态。（　　）
4. 【单选题】假设固体内部各部分之间的力学性质处处相同，为(　　)。
　A. 均匀性假设　　　　　　　　　　B. 连续性假设
　C. 各向同性假设　　　　　　　　　D. 小变形假设
5. 【单选题】常用的应力单位是兆帕（MPa），1MPa＝(　　)N/m²。

A. 10^3 B. 10^6
C. 10^9 D. 10^{12}

6. 【单选题】关于弹性体受力后某一方向的应力与应变关系，下列叙述正确的是(　　)。

A. 有应力一定有应变，有应变不一定有应力
B. 有应力不一定有应变，有应变不一定有应力
C. 有应力不一定有应变，有应变一定有应力
D. 有应力一定有应变，有应变一定有应力

7. 【多选题】变形固体的基本假设主要有(　　)。

A. 均匀性假设 B. 连续性假设
C. 各向同性假设 D. 小变形假设
E. 各向异性假设

8. 【多选题】横截面面积相等、材料不同的两等截面直杆，承受相同的轴向拉力，则两杆的(　　)。

A. 轴力相同 B. 横截面上的正应力也相同
C. 轴力不同 D. 横截面上的正应力也不同
E. 线应变相同

9. 【多选题】对于在弹性范围内受力的拉（压）杆，下列说法中正确的是(　　)。

A. 长度相同、受力相同的杆件，抗拉（压）刚度越大，轴向变形越小
B. 材料相同的杆件，正应力越大，轴向正应变也越大
C. 杆件受力相同，横截面面积相同但形状不同，其横截面上轴力相等
D. 正应力是由于杆件所受外力引起的，故只要所受外力相同，正应力也相同
E. 质地相同的杆件，应力越大，应变也越大

【答案】1.×；2.√；3.×；4.A；5.B；6.B；7.ABCD；8.AB；9.ABC

第七章 建筑构造与建筑结构

第一节 建 筑 构 造

考点 59：民用建筑的基本构造组成★

> **教材点睛** 教材 P163~P164
>
> 1. 民用建筑七个主要构造：基础、墙体（柱）、屋顶、门与窗、地坪、楼板层、楼梯。
> 2. 民用建筑次要构造：阳台、雨篷、台阶、散水、通风道等。
> 3. 主要构造的功能及作用
> (1) 基础：位于建筑物的最下部，是建筑的重要承重构件，属于建筑的隐蔽部分。
> (2) 墙体或柱：具有承重、围护和分隔的功能。
> 1) 墙体：具有足够的强度、刚度、稳定性、良好的热工性能及防火、隔声、防水、耐久能力。
> 2) 柱：建筑物的竖向承重构件，要求具有足够的强度、稳定性。
> (3) 屋顶：由屋面、保温（隔热）层和承重结构三部分组成，具有抵御自然界风、雨、雪、日晒等不良因素的能力。
> (4) 门与窗：具有分隔房间、围护、采光、通风等作用，属于非承重结构的建筑构件。
> (5) 地坪：具有承担着底层房间的地面荷载、防水、保温的功能。
> (6) 楼板：楼房建筑中的水平承重构件，兼有竖向划分建筑内部空间的功能。
> (7) 楼梯：是楼房建筑的垂直交通设施，也是紧急情况下的安全疏散通道。

考点 60：常见基础的构造★

> **教材点睛** 教材 P164~P166
>
> 1. 基础是建筑承重结构在地下的延伸，承担建筑上部结构的全部荷载，并把这些荷载有效地传给地基。
> 2. 地基与基础的传力关系
> (1) 基础要有足够的强度和整体性，同时还要有良好的耐久性以及抵抗地下各种不利因素的能力。
> (2) 地基的强度（俗称地基承载力）、变形性能直接关系到建筑的使用安全和整体的稳定性。

> **教材点睛** 教材 P164～P166（续）
>
> （3）地基类型：天然地基、人工地基两类。
> 3. 无筋扩展基础：多采用砖、毛石和混凝土制成，由于其自重大，耗材多，目前较少采用。
> 4. 扩展基础：利用设置在基础底面的钢筋来抵抗基底的拉应力，适宜在宽基浅埋的工程。钢筋混凝土基础属于扩展基础，主要有条形、独立、井格、筏形及箱形等基础形式。
> 5. 桩基础：具有施工速度快、土方量小、适应性强等优点。根据桩的工作状态，可分为端承桩和摩擦桩。

巩固练习

1.【判断题】民用建筑通常由地基、墙或柱、楼板层、楼梯、屋顶、地坪、门窗等主要部分组成。（　　）

2.【判断题】桩基础具有施工速度快、土方量小、适应性强等优点。（　　）

3.【单选题】门与窗的作用不包括（　　）。
A. 采光、通风　　　B. 围护　　　C. 分隔房间　　　D. 防火隔声

4.【单选题】地基是承担（　　）传来的建筑全部荷载。
A. 基础
B. 大地
C. 建筑上部结构
D. 地面一切荷载

5.【单选题】基础承担建筑上部结构的（　　），并把这些（　　）有效传给地基。
A. 部分荷载，荷载
B. 全部荷载，荷载
C. 混凝土强度，强度
D. 混凝土耐久性，耐久性

6.【单选题】下列属于桩基础组成的是（　　）。
A. 底板　　　B. 承台　　　C. 垫层　　　D. 桩间土

7.【多选题】屋顶由（　　）组成。
A. 主要结构
B. 屋面
C. 保温（隔热）层
D. 承重结构
E. 次要结构

8.【多选题】按照基础的形态，可以分为（　　）。
A. 独立基础
B. 扩展基础
C. 无筋扩展基础
D. 条形基础
E. 井格基础

9.【多选题】钢筋混凝土基础可以加工成（　　）等形式。
A. 条形
B. 环形
C. 圆柱形
D. 独立
E. 井格

【答案】1. ×；2. √；3. D；4. A；5. B；6. B；7. BCD；8. ADE；9. ADE

考点 61：墙体和地下室的构造 ★

教材点睛 教材 P166~P176

1. 墙体分类

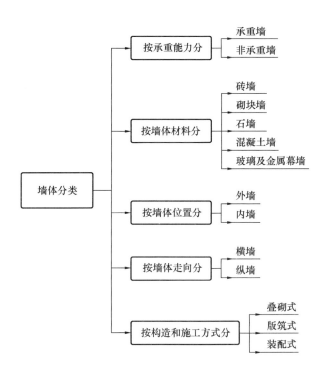

2. 墙体需要满足四个方面的要求：①有足够的强度和稳定性；②满足建筑热工方面的要求；③有足够的防火能力；④有良好的物理性能。

3. 墙体期望的理想目标：轻质高强、节能环保、经济合理、便于施工。

4. 砌块墙的细部构造包括：散水（散水坡）、墙身防潮层、勒脚、窗台、门窗过梁、圈梁、通风道、构造柱、复合墙体等。

5. 版筑墙：指利用模板定位、定型，现场浇筑的墙体；现浇钢筋混凝土剪力墙就属于典型的版筑墙。现浇剪力墙具有强度高、整体性好、抗震性能好的优点。缺点剪力墙造价较高，对施工精度和设备配置要求高；外墙需要复合保温隔热层。

6. 装配墙：装配式剪力墙在构件加工基地完成预制装配式墙体的生产，在施工现场完成安装，其结构性能等同于现浇剪力墙。目前，我国装配式剪力墙多采用"湿式连接"。

7. 隔墙的构造

(1) 隔墙的分类：砌筑隔墙、立筋隔墙和条板隔墙。

(2) 隔墙的构造要求：自重轻、厚度薄、有良好的物理性能与装拆性。

(3) 常见隔墙的构造：砌块隔墙、轻钢龙骨石膏板隔墙、水泥玻璃纤维空心条板隔墙。

> **教材点睛** 教材 P166~P176(续)
>
> **8. 幕墙（玻璃幕墙）**
> （1）玻璃幕墙的分类：有框式玻璃幕墙、点式玻璃幕墙、全玻璃式幕墙。
> （2）玻璃幕墙的主要材料：玻璃、支撑材料、连接构件和粘结密封材料。
> （3）玻璃幕墙构造要求：结构的安全性、防雷与防火、要解决好通风换气的问题。
>
> **9. 地下室防潮及防水构造**
> （1）防潮构造：在地下室墙体外表面抹 20 mm 厚 1∶2 防水砂浆，地下室的底板做防潮处理，然后把地下室墙体外侧周边用透水性差的黏土、灰土分层回填夯实。
> （2）地下室防水构造方案：有隔水法、排水法、综合法三种。

巩固练习

1. 【判断题】悬挑窗台底部边缘应做滴水。 （   ）
2. 【判断题】勒脚的作用是为了防止雨水侵蚀这部分墙体，不具有美化建筑立面的功效。 （   ）
3. 【判断题】内保温复合墙体的优点是保温材料设置在墙体的内侧，保温材料不受外界因素的影响，保温效果可靠。 （   ）
4. 【判断题】外保温复合墙体的优点是保温材料设置在墙体的内侧，保温材料不受外界因素的影响，保温效果可靠。 （   ）
5. 【单选题】下列材料中，不可用作墙身防潮层的是（   ）。
   A. 油毡　　　　　　B. 防水砂浆　　　　　C. 细石混凝土　　　　D. 碎砖灌浆
6. 【单选题】当首层地面为实铺时，防潮层的位置通常选择在（   ）m 处。
   A. −0.030　　　　　B. −0.040　　　　　　C. −0.050　　　　　　D. −0.060
7. 【单选题】严寒或寒冷地区外墙中，采用（   ）过梁。
   A. 矩形　　　　　　B. 正方形　　　　　　C. T 形　　　　　　　D. L 形
8. 【单选题】我国中原地区应用得比较广泛的复合墙体是（   ）。
   A. 中填保温材料复合墙体　　　　　　B. 内保温复合墙体
   C. 外保温复合墙体　　　　　　　　　D. 双侧保温材料复合墙体
9. 【单选题】炉渣和陶粒混凝土砌块厚度通常为（   ）mm，加气混凝土砌块多采用（   ）mm。
   A. 90，100　　　　 B. 100，90　　　　　 C. 80，120　　　　　 D. 120，80
10. 【单选题】防潮构造：首先要在地下室墙体表面抹（   ）防水砂浆。
    A. 30mm 厚 1∶2　　　　　　　　　　B. 25mm 厚 1∶3
    C. 30mm 厚 1∶3　　　　　　　　　　D. 20mm 厚 1∶2
11. 【多选题】下列关于窗台的说法，正确的是（   ）。
    A. 悬挑窗台挑出的尺寸不应小于 80mm
    B. 悬挑窗台常用砖砌或采用预制钢筋混凝土
    C. 内窗台的窗台板一般采用预制水磨石板或预制钢筋混凝土板制作

D. 外窗台的主要作用是排除下部雨水
E. 外窗台应向外形成一定坡度

12. 【多选题】下列说法中正确的是（　　）。
A. 当砖砌墙体的长度超过 3m，应当采取加固措施
B. 由于加气混凝土防水防潮的能力较差，因此在潮湿环境中慎重采用
C. 由于加气混凝土防水防潮的能力较差，因此潮湿一侧表面做防潮处理
D. 石膏板用于隔墙时多选用 15mm 厚石膏板
E. 为了避免石膏板开裂，板的接缝处应加贴盖缝条

13. 【多选题】下列说法中正确的是（　　）。
A. 保证幕墙与建筑主体之间连接牢固
B. 形成自身防雷体系，不用与主体建筑的防雷装置有效连接
C. 幕墙后侧与主体建筑之间不能存在缝隙
D. 在幕墙与楼板之间的缝隙内填塞岩棉，并用耐热钢板封闭
E. 幕墙的通风换气可以用开窗的办法解决

【答案】1.√；2.×；3.√；4.×；5.D；6.D；7.D；8.B；9.A；10.D；11.BCE；12.BCE；13.ACDE

考点 62：楼板的构造★

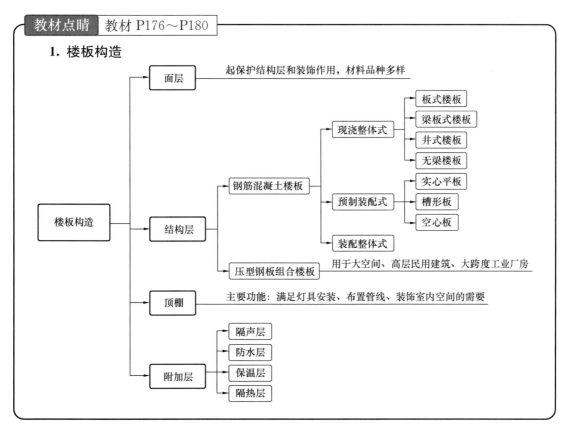

> **教材点睛** 教材 P176~P180（续）
>
> **2. 楼地面防水的基本构造**
>
> （1）地面排水：地面应有一定坡度，一般为1‰~1.5‰，并设置地漏，进行有组织排水。有水房间地面完成面应比相邻房间地面低10~20mm。
>
> （2）地面防水：常见的防水材料有卷材、防水砂浆和防水涂料；地面防水层应沿周边向上翻起至少150mm；当遇到门洞口时，应将防水层向外延伸250mm以上；穿越楼地面的竖向管道需预埋比竖管管径稍大的套管，高出地面30mm左右，并在缝隙内填塞弹性防水材料。

巩固练习

1．【判断题】楼面层对楼板结构起保护和装饰作用。 （ ）

2．【单选题】大跨度工业厂房应用（　　）。

A. 钢筋混凝土楼板　　　　　　　　B. 压型钢板组合楼板

C. 木楼板　　　　　　　　　　　　D. 竹楼板

3．【单选题】下列对预制板的叙述，错误的是（　　）。

A. 空心板是一种梁板结合的预制构件

B. 槽形板是一种梁板结合的构件

C. 结构布置时应优先选用窄板，宽板作为调剂使用

D. 预制板的板缝内用细石混凝土现浇

4．【单选题】为了提高板的刚度，通常在板的两端设置（　　）封闭。

A. 中肋　　　　　　　　　　　　　B. 劲肋

C. 边肋　　　　　　　　　　　　　D. 端肋

5．【单选题】对于防水要求较高的房间，应在楼板与面层之间设置防水层，并将防水层沿周边向上翻起至少（　　）mm。

A. 100　　　　　　　　　　　　　B. 150

C. 200　　　　　　　　　　　　　D. 250

6．【多选题】下列说法中正确的是（　　）。

A. 房间的平面尺寸较大时，应用板式楼板

B. 井字楼板有主梁、次梁之分

C. 平面尺寸较大且平面形状为方形的房间，应用井字楼板

D. 无梁楼板直接将板面载荷传递给柱子

E. 无梁楼板的柱网应尽量按井字网格布置

7．【多选题】对于板的搁置要求，下列说法中正确的是（　　）。

A. 搁置在墙上时，支撑长度一般不能小于80mm

B. 搁置在梁上时，一般支撑长度不宜小于100mm

C. 空心板在安装前应在板的两端用砖块或混凝土堵孔

D. 板的端缝处理一般是用细石混凝土灌缝

E. 板的侧缝起着协调板与板之间的共同工作的作用

【答案】1.√；2.B；3.C；4.D；5.B；6.CD；7.CDE

考点63：垂直交通设施的一般构造★●

教材点睛 教材P180～P188

1. **建筑垂直交通设施主要包括**：楼梯、电梯与自动扶梯。
2. **钢筋混凝土楼梯的构造（为现浇和预制装配式两大类）**
（1）现浇钢筋混凝土楼梯：整体性好、承载力高、刚度大，施工时不需要大型起重设备，分为板式和梁式两种类型。板式楼梯适用于荷载较小或层高较小的建筑；梁式楼梯适用于荷载较大，建筑层高较大的情况。
（2）预制装配式钢筋混凝土楼梯：在装配式建筑中通常采用大型构件装配式楼梯，一般为"干式连接"的构造方式。
（3）楼梯的细部构造包括：踏步面层、踏步细部、栏杆和扶手。
3. **坡道及台阶构造**
（1）台阶：较常见平面形式有单面设踏步、两面设踏步、三面设踏步、单面设踏步附带花池等；构造形式分为实铺和架空两类，其中实铺型台阶构造包括基层、垫层和面层；台阶面层有整体和铺贴两大类。
（2）坡道：分为行车坡道和轮椅坡道两类；构造要求与台阶基本相同。垫层的强度和厚度应根据坡道长度及上部荷载的大小进行选择。
4. **电梯与自动扶梯构造**
（1）电梯：按用途可以分为乘客电梯、病床电梯、客货电梯、载货电梯、杂物电梯。电梯主要由井道、机房和轿厢三部分组成。其中轿厢及拖动装置等设备由专业公司负责安装。
（2）自动扶梯：由电机驱动、踏步与扶手同步运行，可上行、下行，室内室外均可安装，停机时可作临时楼梯使用。驱动方式分为链条式和齿条式两种。建筑平面布局方式有并联排列式、平行排列式、串联排列式、交叉排列式等。如果上下两层建筑面积总和超过防火分区面积要求时，应按照防火要求用防火卷帘封闭自动扶梯井。

巩固练习

1. 【判断题】中型、大型构件装配式楼梯一般是把踏步板和平台板作为基本构件。（   ）
2. 【判断题】楼梯栏杆多采用金属材料制作。（   ）
3. 【判断题】电梯机房应留有足够的管理、维护空间。（   ）
4. 【单选题】下列不属于梁承式楼梯构件关系的是(   )。
A. 踏步板搁置在斜梁上　　　　　　B. 平台梁搁置在两边侧墙上
C. 斜梁搁置在平台梁上　　　　　　D. 踏步板搁置在两侧的墙上

5.【单选题】预制装配式钢筋混凝土楼梯根据(　　)可分成小型构件装配式楼梯和中大型构件装配式楼梯。
　　A. 组成楼梯的构件尺寸及装配程度　　B. 施工方法
　　C. 构件的重量　　D. 构件的类型

6.【单选题】下列不属于小型构件装配式楼梯的是(　　)。
　　A. 墙承式楼梯　　B. 折板式楼梯
　　C. 梁承式楼梯　　D. 悬臂式楼梯

7.【多选题】下列说法中正确的是(　　)。
　　A. 坡道和爬梯是垂直交通设施
　　B. 一般认为28°左右是楼梯的适宜坡度
　　C. 楼梯平台的净宽度不应小于楼梯段的净宽，并且不小于1.5m
　　D. 楼梯井宽度一般在100mm左右
　　E. 非主要通行的楼梯，应满足两个人相对通行

8.【多选题】下列说法中正确的是(　　)。
　　A. 现浇钢筋混凝土楼梯整体性好、承载力高、刚度大，因此需要大型起重设备
　　B. 小型构件装配式楼梯具有构件尺寸小，重量轻，构件生产、运输、安装方便的优点
　　C. 中型、大型构件装配式楼梯装配容易，施工时不需要大型起重设备
　　D. 金属板是常见的踏步面层
　　E. 室外楼梯不应使用木扶手，以免淋雨后变形或开裂

9.【多选题】下列说法中正确的是(　　)。
　　A. 行车坡道是为了解决车辆进出或接近建筑而设置的
　　B. 普通行车坡道布置在重要办公楼、旅馆、医院等
　　C. 光滑材料面层坡道的坡度一般不大于1∶3
　　D. 回车坡道通常与台阶踏步组合在一起，可以减少使用者下车之后的行走距离
　　E. 回车坡道的宽度与车道的回转半径及通行车辆的规格无关

【答案】1. ×；2. √；3. √；4. D；5. A；6. B；7. AD；8. BE；9. AD

考点64：门与窗的构造★

> **教材点睛**　教材 P188～P195
>
> 1. 门在建筑中的作用：① 正常通行和安全疏散，解决建筑内外之间、内部各个空间之间的交通联系；② 隔离与围护，以保证建筑内部各房间之间避免相互干扰，分隔建筑内外不同的温度区；③ 对建筑空间的装饰；④ 间接采光和实现空气对流。
> 2. 窗在建筑中的作用：① 采光和日照；② 通风；③ 围护；④ 对建筑空间的装饰作用。
> 3. 塑钢门窗的基本构造
> （1）主要特点：具有良好的热工性能和密闭性能，防火性能好、耐潮湿、耐腐蚀

> **教材点睛** 教材 P188~P195(续)
>
> (2) 基本构造：单层框，双层玻璃。在严寒地区，可采用三层玻璃。
>
> (3) 彩色塑钢窗主要包括双色共挤彩色塑钢窗、彩色薄膜塑钢窗、喷塑着色彩色塑钢窗等类型。
>
> (4) 铝塑门窗：具有外形美观、气密性好、隔声效果好、节能效果好的特点。
>
> 4. 铝合金门窗
>
> (1) 主要特点：具有自重轻、强度高、外形美观、色彩多样、加工精度高、密封性能好、耐腐蚀、易保养的优点。
>
> (2) 常见的开启方式有平开、地弹簧、滑轴平开、上悬式平开、上悬式滑轴平开、推拉等。
>
> 5. 门窗与建筑主体的连接构造
>
> (1) 塑钢门窗与墙体的连接：一般通过固定铁件连接，也可以用射钉、塑料及金属膨胀螺钉固定。为了使框料和墙体的连缝封堵严密，需要在安装完门窗框之后，用泡沫塑料发泡剂认真地嵌缝填实，并用玻璃胶封闭。
>
> (2) 铝合金门窗与墙体的连接：连接主要采用预埋铁件、燕尾铁脚、金属膨胀螺栓、射钉固定等方法。收口方式同塑料窗。
>
> (3) 木门窗与墙体的连接：木框与墙体接触部位及预埋的木砖均应事先做防腐处理，外门窗还要用毛毡或其他密封材料嵌缝。

巩固练习

1. 【判断题】门在建筑中的作用主要是解决建筑内外之间、内部各个空间之间的交通联系。   （ ）

2. 【判断题】立口具有施工速度快，门窗框与墙体连接紧密、牢固的优点。 （ ）

3. 【单选题】下列关于门窗的叙述，错误的是(　　)。

A. 门窗是建筑物的主要围护构件之一

B. 门窗都有采光和通风的作用

C. 窗必须有一定的窗洞口面积；门必须有足够的宽度和适宜的数量

D. 我国门窗主要依靠手工制作，没有标准图可供使用

4. 【单选题】下列不属于塑料门窗材料的是(　　)。

A. PVC   B. 添加剂

C. 橡胶   D. 氯化聚乙烯

5. 【单选题】塞口处理不好，容易形成(　　)。

A. 热桥   B. 裂缝

C. 渗水   D. 腐蚀

6. 【多选题】下列说法中正确的是(　　)。

A. 门在建筑中的作用主要是正常通行和安全疏散，但没有装饰作用

B. 门的最小宽度应能满足两人相对通行

C. 大多数房间门的宽度应为 900～1000mm

D. 当门洞的宽度较大时，可以采用双扇门或多扇门

E. 门洞的高度一般在 1000mm 以上

7.【多选题】下列属于铝合金门窗的基本构造( )。

A. 铝合金门的开启方式多采用地弹簧自由门

B. 铝合金门窗玻璃的固定有空心铝压条和专用密封条两种方法

C. 现在大部分铝合金门窗玻璃的固定采用空心铝压条

D. 平开、地弹簧、直流拖动都是铝合金门窗的开启方式

E. 采用专用密封条会直接影响窗的密封性能

8.【多选题】下列说法中正确的是( )。

A. 在寒冷地区要用泡沫塑料发泡剂嵌缝填实，并用玻璃胶封闭

B. 框料与砖墙连接时应采用射钉的方法固定窗框

C. 当框与墙体连接采用"立口"时，每间隔 5m 左右在边框外侧安置木砖

D. 当采用"塞口"时，一般是在墙体中预埋木砖

E. 木框与墙体接触部位及预埋的木砖均自然处理

【答案】1.√；2.×；3.D；4.C；5.B；6.CD；7.AB；8.AD

考点 65：屋顶的基本构造 ★●

教材点睛 教材 P195～P209

1. 屋面结构与构造要求：良好的围护功能；可靠的结构安全性；美观的艺术形象；施工和保养的便捷；保温（隔热）和防雨性能可靠；自重轻、耐久性好、经济合理。

2. 屋顶的类型

（1）按照屋顶的外形分类：平屋顶、坡屋顶和曲面屋顶三种类型。

（2）按照屋面防水材料分类：柔性防水屋面、刚性防水屋面、构件自防水屋面、瓦屋面。

3. 屋顶的防水及排水构造

（1）屋顶的排水方式：分为无组织排水和有组织排水（外排水、内排水）两种类型。

（2）平屋顶的防水构造：分为刚性防水屋面、柔性防水屋面两种类型。

1）刚性防水屋面构造：分为防水层、隔离层、找平层和结构层四个构造层次。

2）柔性防水屋面构造：分为保护层、防水层、找平层和结构层四个构造层次。

（3）坡屋顶的防水构造：有彩色压型钢板屋面、沥青瓦屋面、小青瓦（筒瓦）屋面、平瓦屋面、波形瓦屋面等。

4. 屋顶的保温与隔热构造

（1）平屋顶的保温构造

1）保温材料：通常可分为散料（膨胀珍珠岩、炉渣等）、现场浇筑的拌合物和板块料（聚苯板、加气混凝土板、泡沫塑料板等）三种。

> **教材点睛** 教材 P195～P209（续）
>
> 2）保温层位置：① 保温层设在结构层与防水层之间；② 保温层设置在防水层上面；③ 保温层与结构层结合。
> （2）平屋顶的隔热构造：有设置架空隔热层、利用实体材料隔热、利用材料反射降温隔热等形式。
> （3）坡屋顶的保温按放置位置分为上弦保温、下弦保温和构件自保温三种形式。
> （4）坡屋顶的隔热构造：通常设置"黑顶棚"或带架空层的双层坡屋面，在山墙设窗或在屋面设置老虎窗作为进风口，在屋脊处设排风口，利用压力差组织空气对流。
> 5. 屋顶的细部构造
> （1）平屋顶的细部构造包括：泛水构造、分仓缝构造、雨水口构造、檐口构造等。
> （2）坡屋顶的细部构造包括：檐口、山墙、天沟以及通风道、老虎窗等出屋面的泛水构造等。

巩固练习

1. 【判断题】屋顶主要起承重和围护作用，它对建筑的外观和体型没有影响。（　　）
2. 【判断题】无组织排水常用于建筑标准较低的低层建筑或雨水较少的地区。（　　）
3. 【判断题】保温层只能设在防水层下面，不能设在防水层上面。（　　）
4. 【单选题】下列关于屋顶的叙述，错误的是（　　）。
   A. 屋顶是房屋最上部的外围护构件　　B. 屋顶是建筑造型的重要组成部分
   C. 屋顶对房屋起水平支撑作用　　D. 结构形式与屋顶坡度无关
5. 【单选题】"倒铺法"保温的构造层次依次是（　　）。
   A. 保温层，防水层，结构层　　B. 防水层，结构层，保温层
   C. 防水层，保温层，结构层　　D. 保温层，结构层，防水层
6. 【单选题】泛水要具有足够的高度，一般不小于（　　）mm。
   A. 100　　B. 200
   C. 250　　D. 300
7. 【多选题】屋顶按照屋面的防水材料分为（　　）。
   A. 柔性防水屋面　　B. 刚性防水屋面
   C. 构件自防水屋面　　D. 塑胶防水屋面
   E. 瓦屋面
8. 【多选题】下列说法中正确的是（　　）。
   A. 有组织排水速度比无组织排水慢、构造比较复杂、造价也高
   B. 有组织排水时会在檐口处形成水帘，落地的雨水四溅，对建筑勒脚部位影响较大
   C. 寒冷地区冬季适用无组织排水
   D. 有组织排水适用于周边比较开阔、低矮（一般建筑不超过10m）的次要建筑
   E. 有组织排水雨水的排除过程是在事先规划好的途径中进行，克服了无组织排水的缺点

9.【多选题】下列材料中可用作屋面防水层的是(　　)。
A. 沥青卷材　　　　　　　　B. 水泥砂浆
C. 细石混凝土　　　　　　　D. 碎砖灌浆
E. 聚氨酯防水涂料

【答案】1.×；2.√；3.×；4.D；5.A；6.C；7.ABCE；8.AE；9.ACE

考点66：变形缝的构造★●

教材点睛 教材P210～P215

1. 变形缝：包括伸缩缝（温度缝）、沉降缝和防震缝三种缝型。
2. 伸缩缝（温度缝）
（1）作用：防止因环境温度变化引起的变形，产生对建筑破坏作用而设置的。
（2）伸缩缝的设置要求【详见P210～P211表7-2、表7-3】
（3）伸缩缝的细部构造（宽度为20～30mm）
1）墙体伸缩缝的构造：缝型主要有平缝、错口缝和企口缝三种；缝口处应填塞保温及防水性能好的弹性材料；外墙外表面缝口用薄金属板或油膏进行盖缝处理，内表面及内墙缝口用装饰效果较好的木条或金属条盖缝。
2）楼地面伸缩缝的构造：缝内采用弹性材料做嵌固处理。地面缝口用金属、橡胶或塑料压条盖缝，顶棚缝口用木条、金属压条或塑料压条盖缝。
3）屋面伸缩缝的构造：与屋面的防水构造类似。
3. 沉降缝
（1）作用：防止由于建筑不均匀沉降引起的变形带来的破坏作用而设置的，可代替伸缩缝发挥作用。
（2）沉降缝的设置原则。【详见P212】
（3）沉降缝的细部构造：与伸缩缝细部构造类似。
（4）基础沉降缝的处理：常用方法有双墙偏心基础、双墙交叉排列基础、挑梁基础。
4. 防震缝
（1）作用：提高建筑的抗震能力，避免或减少地震对建筑的破坏作用而设置的。
（2）防震缝的设置原则。【详见P214】
（3）防震缝的构造处理：防震缝的基础一般不需要断开。在实际工程中，往往把防震缝与沉降缝、伸缩缝统一布置，以使结构和构造的问题一并解决。重点确保盖缝条的牢固性以及对变形的适应能力。

巩固练习

1.【判断题】沉降缝与伸缩缝的主要区别在于墙体是否断开。（　　）
2.【判断题】沉降缝是为了防止不均匀沉降对建筑带来的破坏作用而设置的，其缝宽

应大于 100mm。 （ ）

3.【判断题】伸缩缝可代替沉降缝。 （ ）

4.【单选题】伸缩缝是为了预防（ ）对建筑物的不利影响而设置的。
   A. 荷载过大   B. 地基不均匀沉降
   C. 地震   D. 温度变化

5.【单选题】温度缝又称伸缩缝，是将建筑物（ ）断开。
   A. 地基基础、墙体、楼板   B. 地基基础、楼板、屋顶
   C. 墙体、楼板、楼梯   D. 墙体、楼板、屋顶

6.【单选题】下列关于变形缝的说法，正确的是（ ）。
   A. 伸缩缝基础埋于地下，虽然受气温影响较小，但必须断开
   B. 沉降缝从房屋基础到屋顶全部构件断开
   C. 一般情况下防震缝以基础断开设置为宜
   D. 不可以将上述三缝合并设置

7.【单选题】防震缝的设置是为了预防（ ）对建筑物的不利影响而设计的。
   A. 温度变化   B. 地基不均匀沉降
   C. 地震   D. 荷载过大

8.【单选题】下列关于抗震缝说法，不正确的是（ ）。
   A. 防震缝不可以代替沉降缝
   B. 防震缝应沿建筑的全高设置
   C. 一般情况下防震缝以基础断开设置
   D. 建筑物相邻部分的结构刚度和质量相差悬殊时应设置防震缝

9.【多选题】下列关于变形缝的描述，不正确的是（ ）。
   A. 伸缩缝可以兼作沉降缝
   B. 伸缩缝应将结构从屋顶至基础完全分开，使缝两边的结构可以自由伸缩，互不影响
   C. 凡应设变形缝的厨房，二缝宜合一，并应按沉降缝的要求加以处理
   D. 防震缝应沿厂房全高设置，基础可不设缝
   E. 屋面伸缩缝主要是解决防水和保温的问题

【答案】1.×；2.×；3.×；4.D；5.D；6.B；7.C；8.C；9.ABCE

考点 67：民用建筑的一般装饰构造 ★●

教材点睛 教材 P215～P222

1. 地面的一般装饰构造
（1）地面的组成：面层、结构层或垫层、基土或基层、附加层（防潮层、防水层、管线敷设层、保温隔热层等）。
（2）地面装饰的构造要求：坚固耐磨、硬度适中、热工性能好、隔声能力强等。

> **教材点睛** 教材 P215～P222(续)
>
> （3）地面常见的装饰构造分为四种类型：整体地面（水泥砂浆地面、水磨石地面等）、块材地面（陶瓷类、天然石材、人造石材、木地板等）及卷材地面（软质聚氯乙烯塑料地毯、橡胶地毯、地毯等）和涂料地面（油漆、人工合成高分子涂料等）。
> 2.墙面的一般装饰构造
> （1）墙面装饰的构造要求：具有良好的色彩、观感和质感、便于清扫和维护；满足使用功能对室内光线、音质的要求；室外装饰应选择强度高、耐候性好的装饰材料；施工方便、节能环保、造价合理。
> （2）墙面常见的装饰构造：抹灰类墙面、贴面类墙面、涂刷类墙面、裱糊类墙面、铺钉类墙面。
> 3.顶棚的一般装饰构造
> （1）顶棚装饰的构造要求：具有良好的装饰效果，满足室内空间的需要；具有足够的防火能力，满足有关的技术要求；能够解决室内音质、照明的要求，有时还要满足隔热、通风等要求。
> （2）常见顶棚的装饰构造：直接顶棚、吊顶棚（轻钢龙骨吊顶、矿棉吸声板吊顶）。

考点 68：单层工业厂房的基本构造★●

> **教材点睛** 教材 P222～P233
>
> 1.单层工业厂房的结构类型：主要有排架结构和刚架结构两种形式。
> 2.排架结构单层厂房的基本构造：基础、基础梁、排架柱、抗风柱、吊车梁、墙体（砌体和板材墙体）、连系梁和圈梁、屋盖系统（屋架（屋面梁）、屋面板、屋盖支撑体系等）、大门、侧窗和天窗等。
> 3.轻钢结构单层厂房的基本构造：轻钢骨架、连接骨架檩条系统、支撑墙板和屋面的檩条系统、金属墙板、金属屋面板、门窗、天窗等。

巩固练习

1.【判断题】民用建筑地面装饰的构造要求是坚固耐磨、硬度适中、热工性能好、隔声能力强等。（　）
2.【判断题】地面常见的装饰构造类型有整体地面、块材、卷材地面和涂料地面。（　）
3.【判断题】单层工业厂房的结构类型主要有刚架结构这一种形式。（　）
4.【单选题】墙面常见的装饰构造不包括（　）。
A. 涂刷类墙面　　　　　　　　　　B. 抹灰类墙面
C. 贴面类墙面　　　　　　　　　　D. 浇筑类墙面
5.【单选题】下面属于整体地面的是（　）。
A. 釉面地砖地面；抛光砖地面　　　B. 抛光砖地面；现浇水磨石地面

C. 水泥砂浆地面；抛光砖地面　　　　　D. 水泥砂浆地面；现浇水磨石地面

6.【单选题】面砖粘贴时，要抹（　　）打底。

A. 15mm 厚 1∶3 水泥砂浆　　　　　　B. 10mm 厚 1∶2 水泥砂浆

C. 10mm 厚 1∶3 水泥砂浆　　　　　　D. 15mm 厚 1∶2 水泥砂浆

7.【单选题】下列不属于直接顶棚的是（　　）。

A. 直接喷刷涂料顶棚　　　　　　　　B. 直接铺钉饰面板顶棚

C. 直接抹灰顶棚　　　　　　　　　　D. 吊顶棚

8.【单选题】当厂房跨度大于（　　）m 不宜采用砖混结构单层厂房。

A. 5　　　　　　　　　　　　　　　　B. 9

C. 10　　　　　　　　　　　　　　　D. 15

9.【单选题】无檩体系的特点是（　　）。

A. 构件尺寸小　　　　　　　　　　　B. 质量轻

C. 施工周期长　　　　　　　　　　　D. 构件型号少

10.【单选题】为承受较大水平风荷载，单层厂房的自承重山墙处需设置（　　）以增加墙体刚度和稳定性。

A. 连系梁　　　　　　　　　　　　　B. 圈梁

C. 抗风柱　　　　　　　　　　　　　D. 支撑

11.【单选题】机电类生产车间多采用（　　）。

A. 砖混结构单层厂房　　　　　　　　B. 排架结构单层厂房

C. 刚架结构单层厂房　　　　　　　　D. 混凝土结构单层厂房

12.【单选题】当屋面有保温要求时采用（　　）。

A. 聚乙烯泡沫板　　　　　　　　　　B. 岩棉板

C. 矿棉板　　　　　　　　　　　　　D. 复合夹芯板

13.【多选题】地面装饰的分类包括（　　）。

A. 水泥砂浆地面　　　　　　　　　　B. 抹灰地面

C. 陶瓷砖地面　　　　　　　　　　　D. 水磨石地面

E. 塑料地板

14.【多选题】下列不属于墙面装饰的基本要求的是（　　）。

A. 装饰效果好　　　　　　　　　　　B. 适应建筑的使用功能要求

C. 防止墙面裂缝　　　　　　　　　　D. 经济可靠

E. 防水防潮

15.【多选题】按照施工工艺不同，顶棚装饰可分为（　　）。

A. 抹灰类顶棚　　　　　　　　　　　B. 石膏板顶棚

C. 裱糊类顶棚　　　　　　　　　　　D. 木质板顶棚

E. 贴面类顶棚

16.【多选题】单层工业厂房的结构类型有（　　）。

A. 混凝土结构　　　　　　　　　　　B. 砖混结构

C. 排架结构　　　　　　　　　　　　D. 刚架结构

E. 简易结构

17. 【多选题】下列说法中正确的是（　　）。
   A. 当厂房的钢筋混凝土柱子用现浇施工时，一般采用独立杯形基础
   B. 屋盖系统主要包括屋架（屋面梁）、屋面板、屋盖支撑体系等
   C. 连系梁主要作用是保证厂房横向刚度
   D. 钢制吊车梁多采用"工"字形截面
   E. 侧窗主要解决中间跨或跨中的采光问题
18. 【多选题】轻钢结构单层厂房的基本组成包括（　　）。
   A. 檩条系统　　　　　　　　　B. 轻钢骨架
   C. 金属柱　　　　　　　　　　D. 金属墙板
   E. 门窗

【答案】1.√；2.√；3.×；4.D；5.D；6.A；7.D；8.D；9.D；10.C；11.C；12.D；13.ACDE；14.CE；15.ACE；16.BCD；17.BD；18.ABDE

第二节　建　筑　结　构

考点69：基础★●

教材点睛　教材 P233～P237

1. 无筋扩展基础：此类基础为刚性基础，几乎不可能发生挠曲变形。高度要求详见【P234 图7-82】。
2. 扩展基础：此类基础为柔性基础，有较好的抗弯能力，适用于"宽基浅埋"或有地下水的情况。
3. 桩基础：有较高的承载力和稳定性，良好的抗震性能，是减少建筑物沉降与不均匀沉降的良好措施。

（1）桩的分类

分类方式	分类名称
按形成方式分类	预制桩、灌注桩
按桩身材料分类	混凝土桩、钢桩和组合桩
按桩的使用功能分类	竖向抗压桩、水平受荷桩、竖向抗拔桩、复合受荷桩
按桩的承载性状分类	摩擦型桩、端承型桩
按成桩方法分类	挤土桩、部分挤土桩、非挤土桩
按承台底面的相对位置分类	高承台桩基、低承台桩基
按桩径的大小分类	小直径桩，直径≤250mm；中等直径桩，直径250～800mm；大直径桩，直径≥800mm

（2）桩基的构造规定

1）桩间距：摩擦型桩的中心距不宜小于桩身直径的3倍；扩底灌注桩的中心距不小于扩底直径的1.5倍，当扩底直径大于2m时，桩端净距不小于1m；挤土桩桩距应考虑施工工艺的影响。

> **教材点睛** 教材 P233~P237（续）
>
> 2）桩径：扩底灌注桩的扩底直径不宜大于桩身直径的 3 倍。
>
> 3）混凝土：预制桩的混凝土强度等级不小于 C30；灌注桩不小于 C20；预应力桩不小于 C40。
>
> 4）最小配筋率：打入式预制桩最小配筋率不小于 0.8%；静压预制桩的最小配筋率不小于 0.6%；灌注桩的最小配筋率不小于 0.2%~0.65%（小直径取大值）。
>
> 5）主筋：桩顶嵌入承台内长度不小于 50mm，主筋伸入承台内的锚固长度不小于Ⅰ级钢筋直径的 30 倍和Ⅱ级和Ⅲ级钢筋直径的 35 倍。
>
> （3）承台构造
>
> 1）承台形式常见的有柱下独立桩基承台、箱形承台、筏形承台、柱下梁式承台和墙下条形承台等。
>
> 2）板式承台构造要求：矩形承台的宽度不小于 500mm；厚度不小于 300mm；配筋双向均匀通长配筋，钢筋直径不小于 10mm，间距不大于 200mm；三桩承台钢筋应按三向板带均匀配置，最里侧钢筋应在柱截面范围内；混凝土强度等级不小于 C20。
>
> （4）承台之间的连接：桩承台间设置连系梁，连系梁顶面宜与承台位于同一标高；连系梁的宽度不小于 250mm，梁的高度取承台中心距的 1/15~1/10。连系梁内上下纵向钢筋直径不小于 12mm 且不小于 2 根，锚入承台。

巩固练习

1.【判断题】无筋扩展基础都是脆性材料，有较好的抗压、抗拉、抗剪性能。（　　）

2.【判断题】承台要有足够的强度和刚度。（　　）

3.【单选题】刚性基础基本上不可能发生（　　）。
   A. 挠曲变形   B. 弯曲变形
   C. 剪切变形   D. 轴向拉压变形

4.【单选题】无筋扩展基础的外伸宽度与基础高度的比值小于规范规定的台阶宽高比的允许值，此类基础几乎不可能发生挠曲变形，所以常称为（　　）基础。
   A. 柔性   B. 刚性
   C. 抗弯   D. 抗剪

5.【单选题】扩展基础特别适用于（　　）的情况。
   A. 砂卵石   B. 流沙
   C. 有地下水   D. 盐渍土

6.【单选题】桩基础按使用功能分类不包括（　　）。
   A. 端承桩   B. 竖向抗拔桩
   C. 水平受荷桩   D. 竖向抗压桩

7.【单选题】桩基础板式承台的构造要求错误的是（　　）。
   A. 按双向通长配筋   B. 混凝土强度不低于 C40

C. 承台厚度不小于 300mm   D. 承台宽度不小于 500mm

8. 【多选题】下列关于扩展基础说法中，正确的是(　　)。
A. 锥形基础边缘高度不宜小于 200mm
B. 阶梯形基础的每阶高度宜为 200～500mm
C. 垫层的厚度不宜小于 90mm
D. 扩展基础底板受力钢筋的最小直径不宜小于 10mm
E. 扩展基础底板受力钢筋的间距宜为 100～200mm

9. 【多选题】桩按桩的使用功能分为(　　)。
A. 高承台桩基   B. 竖向抗压桩
C. 水平受荷桩   D. 竖向抗拔桩
E. 复合受荷桩

【答案】1.×；2.√；3.A；4.B；5.C；6.A；7.B；8.ADE；9.BCDE

考点70：混凝土结构的构件的受力★

> **教材点睛** 教材 P237～P249

1. 混凝土结构的分类：有素混凝土、钢骨混凝土、钢筋混凝土、钢管混凝土、预应力混凝土等结构。

2. 钢筋混凝土结构

（1）特点：优点有可以就地取材，合理用材、经济性好、耐久性和耐火性好、维护费用低，可模性好，整体性好，通过合适的配筋，可获得较好的延性；缺点自重大、抗裂性差，不适用于大跨、高层结构。

（2）配筋的作用：混凝土和钢材结合在一起，可以取长补短，充分利用材料的性能。

（3）钢筋与混凝土共同工作的条件：良好的粘结力、相近的膨胀系数、混凝土的碱性环境。

3. 构件的基本受力形式：分为受弯构件、受扭构件以及纵向受力构件三种。

（1）钢筋混凝土受弯构件（梁、板）

1）构件承受力为剪力和弯矩。在梁的计算简图中，梁上荷载简化为轴线上的集中荷载或分布荷载，支座约束简化为可动铰支座、固定铰支座或固定端支座。

2）钢筋混凝土受弯构件构造要求：满足承载力、刚度和裂缝控制要求，同时还应利于模板定型化；梁截面形式有矩形、T形、倒T形、L形、工字形、十字形、花篮形等。板的截面形式有矩形、空心板、槽形板等。

3）钢筋混凝土梁、板的配筋：① 梁包括纵向受力及构造钢筋、弯起钢筋、箍筋、架立钢筋、拉筋等。② 板包括纵向受力钢筋、分布钢筋等。

（2）钢筋混凝土纵向受力构件（柱）

1）构件受力为轴心或偏心压力；截面形式有正方形、矩形、圆形及多边形。

> **教材点睛** 教材 P237～P249(续)
>
> 2）构造要求：①材料：混凝土宜采用 C20 以上强度等级；钢筋宜用 HRB335 级、HRB400 级或 RRB400 级。② 配筋构造：受力钢筋接头宜设置在受力较小处；相邻纵向受力钢筋接头位置宜相互错开；变截面时，可在梁高范围内将下柱的纵筋弯折伸入上层柱纵筋搭接。③ 箍筋可采用螺旋筋或焊接环筋。
> （3）钢筋混凝土受扭构件（悬挑构件）
> 1）受扭构件的内力：力偶（集中外力偶、均布外力偶）。
> 2）钢筋混凝土受扭构件的构造要求：① 纵向受扭钢筋沿截面周边均匀对称布置，间距不大于 200mm；支座内的锚固长度按受拉钢筋考虑。② 箍筋做成封闭式，末端做成 135°弯钩，弯钩端平直长度≥10d。

巩固练习

1.【判断题】雨篷板是受弯构件。 （ ）
2.【判断题】梁、板的截面尺寸应利于模板定型化。 （ ）
3.【判断题】集中外力偶弯曲平面与杆件轴线垂直。 （ ）
4.【单选题】在混凝土中配置钢筋，主要是由两者的（　　）决定的。
A. 力学性能和环保性　　　　　B. 力学性能和经济性
C. 材料性能和经济性　　　　　D. 材料性能和环保性
5.【单选题】轴心受压构件截面法求轴力的步骤为（　　）。
A. 列平衡方程→取脱离体→画轴力图
B. 取脱离体→画轴力图→列平衡方程
C. 取脱离体→列平衡方程→画轴力图
D. 画轴力图→列平衡方程→取脱离体
6.【单选题】由于箍筋在截面四周受拉，所以应做成（　　）。
A. 封闭式　　　　　　　　　　B. 敞开式
C. 折角式　　　　　　　　　　D. 开口式
7.【多选题】下列用截面法计算指定截面剪力和弯矩的步骤，不正确的是（　　）。
A. 计算支反力→截取研究对象→画受力图→建立平衡方程→求解内力
B. 建立平衡方程→计算支反力→截取研究对象→画受力图→求解内力
C. 截取研究对象→计算支反力→画受力图→建立平衡方程→求解内力
D. 计算支反力→建立平衡方程→截取研究对象→画受力图→求解内力
E. 计算支反力→截取研究对象→建立平衡方程→画受力图→求解内力
8.【多选题】设置弯起筋的目的，以下说法正确的是（　　）。
A. 满足斜截面抗剪要求
B. 满足斜截面抗弯要求
C. 充当支座负纵筋，承担支座负弯矩
D. 为了节约钢筋，充分利用跨中纵筋

E. 充当支座负纵筋，承担支座正弯矩

9.【多选题】下列说法中正确的是(　　)。
A. 圆形水池是轴心受拉构件
B. 偏心受拉构件和偏心受压构件变形特点相同
C. 排架柱是轴心受压构件
D. 框架柱是偏心受压构件
E. 偏心受拉构件和偏心受压构件都会发生弯曲变形

【答案】1.√；2.√；3.√；4. B；5. C；6. A；7. BCDE；8. ACD；9. ADE

考点 71：现浇混凝土结构楼盖★●

教材点睛 教材 P249～P253

1. 现浇楼盖类型：按楼板受力和支承条件的不同，有肋形楼盖、无梁楼盖和井字形梁楼盖；按楼板的长短边比例关系分为单向板和双向板两种。

2. 单向板肋形楼盖
(1) 单向板肋形楼盖的组成：包括板、次梁、主梁（有时没有主梁）。
(2) 荷载传递途径：板→次梁→主梁→柱或墙→基础→地基。
(3) 单向板肋形楼盖的构造要求：
1) 梁、板截面尺寸要求详见【P250 表 7-6】。
2) 板的配筋方式：连续板中受力钢筋的弯起点和截断点按弯矩包络图及抵抗弯矩图确定。通常跨中和支座的钢筋采用相同间距或成倍间距。
3) 构造钢筋的构造要求
① 嵌固于墙内板的板面附加钢筋：为避免沿墙边产生板面裂缝，应在支承周边配置上部构造钢筋。
② 嵌固在砌体墙内的板：详见【P251 图 7-112】。
③ 楼板孔洞边配筋要求：详见【P251～P252】。
④ 主梁的构造要求：主梁的一般构造要求与次梁相同，但应通过在弯矩包络图上画抵抗弯矩图来确定，主梁伸入墙内的长度不小于 370mm，并设置附加箍筋。

3. 无梁楼盖的特点与适用条件：特点是房间净空高，通风采光条件好，支模简单，但用钢量较大，常用于厂房、仓库、商场等建筑以及矩形水池的池顶和池底等结构。

4. 井式楼盖的特点与适用条件：特点是房间平面形状接近正方形，少设或取消内柱，能跨越较大的空间，适用于中小礼堂、餐厅以及公共建筑的门厅，但用钢量和造价较高。

巩固练习

1.【判断题】按楼板受力和支承条件的不同，现浇楼盖分为单向板和双向板。(　　)

2.【判断题】肋形楼盖荷载传递的途径都是：板→次梁→主梁→柱或墙→基础→地基。（　　）

3.【单选题】下列不属于现浇混凝土楼盖缺点的是（　　）。
A. 养护时间长　　　　　　　　　　B. 结构布置多样
C. 施工速度慢　　　　　　　　　　D. 施工受季节影响大

4.【单选题】当板的长边尺寸与短边尺寸之比大于（　　）时，荷载基本沿长边方向传递，称为单向板。
A. 3　　　　　　　　　　　　　　　B. 1
C. 2　　　　　　　　　　　　　　　D. 4

5.【单选题】肋形楼盖组成不包括（　　）。
A. 次梁　　　　　　　　　　　　　B. 板
C. 主梁　　　　　　　　　　　　　D. 钢梁

6.【单选题】单向板肋形楼盖为避免支座处钢筋间距紊乱，通常跨中和支座的钢筋采用（　　）。
A. 相同间距或成倍间距　　　　　　B. 1/2 间距
C. 1/3 间距　　　　　　　　　　　D. 1/4 间距

7.【单选题】无梁楼盖的特点不包括（　　）。
A. 通风采光条件好　　　　　　　　B. 房间净空高
C. 用钢量较少　　　　　　　　　　D. 支模简单

8.【单选题】井式楼盖不适用于（　　）。
A. 餐厅　　　　　　　　　　　　　B. 房间平面形状接近正方形
C. 公共建筑的门厅　　　　　　　　D. 厂房

9.【多选题】下列属于构造钢筋构造要求的是（　　）。
A. 为避免墙边产生裂缝，应在支承周边配置上部构造钢筋
B. 嵌固于墙内板的板面附加钢筋直径大于等于 10mm
C. 沿板的受力方向配置上部构造钢筋，可根据经验适当减少
D. 嵌固于墙内板的板面附加钢筋间距大于等于 200mm
E. 沿非受力方向配置的上部构造钢筋，可根据经验适当减少

【答案】1. ×；2. √；3. B；4. C；5. D；6. A；7. C；8. D；9. AE

考点 72：常见的钢结构★●

> **教材点睛**　教材 P253～P263
>
> **1. 钢结构的特点**：钢材强度高，结构自重轻；塑性、韧性好；材质均匀；工业化程度高；可焊性好；耐腐蚀性差；耐火性差；钢结构在低温和其他条件下，可能发生脆性断裂等特点。
>
> **2. 钢结构适用范围**：主要应用于大跨度结构、重型厂房结构、受动力荷载作用的厂房结构、多层、高层和超高层建筑、高耸结构、板壳结构和可拆卸结构。

教材点睛 教材 P253～P263（续）

3. 钢材选用要点：承重结构的钢材宜采用 Q235、Q345、Q390 和 Q420；采用钢材应具有抗拉强度、伸长率、屈服强度和硫、磷含量的合格保证，对焊接结构应具有碳含量合格保证；对于需要验算疲劳的结构、吊车起重量不小于 50t 的中级工作制吊车梁钢材，应具有常温冲击韧性的合格保证。

4. 构件的连接

（1）钢结构的连接方式：分为焊接连接、铆连接、螺栓连接三种形式。

（2）焊接

1）焊缝的形式可分为对接焊缝和角焊缝；焊接方式可分为俯焊、立焊、横焊和仰焊。

2）焊接的缺陷：有裂纹、焊瘤、烧穿、弧坑、气孔、夹渣、咬边、未融合、未焊透等。

3）焊缝质量检验：有外观检查、超声波探伤检验、X 射线检验等。

（3）螺栓连接

1）螺栓连接形式：分为并列和错列两种。

2）螺栓在构件上的排列应满足受力、构造和施工要求：包括受力要求、构造要求、施工要求。

5. 构件的受力

（1）钢结构构件：主要包括钢柱和钢梁。

（2）钢柱的受力形式：主要有轴向拉伸或压缩和偏心拉压。

（3）钢梁的受力形式：主要有拉弯和压弯组合受力。

巩固练习

1.【判断题】螺栓在构件上排列应简单、统一、整齐而紧凑。（　　）

2.【判断题】钢结构是通过焊接、铆接、螺栓连接等方式而组成的结构。（　　）

3.【单选题】钢结构焊接连接的缺点不包括(　　)。

A. 焊接残余应力大且不易控制

B. 焊接程序严格，质量检验工作量大

C. 焊接变形大对材质要求高

D. 摩擦面处理复杂

4.【单选题】按照角焊缝受力与焊缝方向，钢结构焊缝的分类不包括(　　)。

A. 端缝　　　　　　　　　　　　B. 侧缝

C. 角焊缝　　　　　　　　　　　D. 斜缝

5.【单选题】钢结构三级焊缝需(　　)合格。

A. 超声波探伤　　　　　　　　　B. 外观检查

C. 电火花检验　　　　　　　　　D. X 射线检验

6.【单选题】以钢板、型钢、薄壁型钢制成的构件是(　　)。

A. 排架结构 B. 钢结构
C. 楼盖 D. 配筋

7.【多选题】钢结构主要应用于( )。
A. 重型厂房结构 B. 可拆卸结构
C. 低层建筑 D. 板壳结构
E. 普通厂房结构

8.【多选题】下列属于螺栓受力要求的是( )。
A. 在受力方向螺栓的端距过小时，钢材有剪断或撕裂的可能
B. 在受力方向螺栓的端距过大时，钢材有剪断或撕裂的可能
C. 各排螺栓距和线距太小时，构件有沿折线或直线破坏的可能
D. 各排螺栓距和线距太大时，构件有沿折线或直线破坏的可能
E. 对受压构件，当沿作用线方向螺栓间距过大时，被连板间易发生鼓曲和张口现象

9.【多选题】截面形式选择依据( )。
A. 能提供强度所需要的截面积 B. 壁厚
C. 制作比较简单 D. 截面开展
E. 便于和相邻的构件连接

【答案】1. √；2. √；3. D；4. C；5. C；6. B；7. ABD；8. ACE；9. ACDE

考点 73：砌体结构知识 ★●

教材点睛 教材 P263～P267

1. 砌体结构的材料及强度等级

（1）砖的分类：<u>烧结普通砖</u>，强度等级分 MU30、MU25、MU20、MU15、MU10 共五级；<u>非烧结硅酸盐砖</u>，常用的有蒸压灰砂砖（灰砂砖，强度等级分 MU25、MU20、MU15、MU10 共四级）、蒸压粉煤灰砖（强度等级分 MU20、MU15、MU10、MU7.5 共四级）、炉渣砖、矿渣砖等；<u>烧结多孔砖</u>，主要用于承重部位，强度等级分 MU30、MU25、MU20、MU15、MU10 共五级。

（2）砌块分类：分为小型、中型和大型三类；主要品种包括小型混凝土空心砌块、加气混凝土砌块、水泥炉渣空心砌块、粉煤灰硅酸盐砌块等；强度等级分为 M20、MU15、MU10、MU7.5、M5 共五级。

（3）石材分类：分为料石和毛石两种；常用于建筑物基础、挡土墙等；强度等级共分 MU100、MU80、MU60、MU50、MU40、MU30、MU20 共七级。

2. 影响砌体结构构件承载力的因素：砌体的抗压强度、偏心距的影响（$e=M/N$）、高厚比 β 对承载力的影响、砂浆强度等级影响。

3. 砌体结构的基本构造措施

（1）无筋砌体的基本构造措施：伸缩缝、沉降缝和圈梁。

（2）配筋砌体构造

> **教材点睛** 教材 P263~P267（续）
>
> 1）网状配筋砌体构造要求：0.1%≤体积配筋率≤1%；钢筋网的间距不应大于5皮砖，且不应大于400mm；钢筋直径3~4mm（连弯网式钢筋的直径不应大于8mm）；30mm＜网内钢筋间距＜120mm；钢筋间距过小，灰缝中的砂浆难以密实均匀；砂浆强度不应低于M7.5，灰缝厚度应保证钢筋上下各有2mm砂浆层。
>
> 2）组合砌体构造：面层水泥砂浆强度等级不宜低于M10，厚度30~45mm，竖向钢筋采用HPB300级钢筋，受压钢筋一侧配筋率不宜小于0.1；面层混凝土强度等级采用C20，面层厚度＞45mm，受压钢筋一侧的配筋率不应小于0.2%，竖向钢筋采用HPB300、HRB335级钢筋；砌筑砂浆强度等级不宜低于M7.5，竖向钢筋直径不应小于8mm，净间距不应小于30mm，受拉钢筋配筋率不应小于0.1%；箍筋直径不宜小于4mm及≥0.2倍受压钢筋的直径，且不宜大于6mm；500mm及20d＞箍筋的间距＞120mm；当组合砌体一侧受力钢筋多于4根时，应设置附加箍筋和拉结筋；截面长短边相差较大的构件（如墙体等），应采用穿通构件或墙体的拉结筋作为箍筋，设置水平分布钢筋，形成封闭的箍筋体系。水平分布钢筋的竖向间距及拉结筋的水平间距均不应大于500mm。

巩固练习

1. 【判断题】砌体结构的构造是确保房屋结构整体性和结构安全的可靠措施。（　　）
2. 【判断题】我国目前砌体所用的块材主要有砖、砌块和石材。（　　）
3. 【单选题】墙体的构造措施不包括（　　）。
   A. 沉降缝　　　　　　　　　　B. 抗震缝
   C. 圈梁　　　　　　　　　　　D. 伸缩缝
4. 【单选题】无筋砌体圈梁的做法错误的是（　　）。
   A. 纵向钢筋不应少于4Φ10　　　B. 绑扎接头的搭接长度按受拉钢筋考虑
   C. 纵横墙交接处的圈梁应断开　　D. 箍筋间距不应大于300mm
5. 【单选题】当其他条件相同时，随着偏心距的增大，并且受压区（　　），甚至出现（　　）。
   A. 越来越小，受拉区　　　　　　B. 越来越小，受压区
   C. 越来越大，受拉区　　　　　　D. 越来越大，受压区
6. 【单选题】钢筋网间距不应大于5皮砖，不应大于（　　）mm。
   A. 100　　　　　　　　　　　B. 200
   C. 300　　　　　　　　　　　D. 400
7. 【多选题】砂浆按照材料成分不同分为（　　）。
   A. 水泥砂浆　　　　　　　　　B. 水泥混合砂浆
   C. 防冻水泥砂浆　　　　　　　D. 非水泥砂浆
   E. 混凝土砌块砌筑砂浆
8. 【多选题】影响砌体抗压承载力的因素有（　　）。

A. 砌体抗压强度　　　　　　　　　　B. 砌体环境
C. 偏心距　　　　　　　　　　　　　D. 高厚比
E. 砂浆强度等级

9.【多选题】下列属于组合砌体构造要求的是(　　)。
A. 面层水泥砂浆强度等级不宜低于 M15，面层厚度 30～45mm
B. 面层混凝土强度等级宜采用 C20，面层厚度大于 45mm
C. 砌筑砂浆强度等级不宜低于 M7.5
D. 当组合砌体一侧受力钢筋多于 4 根时，应设置附加箍筋和拉结筋
E. 钢筋直径为 3～4mm

【答案】1.√；2.√；3. B；4. C；5. A；6. D；7. ABDE；8. ACDE；9. BCD

考点 74：建筑抗震的基本知识 ★●

教材点睛　教材 P267～P269

1. 地震的相关概念：地震波、震级、地震烈度和烈度表。
2. 建筑物的震害：地表的破坏现象有地裂缝、喷砂冒水、地面下沉、滑坡、塌方；对建筑物破坏有结构丧失整体性，承重结构承载力不足而引起的破坏，地基失效，次生灾害。
3. 按建筑物重要性将建筑物分为甲、乙、丙、丁四类。
4. 抗震设防标准是衡量抗震设防要求的尺度，它的依据是抗震设防烈度。【详见 P268 表 7-15】
5. 抗震设防目标："三个水准"即"小震不坏，中震可修，大震不倒"。
6. 抗震设计的基本要求
(1) 抗震概念设计的重要性：指根据地震灾害和工程经验等所形成的基本设计原则和设计思想，进行建筑和结构总体布置并确定细部构造的过程。结构的抗震性能取决于良好的"概念设计"。
(2) 抗震设计的基本要求
1) 场地选择：选择有利地段、避开不利地段、不应在危险地段建造甲、乙、丙类建筑。
2) 选择对抗震有利的建筑平面和立面：①不应采用严重不规则的设计方案；②建筑及其抗侧力结构平面布置宜均匀、对称，并具有良好的整体性；③建筑的立面和剖面宜规则，抗侧力结构的侧向刚度和承载力宜均匀；④不规则的建筑结构，应按规范要求进行水平地震作用计算和内力调整，并对薄弱部位采取有效的抗震构造措施；⑤体型复杂，平、立面特别不规则的建筑结构，可按实际需要设置防震缝。
3) 选择技术上、经济上合理的抗震结构体系。

> 巩固练习

1. 【判断题】抗震设防目标的"三个水准"是"小震不坏，中震可修，大震不倒"。
（   ）

2. 【判断题】对于一次地震，只能有一个震级，却有多个烈度。（   ）

3. 【判断题】从抗震防灾的角度，根据建筑物使用功能的重要性，将建筑物分为甲、乙、丙三类。（   ）

4. 【单选题】建筑物抗震设计不包括(   )。
   A. 抗震措施　　　　　　　　B. 抗震承载力计算
   C. 材料选择　　　　　　　　D. 地震作用

5. 【单选题】重大建筑工程和地震时可能发生严重次生灾害的建筑，抗震设防分类为(   )。
   A. 丁类　　　　　　　　　　B. 丙类
   C. 乙类　　　　　　　　　　D. 甲类

6. 【单选题】抗震设防烈度为(   )时，除规范有具体规定外，对乙、丙、丁类建筑可不作地震作用计算。
   A. 5度　　　　　　　　　　B. 6度
   C. 7度　　　　　　　　　　D. 8度

7. 【单选题】《建筑抗震设计规范》GB 50011—2010（2016年版）采用(   )设计来实现"小震不坏，中震可修，大震不倒"的抗震设防目标。
   A. 三阶段　　　　　　　　　B. 两阶段
   C. 四阶段　　　　　　　　　D. 保守

8. 【单选题】建筑平面和立面抗震设计做法错误的是(   )。
   A. 抗侧力结构平面布置均匀、对称
   B. 符合抗震概念设计的要求
   C. 体型复杂的可在适当部位设置伸缩缝
   D. 不采用严重不规则的设计方案

9. 【多选题】建筑物破坏的类型(   )。
   A. 次生灾害
   B. 结构丧失整体性
   C. 承重结构承载力不足而引起的破坏
   D. 地基失效
   E. 地面下沉

【答案】1.√；2.√；3.×；4.C；5.D；6.B；7.B；8.C；9.ABCD

第八章 工程预算

第一节 工程计量

考点75：建筑面积计算

> **教材点睛** 教材 P270~P272
>
> 法规依据：《建筑工程建筑面积计算规范》GB/T 50353—2013。
> **1. 需掌握的基本概念**：建筑面积、使用面积、辅助面积、结构面积、概算指标。
> **2. 计算工业与民用建筑的建筑面积总的规则**：凡在结构上、使用上形成具有一定使用功能的建筑物和构筑物，并能单独计算出其水平面积及其相应消耗的人工、材料和机械用量的，应计算建筑面积；反之，不应计算建筑面积。
> **3. 计算建筑面积的作用**：确定建设规模的重要指标；确定各项技术经济指标的基础；选择概算指标和编制概算的主要依据。
> **4. 建筑面积的计算方法**：【详见 P271~P273】。

巩固练习

1. 【判断题】建筑面积是指建筑物的水平面面积，即各层水平投影面积的总和。（　　）
2. 【判断题】多层建筑物首层应按其外墙勒脚以上结构外围水平面积计算。（　　）
3. 【判断题】以幕墙作为围护结构的建筑物，应按幕墙外边线计算建筑面积。（　　）
4. 【判断题】高低连跨建筑物，其低跨内部连通时，其变形缝应计算在低跨面积内。
（　　）
5. 【单选题】用概算指标编制概算时，要以（　　）为计算基础。
   A. 使用面积   B. 辅助面积
   C. 结构面积   D. 建筑面积
6. 【单选题】有永久性顶盖无围护结构的加油站的水平投影面积为 80m²，其建筑面积为（　　）m²。
   A. 40   B. 80
   C. 160   D. 120
7. 【多选题】下列项目不应计算面积的包括（　　）。
   A. 建筑物通道   B. 建筑物内的设备管道夹层
   C. 建筑物内分隔的单层房间   D. 屋顶水箱
   E. 建筑物内的变形缝

【答案】1. ×；2. √；3. √；4. √；5. D；6. A；7. ABCD

考点 76：建筑工程的工程量计算 ★●

> **教材点睛** 教材 P272～P277

法规依据：《建筑工程建筑面积计算规范》GB/T 50353—2013；
《房屋建筑与装饰工程工程量计算规范》GB 50854—2013。

1. 工程量计算依据

（1）工程量的作用：确定建筑安装工程费用，编制施工规划，安排工程施工进度，编制材料供应计划，进行工程统计和经济核算的重要依据。

（2）工程量计算依据：施工图纸及设计说明、相关图集、设计变更、图纸答疑、会审记录等；工程施工合同、招标文件的商务条款；工程量计算规则。

（3）工程量计算规则：确定建筑产品分部分项工程数量的基本规则，是实施工程量清单计价，提供工程量数据的最基础的资料之一，不同的计算规则会有不同的分部分项工程量。

（4）工程量清单项目与基础定额项目工程量计算规则的区别与联系

工程量清单项目工程量计算规则是基础定额项目工程量计算规则的发展，又是对基础定额项目工程量计算规则的扬弃。主要调整有：编制对象与综合内容不同；计算口径调整；计量单位调整。

2. 工程量计算的方法

（1）工程量计算顺序：①单位工程计算顺序；②单个分部分项工程计算顺序。

（2）按一定顺序计算工程量的目的：防止漏项少算或重复多算的现象发生。

（3）工程量计算的注意事项：严格按照规范规定的规则计算工程量；注意顺序计算；工程量计量单位必须与清单计价规范中规定的计量单位相一致；计算口径要一致；力求分层分段计算；加强自我检查复核。

3. 用统筹法计算工程量

（1）统筹法计算工程量的基本要点：统筹程序，合理安排；利用基数，连续计算；一次算出，多次使用；结合实际，灵活机动。常用方法有分段计算法、分层计算法、补加计算法、补减计算法。

（2）统筹图主要内容：由计算工程量的主次程序线、基数、分部分项工程量计算式及计算单位组成。

（3）统筹图的计算程序安排应遵循的原则：共性合在一起，个性分别处理；先主后次，统筹安排；独立项目单独处理。

（4）统筹法计算工程量的步骤可分为五个步骤：【详见 P277 图 8-1】。

4. 计量的原则：详见《房屋建筑与装饰工程工程量计算规范》GB 50854—2013 附录。

> **巩固练习**

1.【判断题】自然计量单位是指以度量表示的长度、面积、体积和重量等的计算

单位。（ ）

2.【判断题】工程量清单项目工程量计算规则是考虑了不同施工方法和加工余量的实际数量。（ ）

3.【判断题】工程量计算顺序的目的是提高计算准确度。（ ）

4.【单选题】工程量计算规则，是确定建筑产品（   ）工程数量的基本规则。
A. 工程建设项目　　　　　　　　　　B. 单项工程
C. 单位工程　　　　　　　　　　　　D. 分部分项

5.【单选题】基础定额项目主要是以（   ）为对象划分。
A. 最终产品　　　　　　　　　　　　B. 实际完成工程
C. 主体项目　　　　　　　　　　　　D. 施工过程

6.【单选题】单位工程计算顺序一般按（   ）列项顺序计算。
A. 计价规范清单　　　　　　　　　　B. 顺时针方向
C. 图纸分项编号　　　　　　　　　　D. 逆时针方向

7.【单选题】统筹图以（   ）作为基数，连续计算与之有共性关系的分部分项工程。
A. 三线一面　　　　　　　　　　　　B. 册
C. 图示尺寸　　　　　　　　　　　　D. 面

8.【单选题】建筑物场地厚度在±（   ）cm以内的挖、填、运、找平，应按平整场地项目编列项。
A. 10　　　　　　　　　　　　　　　B. 20
C. 30　　　　　　　　　　　　　　　D. 40

9.【单选题】预制混凝土构件的工程量计算，遵循统筹图计算程序安排的原则（   ）。
A. 共性合在一起　　　　　　　　　　B. 个性分别处理
C. 先主后次　　　　　　　　　　　　D. 独立项目单独处理

10.【多选题】工程量是确定（   ）的重要依据。
A. 建筑安装工程费用　　　　　　　　B. 安排工程施工进度
C. 编制材料供应计划　　　　　　　　D. 质量目标
E. 经济核算

11.【多选题】一般常遇到的统筹计算方法包括（   ）。
A. 分面积算法　　　　　　　　　　　B. 分段计算法
C. 分层计算法　　　　　　　　　　　D. 分线计算法
E. 补加计算法

【答案】1.×；2.×；3.√；4.D；5.D；6.A；7.A；8.C；9.D；10.ABCE；11.BCE

第二节 工程造价计价

考点 77：工程造价计价★●

> **教材点睛** 教材 P277~P291
>
> **1. 工程造价构成**
> (1) 建设项目总投资组成。【详见 P279 表 8-1】
> (2) 按费用构成要素划分的建筑安装工程费用项目组成。【详见 P280 图 8-2】
> (3) 按造价形成划分建筑安装工程费用项目组成。【详见 P284 图 8-3】
>
> **2. 工程造价的定额计价基本知识**
> (1) 工程定额体系：是建设工程造价计价和管理中各类定额的总称。
> (2) 工程定额计价的基本程序。【详见 P287 图 8-4】
>
> **3. 工程造价的工程量清单计价基本知识**
> (1) 工程量清单计价的基本方法与程序：分为两个阶段工程量清单的编制和利用工程量清单来编制投标报价（或招标控制价）。投标报价是在业主提供的工程量计算结果的基础上，根据企业自身所掌握的各种信息、资料，结合企业定额编制得出的报价。
> (2) 工程量清单计价的特点
> 1) 工程量清单计价的适用范围：全部含国有资金的项目均应执行工程量清单计价方式确定造价。
> 2) 工程量清单计价的操作过程：涵盖施工招标、合同管理以及竣工交付全过程。
> (3) 工程量清单计价的作用：提供平等的竞争条件；满足市场经济竞争的需要；有利于提高工程计价效率、实现快速报价；有利于工程款的拨付和工程造价的最终结算；有利于业主对投资的控制。
>
> **4. 工程定额计价方法与工程量清单计价方法的区别**
> (1) 两种模式的最大差别在于体现了我国建设市场发展过程中的不同定价阶段。
> (2) 两种模式的主要计价依据及其性质的不同。
> (3) 编制工程量的主体不同。
> (4) 单价与报价的组成不同。
> (5) 适用阶段不同。
> (6) 合同价格的调整方式不同。
> (7) 工程量清单计价把施工措施性消耗单列并纳入了竞争的范畴。

巩固练习

1.【判断题】生产性建设项目总投资包括建设投资、建设期利息两部分。（　　）
2.【判断题】我国现行建筑安装工程费用项目主要由四部分组成：直接费、间接费、利息和税金。（　　）

3.【判断题】全部使用国有资金（含国家融资资金）投资或全部使用私企资金（含私企融资资金）的工程建设项目应执行工程量清单计价方式确定和计算工程造价。（　　）

4.【判断题】用统筹法计算工程量大体可分为：熟悉图纸、基数计算、计算分部工程量、计算其他项目和整理与汇总。（　　）

5.【单选题】建筑安装工程直接费由直接工程费和（　　）组成。
A. 间接费　　　　　　　　　　B. 利润
C. 措施费　　　　　　　　　　D. 税金

6.【单选题】下列各项中，（　　）活动涵盖施工招标、合同管理以及竣工交付全过程。
A. 工程量清单计价　　　　　　B. 工程定额计价
C. 招标控制价　　　　　　　　D. 项目交易过程

7.【单选题】工程造价计价的基本原理在于项目的（　　）。
A. 特殊性与普遍性　　　　　　B. 固定性与流动性
C. 分解与组合　　　　　　　　D. 单件性与多样性

8.【多选题】下列不是措施项目费的是（　　）。
A. 安全文明施工费　　　　　　B. 工程排污费
C. 已完工程及设备保护费　　　D. 脚手架工程费
E. 固定资产使用费

9.【多选题】工程定额计价方法与工程量清单计价方法的区别（　　）。
A. 编制工程量的主体不同　　　B. 合同价格不同
C. 单价与报价的组成不同　　　D. 计价依据不同
E. 适用阶段不同

【答案】1.×；2.×；3.×；4.×；5.C；6.A；7.C；8.BE；9.ACDE

第九章 计算机和相关管理软件的应用知识

第一节 Office 系统的基本知识

考点 78：Office 系统的基本知识●

> **教材点睛** 教材 P292~P300
>
> 1. 中文 Windows 系统基本操作方法【详见 P293~P294】。
> 2. 文字处理系统（Word）基本操作方法及常用操作命令【详见 P294~P296】。
> 3. 电子表格（Excel）基本操作方法及常用操作命令【详见 P296~P297】。

第二节 AutoCAD 的基本知识

考点 79：AutoCAD 的基本知识●

> **教材点睛** 教材 P300~P301
>
> 1. AutoCAD 基本知识【详见 P297~P298】
> 2. 常用命令【详见 P298~P301】
> 3. AutoCAD 在工程中的应用：AutoCAD 是一款绘图软件，通常用来绘制建筑平、立、剖面图，节点图等。
> 4. 图形的输出操作方法【详见 P302】。

第三节 相关管理软件的知识

考点 80：管理软件的相关知识

> **教材点睛** 教材 P301
>
> 1. **管理软件的特点**：使用方便、智能化高、与专业工作结合紧密、有利于提高工作效率、有效地减轻劳动强度。
> 2. **管理软件在施工中的应用**
> （1）管理人员可通过手机 App、PC 端、ipad 实现实时管控。
> （2）管理软件功能较强大、专业性较强。

> **教材点睛** 教材 P301（续）
>
> （3）针对企业的不同管理需求，可以将多个层次的主体集中于一个协同的管理平台上，应用于单项、多项目组合管理，实现多级、多种模式管理。
>
> **3. 常用的管理软件**：分为专业公司研发软件和企业定制软件两类。

巩固练习

1.【判断题】按下 Ctrl 键，单击第一个文件和最后一个文件，可选择连续的多个文件。（ ）
2.【判断题】单击 AutoCAD 主窗口右上角的 X 按钮可以退出。（ ）
3.【判断题】管理软件是专业软件的一种，目的是完成特定的设计或管理任务。（ ）
4.【单选题】用户可以根据（ ）来辨别应用程序的类型以及其他属性。
A. 程序   B. 桌面   C. 图标   D. 开始
5.【单选题】正交模式适用于绘制水平及垂直线段按（ ）键打开或关闭。
A. F3   B. F5   C. F8   D. F9
6.【单选题】管理软件可以定期升级，软件公司通常提供技术支持及（ ）。
A. 财务管理   B. 资源管理
C. 资金支持   D. 定期培训
7.【多选题】开始菜单由（ ）组成。
A. 通知栏   B. 常用程序列表
C. 所有程序   D. 注销与关闭电脑
E. 桌面
8.【多选题】关于文字处理的说法正确的有（ ）。
A. 按下 Capslock 键，录入大写英文字母
B. Ctrl＋空格键即可录入中文字符
C. 双击状态栏上的"插入"标记即可切换录入状态
D. 将光标置于要选定的文本前，按住右键拖动到选定文本的末尾选定文本
E. 选中要插入总和的单元格，单击"常用"工具栏上的"自动求和"按钮即可完成自动求和
9.【多选题】针对企业的不同要求，管理软件的应用有（ ）。
A. 将多个层次的主体集中于一个协同的管理平台上
B. 单项、多项目组合管理
C. 有效减轻劳动强度
D. 两级管理、三级管理、多级管理多种模式
E. 定期升级

【答案】1.×；2.√；3.√；4. C；5. C；6. D；7. BCD；8. ABC；9. ABD

第十章 施工测量的基本知识

第一节 测量的基本工作

考点 81：常用测量仪器的使用★

> **教材点睛** 教材 P302~P307
>
> **1. 水准仪**
> （1）水准仪用途及类型：用于高程测量，分为水准气泡式和自动安平式，目前多为自动安平式。
> （2）水准仪使用步骤：仪器的安置→粗略整平→瞄准目标→精平→读数。
>
> **2. 经纬仪**
> （1）经纬仪的用途：用于测量水平角和竖直角。
> （2）经纬仪使用步骤：安置仪器→照准目标→读数。
>
> **3. 全站仪**
> （1）全站仪的用途：多功能测量仪器，能够完成测角、测距、测高差、完成测定坐标及放样等操作。
> （2）全站仪常用类型：瑞士徕卡 TC 系列，日本拓普康系列，美国 Trimble3600 系列；苏州一光 OTS 系列、中国南方 NTS 系列等。
> （3）基本操作步骤：测前的准备工作→安置仪器→开机→角度测量→距离测量→放样。
>
> **4. 测距仪**：体积小、携带方便；可以完成距离、面积、体积等测量工作。
>
> **5. 激光铅垂仪**
> （1）激光铅垂仪的用途：主要用来测量相对铅垂线的水平偏差、铅垂线的点位传递等。
> （2）适用范围：高层建筑施工、变形观测等。
> （3）激光铅垂仪垂准测量步骤：打开激光开关及下对点开关→对中、整平→瞄准目标→激光垂准测量。
>
> **6. 三维激光扫描技术**：利用三维激光扫描仪对建（构）筑物扫描测量，形成建（构）筑物空间三维点云模型，通过对点云模型应用得出实际尺寸数据。
>
> **7. 无人机测量技术**：可快速建立三维模型，同时生成三维坐标等高线。适用于设计、施工及运营过程中建立实景三维模型及 DOM、DTM、DEM、DSM 模型。
>
> **8. 测量机器人**：采用先进的 AI 测量算法处理技术，通过模拟人工测量规则，使用虚拟靠尺、角尺完成实测实量工艺。适用于建筑施工全周期的质量检测。

巩固练习

1. 【判断题】水准仪粗略整平的目的是使圆气泡居中。　　　　　　　　　　（　）
2. 【判断题】自动安平水准仪需要使水准仪达到精平状态。　　　　　　　（　）
3. 【判断题】经纬仪的安置中，垂球对中的精度高，目前主要采用垂球对中。（　）
4. 【单选题】水准仪的粗略整平是通过调节（　　　）来实现的。
   A. 微倾螺旋　　　　　　　　　　　B. 脚螺旋
   C. 对光螺旋　　　　　　　　　　　D. 测微轮
5. 【单选题】水准仪与经纬仪应用脚螺旋的不同是（　　　）。
   A. 经纬仪脚螺旋应用于对中、精确整平，水准仪脚螺旋应用于粗略整平
   B. 经纬仪脚螺旋应用于粗略整平、精确整平，水准仪脚螺旋应用于粗略整平
   C. 经纬仪脚螺旋应用于对中、精确整平，水准仪脚螺旋应用于精确整平
   D. 经纬仪脚螺旋应用于粗略整平、粗略整平，水准仪脚螺旋应用于精确整平
6. 【单选题】经纬仪的粗略整平是通过调节（　　　）来实现的。
   A. 微倾螺旋　　　　　　　　　　　B. 三脚架腿
   C. 对光螺旋　　　　　　　　　　　D. 测微轮
7. 【多选题】水准仪使用步骤是（　　　）。
   A. 仪器的安置　　B. 对中　　　　C. 粗略整平　　　D. 瞄准目标
   E. 精平
8. 【多选题】全站仪除能自动测距、测角外，还能快速完成工作，包括（　　　）。
   A. 计算平距、高差　　　　　　　　B. 计算二维坐标
   C. 按垂直角和距离进行放样测量　　D. 按坐标进行放样
   E. 将任一方向的水平角置为 $0°00'00''$
9. 【多选题】测距仪可以完成（　　　）等测量工作。
   A. 距离　　　　　　　　　　　　　B. 面积
   C. 高度　　　　　　　　　　　　　D. 角度
   E. 体积

【答案】1. √；2. ×；3. ×；4. B；5. A；6. B；7. ACDE；8. ADE；9. ABE

第二节　施工控制测量的知识

考点82：施工控制测量★

教材点睛　教材 P308～P314

1. 建筑物的定位

（1）建筑物定位的作用：根据设计图纸的规定，将建筑物的外轮廓墙的各轴线交点即角点测设到地面上，作为基础放线和细部放线的依据。

> **教材点睛** 教材 P308～P314（续）
>
> （2）建筑物定位方法：根据控制点定位、根据建筑基线或建筑方格网定位、根据与原有建（构）筑物或道路的关系定位。
>
> 2. 建筑物的放线：放线分两步，测设细部轴线交点及引测轴线；引测轴线方法有两种，龙门板法和轴线控制桩法；引测好的轴线标点均需妥善保护。
>
> **3. 工程施工测量内容**
>
> （1）基础施工测量：包括开挖深度和垫层标高控制、垫层上基础中线的投测、基础墙标高的控制。
>
> （2）墙体施工测量：包括首层楼层墙体轴线测设、首层楼层墙体标高测设；二层以上楼层轴线测设（吊锤球法、经纬仪投测法）、二层以上楼层标高传递（利用皮数杆传递、利用钢尺直接丈量、悬吊钢尺法）。
>
> **4. 构件安装施工测量内容**：包括柱子安装测量、吊车梁安装测量、屋架安装测量。

巩固练习

1. 【判断题】墙身皮数杆上根据设计杆上注记从±0.000向下增加。　　　　（　　）
2. 【判断题】吊车梁安装测量主要是保证吊车梁平面位置和吊车梁的标高符合要求。
（　　）
3. 【单选题】引测轴线的目的是（　　）。

A. 基坑（槽）开挖后各阶段施工能恢复各轴线位置

B. 控制开挖深度

C. 砌筑基础的依据

D. 基础垫层施工的依据

4. 【单选题】如果建筑场地附近有控制点可供利用，可根据控制点和建筑物定位点设计坐标进行定位，其中（　　）应用较多。

A. 角度交会法　　　B. 极坐标法　　　C. 距离交会法　　　D. 直角坐标法

5. 【多选题】在多层建筑墙身砌筑过程中，为了保证建筑物轴线位置正确，可用（　　）将基础或首层墙面上的标志轴线投测到各施工楼层上。

A. 吊锤球　　　　　　　　　　　B. 水准仪

C. 经纬仪　　　　　　　　　　　D. 测距仪

E. 全站仪

6. 【多选题】墙体施工测量时，二层以上楼层标高传递可以采用（　　）。

A. 水准测量方法沿楼梯间传递到各层　　B. 利用外墙皮数杆传递

C. 利用钢尺直接丈量　　　　　　　　　D. 悬吊钢尺法

E. 经纬仪投测法

【答案】1.×；2.√；3. A；4. B；5. ACE；6. ABCD

第三节　建筑变形观测的知识

考点 83：建筑变形观测知识

> **教材点睛**　教材 P314~P318
>
> **1. 建筑变形观测的概念**
> （1）变形观测的任务：周期性地对设置在建筑物上的观测点进行重复观测，求得观测点位置的变化量。
> （2）变形观测的主要内容：包括沉降观测、倾斜观测、位移观测、裂缝观测和挠度观测等。
>
> **2. 变形观测的方法和要求**
> （1）沉降观测
> 1）基准点的设置要求。【详见 P315】
> 2）监测点布设位置。【详见 P315~P316】
> 3）观测周期与时间。【详见 P316】
> 4）观测方法：常用水准测量方法。
> 5）沉降观测的有关资料：监督点布置图；观测成果表；时间—荷载—沉降量曲线；等沉降曲线。
> （2）倾斜观测包括两个内容：建筑物倾斜观测、建筑物的基础倾斜观测。
> （3）裂缝观测方法：分为石膏板标志法和白钢板标志法。
> （4）水平位移观测主要方法：包括角度前方交会法和基准线法。

巩固练习

1.【判断题】挠度观测属于变形观测的一种。　　　　　　　　　　　　　　　　（　　）
2.【判断题】沉降观测水准点的数目不少于 5 个，以便检核。　　　　　　　　　（　　）
3.【判断题】角度前方交会法是利用两点之间的坐标差值，计算该点的水平位移量。
　　　　　　　　　　　　　　　　　　　　　　　　　　　　　　　　　　　（　　）
4.【单选题】电视塔的观测点不得少于（　　）个点。
A. 1　　　　　　　　　　　　　　　　　B. 2
C. 3　　　　　　　　　　　　　　　　　D. 4
5.【单选题】水平位移观测的主要方法是（　　）。
A. 轴线控制桩法　　　　　　　　　　　B. 龙门板法
C. 吊锤球法　　　　　　　　　　　　　D. 基准线法
6.【单选题】属于裂缝观测的方法是（　　）。
A. 悬吊钢尺法　　　　　　　　　　　　B. 白钢板标志法
C. 激光测量法　　　　　　　　　　　　D. 三角高程测量法

7. 【多选题】变形观测的主要内容包括( )。
   A. 刚度观测
   B. 位移观测
   C. 强度观测
   D. 倾斜观测
   E. 裂缝观测

8. 【多选题】沉降观测时，沉降观测点的点位宜选设在下列( )位置。
   A. 框架结构建筑物的每个或部分柱基上
   B. 高低层建筑物纵横墙交接处的两侧
   C. 建筑物的四角
   D. 筏形基础四角处及其中部位置
   E. 建筑物沿外墙每 2~5m 处

9. 【多选题】观测周期和观测时间应根据( )的变化情况而定。
   A. 工程的性质
   B. 施工进度
   C. 地基基础
   D. 基础荷载
   E. 地基变形特征

【答案】1.√；2.×；3.√；4.D；5.D；6.B；7.BDE；8.ABCD；9.ABCD

下篇 岗位知识与专业技能

知识点导图

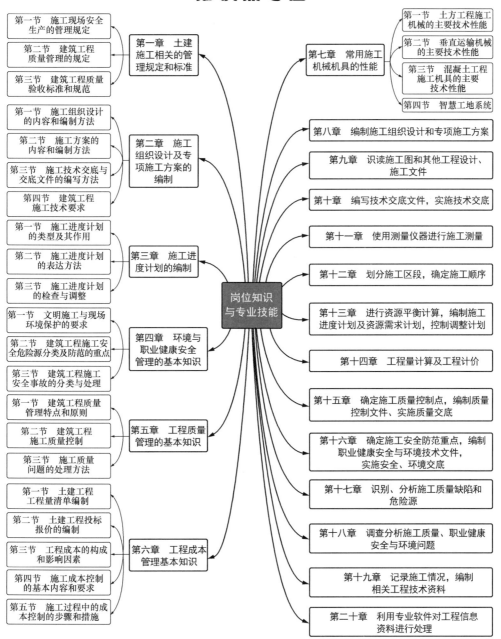

第一章 土建施工相关的管理规定和标准

第一节 施工现场安全生产的管理规定

考点 1：危险性较大的分部分项工程 ★●

> **教材点睛** 教材[①] P2~P3
>
> **1. 基坑支护、降水工程**：开挖深度≥3m 及 3m 以下复杂环境
> **2. 土方开挖工程**：开挖深度≥3m
> **3. 模板工程及支撑体系**
> （1）各类工具式模板工程：包括大模板、滑模、爬模、飞模等工程。
> （2）混凝土模板支撑工程：搭设高度≥5m；搭设跨度≥10m；施工总荷载≥10kN/m^2；集中线荷载≥15kN/m。
> （3）承重支撑体系：用于钢结构安装等满堂支撑体系。
> **4. 起重吊装及安装拆卸工程**：非常规起重设备、方法，且单件起吊重量在≥10kN 的起重吊装工程。
> **5. 脚手架工程**：搭设高度≥24m 的落地式钢管脚手架工程；附着式整体和分片提升脚手架工程；悬挑式脚手架工程；吊篮脚手架工程；自制卸料平台、移动操作平台工程；新型及异型脚手架工程。
> **6. 拆除、爆破工程**：采用爆破拆除的工程。
> **7. 其他**：建筑幕墙、钢结构、网架和索膜结构安装工程；人工挖扩孔桩工程；地下暗挖、顶管及水下作业工程；预应力工程；四新技术及未知的危险性较大的分部分项工程。

考点 2：超过一定规模的危险性较大的分部分项工程 ★●

> **教材点睛** 教材 P3~P4
>
> **1. 深基坑工程**：开挖深度≥5m 的基坑（槽）的土方开挖、支护、降水工程；及开挖深度＜5m 以下复杂环境。
> **2. 模板工程及支撑体系**
> （1）工具式模板工程：包括滑模、爬模、飞模工程。
> （2）混凝土模板支撑工程：搭设高度≥8m；搭设跨度≥18m；施工总荷载≥15kN/m^2；集中线荷载≥20kN/m。

[①] 下篇涉及的教材，指《施工员岗位知识与专业技能（土建方向）（第三版）》，请读者结合学习。

> **教材点睛** 教材 P3～P4(续)
>
> （3）承重支撑体系：用于钢结构安装等满堂支撑体系，承受单点集中荷载≥700kg。
>
> **3. 起重吊装及安装拆卸工程**：采用非常规起重设备、方法，且单件起吊重量≥100kN的起重吊装工程；起重量≥300kN的起重设备安装工程；高度≥200m内爬起重设备的拆除工程。
>
> **4. 脚手架工程**：搭设高度≥50m落地式钢管脚手架工程；提升高度≥150m附着式整体和分片提升脚手架工程；架体高度≥20m悬挑式脚手架工程。
>
> **5. 拆除/爆破工程**：爆破拆除的工程；易产生污染的、易造成市政设施及文物建筑破坏的拆除工程。
>
> **6. 其他**：施工高度≥50m的建筑幕墙安装工程；跨度大于≥36m的钢结构安装工程；跨度大于≥60m的网架和索膜结构安装工程；开挖深度≥16m的人工挖孔桩工程。

巩固练习

1.【判断题】搭设跨度在16m及以上的混凝土模板支撑工程属于超过一定规模的危险性较大的分部分项工程。（　　）

2.【判断题】开挖深度超过3m（含3m）的基坑（槽）的土方开挖工程属于危险性较大的分部分项工程。（　　）

3.【判断题】采用非常规起重设备、方法，且单件起重量在50kN及以上的起重吊装工程属于超过一定规模的危险性较大的分部分项工程。（　　）

4.【单选题】搭设跨度在（　　）m及以上，施工总荷载在（　　）kN/m² 及以上的混凝土模板支撑属于危险性较大的分部分项工程。

A. 5，7　　　　　　B. 6，8　　　　　　C. 5，10　　　　　　D. 10，10

5.【单选题】搭设高度（　　）m以上的落地式钢管脚手架工程属于超过一定规模危险性较大的分部分项工程。

A. 30
B. 40
C. 50
D. 60

6.【多选题】施工从业人员的义务包括（　　）。

A. 遵章守规的义务

B. 提高职业技能的义务

C. 掌握安全知识、技能的义务

D. 安全隐患及时报告的义务

E. 遵守劳动纪律和职业道德的义务

7.【多选题】危险性较大的分部分项工程中的脚手架工程包括（　　）。

A. 附着式整体和分片提升脚手架工程

B. 滑模工程、飞模工程

C. 搭设高度24m及以上的落地式钢管脚手架工程

D. 自制卸料平台、移动操作平台工程
E. 新型及异型脚手架工程
8.【多选题】超过一定规模的危险性较大的分部分项工程中的模板工程包括(　　)。
A. 大模板工程　　　　　　　　B. 滑模工程
C. 爬模工程　　　　　　　　　D. 悬模工程
E. 飞模工程

【答案】1.×；2.√；3.×；4.D；5.C；6.ACD；7.ABDE；8.BCE

考点 3：安全方案管理★●

> **教材点睛**　教材 P2～P4
>
> **法规依据**：《建设工程安全生产管理条例》
> **1. 安全方案分为**：安全技术措施、安全专项施工方案两类。
> **2. 安全技术措施审核、交底**：<u>项目技术负责人，总监理工程师审核签字后实施</u>。施工单位项目施工员向施工作业班组、作业人员作出详细说明，并由双方签字确认。
> **3. 安全专项方案编制、审核、交底**：<u>危险性较大的分部分项工程需编制安全专项施工方案</u>。
> 1) **编制**：施工单位工程技术人员编制专项施工方案。实行施工总承包的项目，总承包单位组织编制专项施工方案。危大工程实行分包的，相关专业分包单位组织编制专项施工方案。
> 2) **内容**：包括工程概况、编制依据、施工计划、施工工艺技术、施工安全保证措施、劳动力计划、计算书及相关图纸七项。
> 3) **审批**：施工单位技术负责人、项目总监理工程师、建设单位项目负责人签字后方可实施。实行施工总承包的，应当由施工总承包单位、相关专业承包单位技术负责人签字。
> 4) **超过一定规模的危险性较大的分部分项工程专项施工方案需要进行专家论证**：专项方案已审核，且签字齐备；施工单位组织专家论证，建设单位、监理单位参加；论证专家出具专项方案论证报告。
> 5) **方案管理**：施工单位不得擅自修改、调整专项方案；因设计、结构、外部环境等因素发生变化确需修改的，修改后的专项方案应当重新审核；对于超过一定规模的危险性较大工程的专项方案修改后，施工单位应当重新组织专家进行论证。
> 6) **实施管理**
> • **方案交底**：专项方案实施前，编制人员或项目技术负责人应当向现场管理人员和作业人员作安全技术交底。
> • **专人监督**：施工单位应当指定专人对专项方案实施情况进行现场监督和按规定进行监测。
> • **问题处置**：发现不按照专项方案施工的，应当要求其立即整改；发现有危及人身安全紧急情况的，应当立即组织作业人员撤离危险区域。
> • **定期巡查**：施工单位技术负责人应当定期巡查专项方案实施情况。

考点 4：工程建设强制性标准管理

> **教材点睛** 教材 P4～P5
>
> **1. 强制性标准监督的内容**
> **（1）不符合现行强制性标准规定的**
> · 拟采用的新技术、新工艺、新材料，由拟采用单位提请建设单位组织专题技术论证，报批建设行政主管部门或者国务院有关主管部门审定。
> · 采用国际标准或者国外标准，现行强制性标准未作规定的，建设单位应当向国务院建设行政主管部门或者国务院有关行政主管部门备案。
> **（2）强制性标准监督检查的内容**：包括工程技术人员强制性标准掌握；规划、勘察、设计、施工、验收中强制性标准的合规性；材料、设备的强制性标准合规性；工程安全、质量的强制性标准合规性；以及工程各类管理文件、计算机软件等的强制性标准合规性五个方面。
> **2. 工程建设强制性标准监督的方式**
> · 监督范围：现行国家工程项目执行强制性指标。
> · 监督方式：重点检查、抽查和专项检查。

巩固练习

1. 【单选题】下列文件中，（　　）对安全技术措施、专项施工方案和安全技术交底作出了明确的规定。
   A.《建筑法》
   B.《安全生产法》
   C.《建设工程安全生产管理条例》
   D.《安全生产事故报告和调查处理条例》

2. 【单选题】建设工程施工前，施工单位负责该项目管理的（　　）应当对有关安全施工的技术要求向施工作业班组、作业人员作出详细说明，并由双方签字确认。
   A. 项目经理　　　　　　　　B. 施工员
   C. 质量员　　　　　　　　　D. 安全员

3. 【多选题】在专项方案实施中，实行施工总承包的应当由（　　）签字。
   A. 施工总承包单位技术负责人　　B. 相关专业承包单位技术负责人
   C. 建设单位项目负责人　　　　　D. 施工单位项目负责人
   E. 项目总监理工程师

4. 【多选题】工程建设执行标准的监督方式有（　　）。
   A. 重点抽查　　　　　　　　B. 专项检查
   C. 抽查　　　　　　　　　　D. 巡检
   E. 重点检查

【答案】1. C；2. C；3. AC；4. BCE

第二节　建筑工程质量管理的规定

考点5：建筑工程专项质量检查、见证取样检测内容的规定★

> **教材点睛**　教材 P5～P6
>
> **法规依据**：工程建设强制性标准《建筑工程质量检测管理办法》
> **1. 建筑工程质量检测**：是工程质量检测机构接受委托，依据国家有关法律、法规和工程建设强制性标准，对涉及结构安全项目的抽样检测和对进入施工现场的建筑材料、构配件的见证取样检测。
> **2. 专项检测的业务内容**包括：地基基础工程检测、主体结构工程检测、建筑幕墙工程检测及钢结构工程检测。
> **3. 见证取样检测的业务内容**包括：水泥物理力学性能检验；钢筋（含焊接与机械连接）力学性能检验；砂、石常规检验；混凝土、砂浆强度检验；简易土工试验；混凝土掺加剂检验；预应力钢绞线、锚夹具检验；沥青混合料检验。
> **4. 检测机构资质标准**：检测机构取得从业相应的资质证书。检测机构资质分为专项检测机构资质和见证取样检测机构资质。
> **5. 质量检测试样的取样**：在建设单位或者工程监理单位监督下现场取样；取样单位对试样的真实性负责。
> （1）见证人员：由建设单位或该工程的监理单位专业技术人员担任，并需书面通知施工单位、检测单位和负责该项工程的质量监督机构。
> （2）取样：依据《见证取样和送检计划》；试样或其包装上作出标识、标志，标明工程名称、取样部位、取样日期、样品名称和样品数量，并由见证人员和取样人员签字；见证记录归入施工技术档案。涉及结构安全的试块、试件和材料见证取样和送检的比例不得低于有关技术标准中规定应取样数量的30%。
> （3）送检：送检单位填写委托单，委托单应有见证人员和送检人员签字。检测单位应检查委托单及试样上的标识和标志，确认无误后，方可进行检测。
> **6. 质量检测报告**：检测报告需检测人员、检测机构负责人签字，并加盖公章或者检测专用章。检测报告经建设单位或者工程监理单位确认后，由施工单位归档。
> **7. 检测结果争议的处理**：由共同认可的检测机构复检，复检结果由提出复检方报当地建设主管部门备案。

考点6：房屋建筑工程质量保修范围、保修期限和违规处罚的规定★

> **教材点睛**　教材 P6
>
> **法规依据**：《建筑法》及国家相关规定
> **1. 房屋建筑工程质量保修范围**包括：地基基础工程、主体结构工程、屋面防水工程和其他土建工程，以及电气管线、上下水管线的安装工程；供热、供冷系统工程等项目。

教材点睛 教材 P6（续）

2. 房屋建筑工程质量保修期限：
（1）基础设施工程、房屋建筑的地基基础工程和主体结构工程，为设计文件规定的该工程的合理使用年限。
（2）屋面防水工程、有防水要求的卫生间、房间和外墙面的防渗漏为5年。
（3）供热与供冷系统为2个供暖期、供冷期。
（4）电气管线、给水排水管道、设备安装和装修工程为2年。
3. 房屋建筑工程保修期起算时间： 工程竣工验收合格之日。

考点7：建筑工程质量监督的规定

教材点睛 教材 P6

1. 工程质量监督的主体： 国务院住房和城乡建设主管部门负责全国工程质量监督管理工作。县级以上地方人民政府建设主管部门负责本行政区内工程质量监督管理工作，可委托工程质量监督机构具体实施。
2. 工程质量监督的内容： 法律法规和工程建设强制性标准；工程实体质量；工程质量行为；主要建筑材料、构配件质量；工程竣工验收；工程质量事故的调查处理；定期统计分析工程质量状况；实施处罚。

巩固练习

1.【判断题】建设工程质量检测是工程质量检测机构接受委托，依据国家有关法律、法规和工程建设强制性标准，对涉及结构安全项目的抽样检测和对进入施工现场的建筑材料、构配件的见证取样检测。（　　）
2.【判断题】在正常情况下，装修工程的最低保修期限为2年。（　　）
3.【判断题】房屋建筑工程保修期是从工程竣工之日起计算。（　　）
4.【判断题】县级以上地方人民政府建设主管部门负责工程质量监督管理工作的具体实施。（　　）
5.【单选题】检测机构资质按照其承担的检测业务内容分为专项检查机构资质和（　　）。
　A. 全面检测机构资质　　　　　　B. 见证取样检测机构资质
　C. 公正检测机构资质　　　　　　D. 安全检测机构资质
6.【单选题】在正常情况下，屋面防水工程的最低保修年限为（　　）年。
　A. 2　　　　B. 3　　　　C. 4　　　　D. 5
7.【单选题】工程质量监督机构对工程质量监督的内容不包括（　　）。
　A. 工程实体质量　　　　　　　　B. 分项工程质量验收程序
　C. 质量事故的调查处理　　　　　D. 劳务班组工作安排
8.【多选题】下列质量检测试样取样做法正确的有（　　）。

A. 在监理单位监督下现场取样
B. 见证记录有见证人员和取样人员签字
C. 试样或其包装上作出标识
D. 见证取样和送检的比例为25%
E. 检测报告上有见证人员签字

9.【多选题】根据房屋建筑工程质量保修制度的规定,正常使用条件下,下列关于最低保修期限说法错误的是( )。

A. 地基基础工程和主体结构工程,为设计文件规定的该工程的合理使用年限
B. 屋面防水工程,有防水要求的卫生间、房间和外墙面的防渗漏为5年
C. 供热与供冷系统,为2个供暖期、供冷期
D. 电气管线、给水排水管道、设备安装为3年
E. 装修工程为1年

【答案】1.√;2.√;3.×;4.×;5.B;6.D;7.D;8.ABC;9.DE

第三节 建筑工程质量验收标准和规范

考点8:建筑工程质量验收的划分、合格判定以及质量验收的程序和组织要求★●

> **教材点睛** 教材P7～P8
>
> **法规依据:**《建筑工程施工质量验收统一标准》GB 50300—2013。
> **1. 建筑工程质量验收划分为:**单位(子单位)工程、分部(子分部)工程、分项工程和检验批。
> **2. 建筑工程质量验收的合格判定**
> (1) **检验批合格质量判定:**主控项目和一般项目合格;质量资料齐备。
> (2) **分项工程质量验收合格判定:**分部工程所含的检验批均符合合格质量的规定;质量验收记录齐备。
> (3) **分部(子分部)工程质量验收合格判定:**所含工程的质量均验收合格;质量控制资料完整;地基与基础、主体结构和设备安装等安全及功能的检验和抽样检测结果合格;观感质量验收合格。
> (4) **单位(子单位)工程质量验收合格判定:**所含分部(子分部)工程的质量均验收合格;质量控制资料完整;所含分部工程有关安全和功能检测资料完整;主要功能项目抽查结果合格;观感质量验收合格。
> (5) **建筑工程质量不符合要求的处理:**返工后重新验收;鉴定合格后验收;核算认可后验收;协商验收。
> (6) **严禁验收:**通过返修或加固处理仍不能满足安全使用要求的。
> **3. 质量验收的程序和组织**
> 验收程序:检验批及分项工程→分部工程→单位(子单位)工程
> (1) **检验批及分项工程:**监理工程师(建设单位项目技术负责人)组织,施工单位项目专业质量(技术)负责人参加。

> **教材点睛** 教材 P7~P8(续)
>
> **(2) 分部工程**：总监理工程师（建设单位项目负责人）组织，施工单位项目负责人和技术、质量负责人等参加；地基与基础、主体结构分部工程还需勘察、设计单位工程项目负责人和施工单位技术、质量部门负责人参加。
>
> **(3) 单位（子单位）工程验收**：施工单位自查评定，向建设单位提交工程验收报告；建设单位（项目）负责人组织施工（含分包单位）、设计、监理等单位（项目）负责人进行工程验收；单位工程质量验收合格后，建设单位在规定时间报建设行政管理部门备案。
>
> **(4) 分包工程验收**：单位工程由分包单位施工时，分包单位对所承包的工程项目自查评定，总包单位参加。完成后，将工程有关资料交总包单位。
>
> **(5)** 当参加验收各方对工程质量验收意见不一致时，可请当地建设行政主管部门或工程质量监督机构协调处理。

巩固练习

1.【单选题】建筑工程质量验收的程序和组织中指出，检验批及分项工程应由( )组织施工单位项目专业质量负责人等进行验收。

A. 建设单位　　　B. 监理工程师　　　C. 总建筑工程师　　　D. 施工员

2.【单选题】建筑工程质量验收的程序和组织中指出，单位工程完工后，( )应自行组织有关人员进行检查评定，并向建设单位提交工程验收报告。

A. 建设单位　　　B. 监理工程师　　　C. 总建筑工程师　　　D. 施工单位

3.【单选题】分部工程应由( )组织施工单位项目负责人和技术、质量负责人等进行验收。

A. 建设单位项目技术负责人　　　B. 建设单位项目负责人
C. 施工单位项目技术负责人　　　D. 施工单位项目负责人

4.【单选题】地基基础工程是分部工程，如有必要，根据现行国家标准( )规定，可再划分为若干个子分部工程。

A.《建筑工程施工质量验收统一标准》　　　B.《建设工程安全生产管理条例》
C.《建设工程质量管理条例》　　　D.《实施工程建设强制性标准监督规定》

5.【多选题】建筑工程质量验收应划分为( )。

A. 检验批　　　　　　　　B. 单位工程
C. 分项工程　　　　　　　D. 分部工程
E. 分批工程

6.【多选题】建筑工程质量验收的程序和组织中指出，建设单位收到工程竣工报告后，应由建设单位负责人组织( )负责人进行单位工程验收。

A. 质检部门　　　　　　　B. 检测单位
C. 监理单位　　　　　　　D. 施工单位
E. 设计单位

【答案】1. B；2. D；3. B；4. A；5. ABCD；6. CDE

考点9：建筑地基基础工程施工质量验收的要求 ★●

> **教材点睛** 教材 P8~P9
>
> 法规依据：《建筑工程施工质量验收统一标准》GB 50300—2013；
> 　　　　　《建筑地基基础工程施工质量验收标准》GB 50202—2018。
>
> **1. 基本要求**
> 　　施工过程中出现异常情况时，应停止施工，由监理或建设单位组织勘察、设计、施工等有关单位共同分析情况，解决问题，消除质量隐患，并应形成文件资料。
>
> **2. 地基施工质量验收的要求**
> 　　(1) 复合土地基需检验地基强度或承载力。检验数量：每单位工程不应少于3点。1000m² 以上工程，每100m² 至少应有1点；3000m² 以上工程，每300m² 至少应有1点。每一独立基础下至少应有1点，基槽每20延米应有1点。
> 　　(2) 复合桩地基需检验桩的承载力。数量为总数的 0.5%~1%，但不应少于3处（根）。
>
> **3. 桩基础施工质量验收的要求**
> 　　(1) 桩位的放样允许偏差为：群桩20mm；单排桩10mm。
> 　　(2) 斜桩倾斜度的偏差不得大于倾斜角正切值的15%。
> 　　(3) 嵌岩桩必须有桩端持力层的岩性报告。
> 　　(4) 混凝土灌注桩施工结束后，应检查混凝土强度、桩体质量及承载力的检验。
>
> **4. 基坑工程施工质量验收的要求**
> 　　(1) 前提：基坑（槽）、管沟土方工程验收必须以支护结构安全和周围环境安全为宜。
> 　　(2) 支护系统检查安全。
> 　　(3) 降水与排水安全措施有效。
> 　　(4) 基坑内明排水沟纵坡坡度宜控制在 1‰~2‰。

巩固练习

1.【判断题】施工过程中出现异常情况时，应停止施工，由施工单位组织勘察、设计、施工等有关单位共同分析情况，解决问题，消除质量隐患，并形成文件资料。（　　）

2.【判断题】斜桩倾斜度的偏差不得大于倾斜角正切值的10%。（　　）

3.【判断题】基坑工程施工质量验收要求，基坑内明排水应设置排水沟及集水井，排水沟纵坡坡度宜控制在 1‰~2‰。（　　）

4.【单选题】桩基础施工质量验收要求，桩位的放样允许偏差为群桩(　　)mm；单排桩(　　)mm。
　　A. 20，20　　　　B. 10，20　　　　C. 10，10　　　　D. 20，10

5.【单选题】水泥粉煤灰碎石桩复合地基其承载力检验，数量为总数的(　　)，但不应少于3处。
　　A. 1%　　　　B. 2%　　　　C. 3%　　　　D. 5%

6.【单选题】地基基础施工过程中出现异常情况时，应停止施工，由(　　)组织有关单位共同分析情况，解决问题，消除质量隐患，并形成文件资料。

A. 施工单位　　　B. 设计单位　　　C. 勘察单位　　　D. 监理或建设单位

7.【多选题】锚杆及土钉墙支护工程施工中,应对锚杆或土钉(　　)等进行检查。

A. 注浆配合比、压力及注浆量　　　B. 深度及角度

C. 位置　　　D. 钻孔直径

E. 施工人员资质

8.【多选题】关于地基基础工程施工应具备的条件,说法正确的是(　　)。

A. 必须具备完备的地质勘察资料

B. 有工程附近管线、建筑物、构筑物等的构造资料

C. 完成建筑项目装修深化设计图纸

D. 施工单位必须具备相应专业资质

E. 地基基础工程检测及见证试验的单位具有相应资质证书

9.【多选题】某建筑工程地基采取强夯地基,根据地基施工质量验收的要求,其竣工后的结果必须达到设计要求的标准,关于该地基检验数量的说法,错误的是(　　)。

A. 每单位工程不应少于 4 点

B. 1000 m^2 以上工程,每 100 m^2 至少应有 1 点

C. 3000 m^2 以上工程,每 300 m^2 至少应有 1 点

D. 每一独立基础下至少应有 1 点

E. 基槽每 100 延长米应有 1 点

【答案】1. √；2. ×；3. √；4. D；5. A；6. D；7. ABCD；8. ABDE；9. AE

考点 10：混凝土结构施工质量验收的要求 ★●

> **教材点睛**　教材 P9～P12
>
> **1. 模板分项工程施工质量验收的要求**
> 验收依据：模板施工技术方案
> (1) 在浇筑混凝土之前,应对模板工程进行验收。
> (2) 验收项目：模板施工技术方案执行情况、模板安装偏差、模板拆除等。
>
> **2. 钢筋分项工程施工质量验收的要求**
> 法规依据：《钢筋机械连接技术规程》JGJ 107—2016；《钢筋焊接及验收规程》JGJ 18—2012。
> (1) 在浇筑混凝土之前,应进行钢筋隐蔽工程验收。
> (2) 当钢筋的品种、级别或规格需作变更时,应办理设计变更文件。
> (3) 验收项目包括：原材料、钢筋加工、钢筋连接、钢筋安装等。
>
> **3. 预应力分项工程施工质量验收的一般要求**
> (1) 在浇筑混凝土之前,应进行预应力隐蔽工程验收。
> (2) 施工单位应具有相应的预应力专业资质。
>
> **4. 混凝土分项工程施工质量验收的要求**
> 法规依据：《混凝土强度检验评定标准》GB/T 50107—2010；《建筑工程冬期施工规程》JGJ/T 104—2011。

> **教材点睛** 教材 P9～P12（续）

（1）混凝土施工质量验收的重要标准：结构混凝土的强度等级必须符合设计要求。

（2）当混凝土试件强度评定不合格时，可采用非破损或局部破损的检测方法，按国家现行有关标准的规定对结构构件中的混凝土强度进行推定，并作为处理的依据。

5. 混凝土结构子分部工程质量验收的要求

（1）验收前置条件：钢筋、预应力、混凝土、现浇结构或装配式结构等相关分项工程验收合格。

（2）验收项目包括：质量控制资料检查、观感质量验收，对涉及结构安全的材料、试件、施工工艺和结构的重要部位进行见证检测或结构实体检验。

（3）检验批合格质量验收应符合下列规定：主控项目质量抽检合格；一般项目质量抽检合格，采用计数检验时，一般项目的合格率达到80%及以上，且不得有严重缺陷；施工操作依据及质量验收记录齐备。

巩固练习

1.【判断题】当混凝土试件强度评定不合格时，可采用非破损的检测方法，对结构构件中的混凝土强度进行推定。　　　　　　　　　　　　　　　　　　　　（　　）

2.【判断题】混凝土结构施工技术方案需经审查批准。　　　　　　　　　（　　）

3.【判断题】混凝土结构子分部工程根据施工方法分为钢筋混凝土结构子分部工程和预应力混凝土结构子分部工程。　　　　　　　　　　　　　　　　　　　（　　）

4.【单选题】检验批合格质量验收规定，采用计数检验时，一般项目的合格率应达到（　　）及以上，且不得有严重缺陷。

A. 70%　　　　　　B. 80%　　　　　　C. 85%　　　　　　D. 90%

5.【单选题】混凝土分项工程的质量验收应在所含（　　）验收合格的基础上，进行质量验收记录检查。

A. 钢筋　　　　　　　　　　　　　B. 检验批

C. 模板　　　　　　　　　　　　　D. 原材料

6.【单选题】在浇筑混凝土之前，钢筋隐蔽工程验收内容不包括（　　）。

A. 预埋件的规格、数量、位置　　　B. 钢筋的连接方式、接头位置

C. 纵向受力钢筋的品种、规格、数量、位置　D. 钢筋原材的力学性能

7.【多选题】混凝土结构子分部工程可划分为（　　）等分项工程。

A. 预应力　　　　　　　　　　　　B. 预制结构

C. 模板　　　　　　　　　　　　　D. 钢筋

E. 混凝土

8.【多选题】检验批验收质量合格应符合的规定有（　　）。

A. 主控项目的质量经抽样检验合格

B. 一般项目不得有严重缺陷

C. 一般项目的质量经抽样检验合格

D. 具有完整的施工操作依据和质量验收记录

E. 采用计数检验，一般项目的合格率达到70%及以上

9.【多选题】钢筋分项工程施工质量验收项目包括（　　）。

A. 原材料　　　　　　　　　　B. 钢筋加工

C. 钢筋连接　　　　　　　　　D. 钢筋安装

E. 钢筋硬度

【答案】1.√；2.√；3.×　4.B；5.B；6.D；7.ACDE；8.ABCD；9.ABCD

考点11：砌体工程施工质量验收的要求★

> **教材点睛**　教材P12～P14
>
> 法规依据：《砌体结构工程施工质量验收规范》GB 50203—2011。
>
> **1. 基本要求**
>
> （1）严禁使用国家明令淘汰的材料，如实心黏土砖等。
>
> （2）各类砌体材料使用时，其产品龄期不应小于28d。
>
> （3）施工洞口留置要求：洞口侧边离交接处墙面不应小于500mm，洞口净宽度不应超过1m。
>
> （4）不得设置脚手眼的情况：
>
> 1）墙体：120mm厚墙、轻质墙体、夹心复合墙、清水墙、料石墙、宽度小于1m的窗间墙等。
>
> 2）柱：独立柱、附墙柱等。
>
> 3）梁：过梁上与过梁成60°的三角形范围、过梁净跨度1/2范围、梁或梁垫下及左右500mm范围内。
>
> 4）门窗洞口：洞两侧200mm（石砌体为300mm）和转角处450mm（石砌体为600mm）范围内。
>
> （5）洞口补强：宽度超过300mm的洞口上部，应设置钢筋混凝土过梁。
>
> （6）管线预埋：不应在截面长边小于500mm的承重墙体、独立柱内埋设管线。
>
> （7）砌体结构工程检验批验收要求：主控项目应全部合格；一般项目应有80%及以上的抽检处合格；最大超差值为允许偏差值的1.5倍。
>
> **2. 砌筑砂浆**
>
> （1）砂的含泥量要求：水泥砂浆和强度等级不少于M5的水泥混合砂浆，不应超过5%；对强度等级小于M5的水泥混合砂浆，不应超过10%；人工砂、山砂及特细砂，视试配结果确定。
>
> （2）水泥石灰砂浆不得采用脱水硬化的石灰膏；消石灰粉不得直接使用于砌筑砂浆中。
>
> **3. 砖砌体工程**
>
> （1）砖过梁底部的模板，应在灰缝砂浆强度不低于设计强度的50%时，方可拆除。

> **教材点睛** 教材 P12～P14(续)
>
> (2)留槎：应砌成斜槎，斜槎水平投影长度不应小于高度的 2/3。不能留斜槎时，除转角处外，可留直槎，但直槎必须做成凸槎，且应加设拉结钢筋。
>
> **4. 填充墙砌体工程**
>
> (1)蒸压加气混凝土砌块砌体和轻骨料混凝土小型空心砌块砌体不应与其他块材混砌。
>
> (2)填充墙砌至接近梁、板底时，应留空隙，等填充墙砌筑完并应至少间隔 14d 后，再将其补砌挤紧。

巩固练习

1. 【判断题】砌筑水泥砂浆用砂的含泥量不应超过 5%。 （ ）
2. 【判断题】各类砌体材料使用时，其产品龄期不应小于 14d。 （ ）
3. 【单选题】砖砌体砌筑做法不正确的是（ ）。
   A. 留槎应砌成斜槎
   B. 斜槎水平投影长度不应小于高度的 2/3
   C. 砖过梁底部的模板在砂浆强度大于设计强度的 50％时拆除
   D. 独立柱内埋设管线
4. 【单选题】宽度大于（ ）mm 的洞口上部，应设置钢筋混凝土过梁。
   A. 500   B. 300   C. 600   D. 800
5. 【多选题】砌体结构哪些位置不得设置脚手眼（ ）。
   A. 120mm 厚墙
   B. 240mm 厚墙
   C. 过梁净跨度 1/2 高度范围
   D. 门窗洞口两侧 400mm
   E. 梁垫下
6. 【多选题】下列填充墙砌体的做法，正确的是（ ）。
   A. 空心砌块砌体竖向灰缝宽度宜为 20mm
   B. 蒸压加气混凝土砌块砌筑时应向砌筑面适量浇水
   C. 轻骨料混凝土小型空心砌块墙底部现浇混凝土坎台
   D. 砌块堆置高度不宜超过 1m
   E. 蒸压加气混凝土砌块龄期应超过 28d

【答案】1.√；2.×；3.D；4.B；5.ACE；6.ABCE

考点 12：钢结构工程施工质量验收的要求

> **教材点睛** 教材 P14～P15
>
> **1. 基本要求**
>
> （1）钢结构工程施工单位应具备相应的钢结构工程施工资质。
>
> （2）原材料及成品应进行进场验收。凡涉及安全、功能的原材料及成品按规范规定进行复验，并应经监理工程师（建设单位技术负责人）见证取样、送样。
>
> （3）分项工程检验批合格质量标准：主控项目全部合格；一般项目其检验结果应有 80% 及以上的检查点（值）合格，且最大值不应超过其允许偏差值的 1.2 倍；质量检查记录、质量证明文件等资料齐备。
>
> **2. 钢结构焊接工程**
>
> （1）焊工必须经考试合格并取得合格证书。持证焊工必须在其考试合格项目及其认可范围内施焊。
>
> （2）碳素结构钢应在焊缝冷却到环境温度、低合金结构钢应在完成焊接 24h 以后，进行焊缝探伤检验。
>
> （3）焊缝外观应达到：外形均匀、成型较好，焊道与焊道、焊道与基本金属间过渡较平滑，焊渣和飞溅物基本清除干净。
>
> **3. 紧固件连接工程**：永久性普通螺栓紧固件应牢固、可靠、外露丝扣不应少于 2 扣。

> **巩固练习**

1.【判断题】低合金结构钢应在完成焊接 24h 以后，进行焊缝探伤检验。（   ）
2.【单选题】关于钢结构分项工程检验批合格的质量标准说法，不正确的是(   )。
A. 主控项目全部合格
B. 一般项目 80% 及以上的检查点合格，且最大值不超过允许偏差的 1.2 倍
C. 质量检查记录监理未签字
D. 质量证明文件资料齐备
3.【单选题】永久性普通螺栓紧固应牢固、可靠，外露丝扣不应少于(   )扣。
A. 2　　　　　B. 3　　　　　C. 4　　　　　D. 5

【答案】1. √；2. C；3. A

考点13：建筑节能工程施工质量验收的要求 ★●

教材点睛 教材 P15~P16

1. 基本要求

（1）承担建筑节能工程的施工企业应具备相应的资质。

（2）建筑节能工程采用的新技术、新设备、新材料、新工艺，应进行评审、鉴定及备案。施工前应对其施工工艺进行评价，并制定专门的施工技术方案。

（3）单位工程的施工组织设计应包括建筑节能工程施工内容。

（4）严禁使用国家明令禁止使用与淘汰的材料和设备。

（5）所有隐蔽工程验收项目均应有详细的文字记录和必要的图像资料。

2. 墙体节能工程

（1）采用外保温定型产品或成套技术或产品时，型式检验报告中应包括安全性和耐候性检验。

（2）隐蔽工程验收项目：基层处理、保温板粘结或固定、锚固件、增强网铺设、墙体热桥部位处理、预制保温板或预制保温墙板的板缝及构造节点、现场喷涂或浇筑有机类保温材料的界面、被封闭的保温材料的厚度、保温隔热砌块填充墙体。

（3）需做现场拉拔试验的项目：保温板材与基层的粘结强度；后置锚固件锚固力。

（4）严寒和寒冷地区外保温使用的粘结材料，其冻融试验结果应符合该地区最低气温环境的使用要求。

3. 幕墙节能工程 隐蔽工程验收项目：隔气层、保温层。

4. 门窗节能工程

（1）对门窗材料外观、品种、规格及附件等进行检查验收，对质量证明文件进行核查。

（2）隐蔽工程验收项目：门窗框与墙体缝隙的保温填充做法。

5. 屋面节能工程

（1）隐蔽工程验收项目：基层；保温层的敷设方式、厚度；板材缝隙填充质量；屋面热桥部位；隔气层。

（2）屋面保温隔热层施工完成后，应及时进行找平层和防水层的施工，避免保温层受潮、浸泡或受损。

6. 地面节能工程 隐蔽工程验收项目：基层、被封闭的保温材料的厚度、保温材料粘结、隔断热桥部位。

巩固练习

1.【判断题】采用的新技术的建筑节能工程，施工前应对其施工工艺进行评价，并制定专门的施工技术方案。（　　）

2.【判断题】与主体结构同时施工的墙体节能工程，应与主体结构一同验收。（　　）

3.【判断题】墙体节能工程的保温材料在施工过程中应采取防潮、防水等保护措施。
（　　）

4.【单选题】屋面节能隐蔽工程验收项目不包括（　　）。
A. 保温层厚度　　　　　　　　　B. 板材缝隙填充质量
C. 隔气层　　　　　　　　　　　D. 避雷装置

5.【单选题】当墙体采用外保温定型产品或成套技术或产品时，其型式检验报告中应包括（　　）检验。
A. 防水性　　　　　　　　　　　B. 安全性
C. 防风性　　　　　　　　　　　D. 防火性

6.【单选题】寒冷地区外保温使用的粘结材料，其（　　）试验结果应符合该地区最低气温环境的使用要求。
A. 冻融　　　　　　　　　　　　B. 防水
C. 防冷　　　　　　　　　　　　D. 防火

7.【单选题】严寒和寒冷地区外墙热桥部位，应按设计要求采取（　　）措施。
A. 节材　　　　　　　　　　　　B. 散热
C. 抗冻　　　　　　　　　　　　D. 隔断热桥

8.【单选题】屋面保温隔热隐蔽工程验收部位不包括（　　）。
A. 屋面热桥部位　　　　　　　　B. 基层
C. 泛水　　　　　　　　　　　　D. 隔气层

9.【多选题】下列属于墙体节能工程隐蔽验收项目的有（　　）。
A. 基层处理　　　　　　　　　　B. 增强网铺设
C. 墙体热桥部位处理　　　　　　D. 铝合金窗附框
E. 保温板粘结或固定

【答案】1.√；2.√；3.√；4.D；5.B；6.A；7.D；8.C；9.ABCE

第二章 施工组织设计及专项施工方案的编制

第一节 施工组织设计的内容和编制方法

考点 14：施工组织设计★

> **教材点睛** 教材 P17～P20
>
> **1. 施工组织设计**：以项目为对象编制的，用以指导施工的技术、经济和管理的综合性文件。编制施工组织设计是建筑施工企业经营管理程序的需要，也是保证建筑工程施工顺利进行的前提。
>
> **2. 施工组织设计主要编制依据**：国家及地方现行法律法规；施工图纸、图纸会审纪要及有关标准图；工程施工合同或招标投标文件；施工现场的勘察资料；工程预算文件及有关定额；建设单位对工程施工可能提供的条件；施工条件以及施工企业的生产能力、机具设备状况、技术水平等。
>
> **3. 施工组织设计的内容**：包括编制依据、工程概况、施工部署、施工进度计划、施工准备与资源配置计划、主要施工方法、施工平面布置及主要施工管理计划八个部分。
>
> **4. 施工组织设计编制与审批**
> （1）单位工程施工组织设计应由项目负责人主持编制；实行总包和分包的，由总包单位负责编制施工组织设计，分包单位在总包单位的总体部署下，负责编制分包工程的施工组织设计。
> （2）单位工程施工组织设计应由施工单位技术负责人或其授权的技术人员审批。
> （3）根据工程规模施工组织设计可采取分阶段编制、分阶段审批的方法。
>
> **5. 单位工程施工组织设计的动态管理**
> （1）施工组织设计实施前，应逐级交底；施工过程中，应检查、分析并适时调整。
> （2）施工组织设计需及时修改或补充的情况：工程设计有重大修改；有关法律、法规、规范和标准修订或废止；主要施工方法有重大调整；主要施工资源配置有重大调整等。
> （3）经修改或补充的施工组织设计应重新审批后实施。
>
> **6. "一案一表一图"** 包括：施工方案、施工进度表、施工平面图。（用于规模较小的工程）
>
> **7. 施工管理计划包括**：进度管理计划、质量管理计划、安全管理计划、环境管理计划、成本管理计划等。

> 巩固练习

1. 【判断题】单位工程施工组织设计应由施工单位技术负责人或其授权的技术人员审批。（　　）
2. 【判断题】根据编制阶段的不同，施工组织设计可以分为投标阶段和实施阶段施工组织设计。（　　）
3. 【单选题】施工组织设计的编制依据不包括（　　）。
   A. 施工企业年度施工计划 B. 经过会审的施工图
   C. 概算定额 D. 施工合同
4. 【单选题】下列关于单位工程施工组织设计的编制及审批的说法，错误的是（　　）。
   A. 施工组织设计应由项目技术负责人主持编制
   B. 应由施工单位技术负责人或授权的技术人员审批
   C. 工程设计有重大修改应及时进行修改或补充
   D. 工程实行总包的，由总包单位负责编制
5. 【单选题】施工组织设计中施工管理计划不包括（　　）。
   A. 进度管理计划 B. 质量管理计划
   C. 安全管理计划 D. 成本管理计划
6. 【多选题】施工组织设计编制内容有（　　）。
   A. 施工准备与资源配置计划 B. 施工平面布置
   C. 主要施工方法 D. 施工进度计划
   E. 图纸会审纪要

【答案】1.√；2.√；3.C；4.A；5.D；6.ABCD

第二节　施工方案的内容和编制方法

考点15：施工方案★

> **教材点睛**　教材 P20～P24
>
> 1. **施工方案**：以分部（分项）工程或专项工程为主要编制对象，用以具体指导其施工过程。
> 2. **施工方案的类型**：分部分项工程施工方案、专项施工方案、强制性专项施工方案三种。
> 3. **施工方案的内容**：工程概况、施工安排、施工进度计划、施工准备与资源配置计划、施工方法及工艺要求、主要施工管理计划等。
> 4. **资源配置计划包括**：劳动力配置计划、物资配置计划。

143

> **教材点睛** 教材 P20~P24(续)
>
> **5. 物资配置计划包括**：工程材料和设备配置计划；周转材料和施工机具配置计划；计量、测量和检验仪器配置计划。
>
> **6. 施工方法及工艺要求包括**：施工方法、施工重点、新技术应用、季节性施工措施。
>
> **7. 超过一定规模的危险性较大工程专项施工方案论证**
>
> （1）论证会参加人员：专家组成员；建设单位项目负责人或技术负责人；监理单位项目总监理工程师及相关人员；施工单位分管安全的负责人、技术负责人、项目负责人、项目技术负责人、专项方案编制人员、项目专职安全生产管理人员；勘察、设计单位项目技术负责人及相关人员。
>
> （2）专家组成员：由5名及以上符合相关专业要求的专家组成（从专家库中随机抽取），本项目参建各方的人员不得以专家身份参加专家论证会。
>
> （3）专家论证的主要内容包括：专项方案内容是否完整、可行；专项方案计算书和验算依据是否符合有关标准规范的要求；安全施工的基本条件是否满足现场实际情况。
>
> （4）论证会成果：专家组应当提交论证报告，对论证的内容提出明确的意见，并在论证报告上签字。该报告作为专项方案修改完善的指导意见。
>
> （5）专项方案修改：专项方案经论证后需作重大修改的，施工单位应当按照论证报告修改，并重新组织专家进行论证。

巩固练习

1.【判断题】专项方案经论证后需作重大修改的，施工单位应当按照论证报告修改，不需重新组织专家进行论证。　　　　　　　　　　　　　　　　　　　　（　）

2.【判断题】专项施工方案需经施工单位技术负责人、总监理工程师签字后方可实施。　　　　　　　　　　　　　　　　　　　　　　　　　　　　　　　（　）

3.【单选题】施工方案中施工方法及工艺要求包括的内容不含(　　)。
A. 施工重点　　　　　　　　　　B. 季节性施工措施
C. 劳动力配置计划　　　　　　　D. 新技术应用

4.【单选题】施工方案的内容不包括(　　)。
A. 施工进度计划　　　　　　　　B. 资源配置计划
C. 质量计划　　　　　　　　　　D. 施工方法及工艺要求

5.【单选题】专项施工方案专家论证的主要内容不包括(　　)。
A. 方案审批程序是否符合要求
B. 内容是否完整、可行
C. 计算书和验算依据是否符合有关标准规范的要求
D. 安全施工的基本条件是否满足现场实际情况

6.【多选题】下列关于超过一定规模的危险性较大工程专项施工方案论证的说法，正确的有(　　)。

A. 专家组成员由 5 名及以上专家组成
B. 论证内容包括方案内容是否完整、可行
C. 专家在论证报告上签字
D. 政府安全监督管理机构人员必须参加论证会
E. 项目负责人可不参加论证会

【答案】1. ×；2. √；3. C；4. C；5. A；6. ABC

第三节　施工技术交底与交底文件的编写方法

考点 16：施工技术交底文件

> **教材点睛**　教材 P24~P25
>
> **1. 技术交底的目的**：使施工人员对工程特点、技术质量要求、施工方法与措施等方面有一个较详细的了解，以便于科学地组织施工，避免技术质量等事故的发生。技术交底是工程技术档案资料中不可缺少的部分。
>
> **2. 施工技术交底文件的内容包括**：施工准备工作情况；主要施工方法；主要机械设备；劳动力安排及施工工期；工期保证措施；质量保证措施；环境保障、安全措施及文明施工等注意事项等。
>
> **3. 技术交底的程序和签字确认**：技术员编写施工技术交底文件；施工员组织召开技术交底会，向班组长及操作工人解说技术交底中相关内容；交底人与被交底人在技术交底文件上签字确认。

巩固练习

1. 【判断题】施工准备工作要求是技术交底文件内容之一。　　　　　　　　　　（　　）
2. 【单选题】技术交底的程序不包括(　　)。
   A. 编写技术交底文件　　　　　　　B. 召开技术交底会
   C. 交底人与被交底人签字确认　　　D. 合同交底
3. 【单选题】施工技术交底文件编写要求不包括(　　)。
   A. 施工技术交底的内容要详尽
   B. 施工技术交底的文件装订样式标准
   C. 施工技术交底的针对性要强
   D. 施工技术交底的表达要通俗易懂
4. 【多选题】建筑工程施工技术交底文件的内容包括(　　)。
   A. 施工准备工作情况　　　　　　　B. 主要施工方法
   C. 主要机械设备　　　　　　　　　D. 施工质量要求及质量保证措施
   E. 承包范围与责任义务

【答案】1. √；2. D；3. B；4. ABCD

第四节 建筑工程施工技术要求

考点 17：基础工程施工技术要求★

> **教材点睛** 教材 P25～P35

1. 土方边坡

（1）土方边坡用边坡坡度和边坡系数表示，两者互为倒数。

$$土方边坡坡度 = \frac{h}{b} = 1:m$$

$$土方边坡系数\ m = \frac{b}{h}$$

（2）土方边坡的影响因素：土质条件、地下水位、开挖深度、施工方法、堆土及机械荷载、相邻建筑物。

（3）堆土或材料应距挖方边缘 0.8m 以外，高度不超过 1.5m。

2. 深基坑支护结构

（1）**深层搅拌水泥土桩挡墙**：依靠自重和刚度进行挡土和保护坑壁，一般内侧不设支撑，特殊情况下有局部加设支撑。常应用于软黏土地区开挖深度在 6m 左右的基坑工程。

（2）**地下连续墙支护结构工序**：修筑导墙、泥浆制备与处理、深槽挖掘、钢筋笼制备吊装、混凝土浇筑等。

（3）**土层锚杆支护结构形式**：灌浆锚杆、扩孔灌浆锚杆、压力灌浆锚杆、预应力锚杆等。

（4）**装配式支护结构形式**：预制桩、预制地下连续墙、预应力鱼腹梁支撑结构、工具式组合内支撑等。

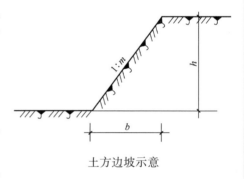

土方边坡示意

集水井降水示意

3. 土方施工排水与降水

（1）**地面排水**：一般设置在施工区域或道路的两旁，排水沟的横断面不小于 0.5m×0.5m，坡度不小于 3‰。

（2）**集水井降水**：一般用于降水深度较小且地层为粗粒土层或黏性土地区。系统由集水井、排水沟、水泵组成。

（3）**井点降水法**：一般用于降水深度较大，土层为细砂和粉砂，或是软土地区。常见形式有轻型井点、喷射井点、电渗井点、管井井点及深井泵等。系统由井点管、滤管、集水总管、弯联管、抽水设备等组成。

（4）**降水工作应持续到回填完毕**。

> **教材点睛** 教材 P25~P35(续)

4. 土方填筑与压实

(1) 土方填筑的基本要求：填方土料应符合设计要求，保证填方的强度和稳定性，应分层回填，土方回填时，透水性大的土应在透水性小的土层之下。

(2) 填土压实方法：人工压实、机械压实。常用的机械压实方法有碾压法、夯实法和振动压实法等。

5. 土方开挖

(1) 土方开挖应遵循"开槽支撑，先撑后挖，分层开挖，严禁超挖"的原则。

(2) 施工控制要点：

1) 地下水位应降低至基坑底以下 0.5~1.0m 后，方可开挖。

2) 机械挖土时，在基底标高以上留出一定厚度的土层，待基础施工前用人工铲平修整。

3) 雨期施工时，基坑槽应分段开挖，挖好一段浇筑一段垫层，并在基槽上口周边设置土堤及排水沟，以防地面雨水流入基坑槽。

4) 深基坑土方开挖时，可根据实际情况选用分层挖土、分段挖土、盆式挖土、中心岛式挖土等方法。

5) 基坑挖完后应进行验槽，做好记录，如发现地基土质与地质勘探报告、设计要求不符时，应与有关人员研究及时处理。

6. 混凝土预制桩施工工艺和技术要求

(1) 主要施工方法

1) 锤击法：利用桩锤的冲击力克服土体对桩体的阻力，使桩沉到预定深度或达到持力层。

2) 静力压桩法：施工无噪声、振动及冲击力，对周围环境的影响，适合有防震要求的建筑物附近施工。

3) 振动法：在砂土中运用效果较好，对黏土地区效率较差。

4) 水冲法：适用于砂土和碎石土。当预制桩特别长，单靠锤击有困难时，可采用水冲法辅助施工。

5) 钻孔锤击法：钻孔与锤击相结合的沉桩方法。遇到土层坚硬时，可先钻孔后锤击。

(2) 主要施工工序：制作、起吊、运输、堆放、沉桩等。

(3) 桩使用及堆放要求：

1) 桩的强度达到设计强度标准值的 70% 后，方可起吊；达到设计强度的 100% 方可运输。

2) 桩堆放时，地面必须平整、坚实，垫木间距应与吊点位置相同，各层垫木应位于同一垂直线上，最下层垫木应适当加宽。堆放层数不宜超过 4 层，不同规格的桩应分别堆放。

教材点睛 教材 P25～P35(续)

7. 混凝土灌注桩施工工艺和技术要求

(1) 混凝土灌注桩分类：分为钻孔灌注桩、套管成孔灌注桩、爆扩成孔灌注桩等。

(2) 钻孔灌注桩：分为干作业成孔和泥浆护壁成孔两种方法。

1) **干作业成孔灌注桩**：适用于地下水位以上的各种软硬土层，钻孔机械是螺旋钻机。

2) **泥浆护壁成孔灌注桩**：

① 成孔方法有回转钻成孔、潜水钻成孔、冲击钻成孔、冲抓锥成孔等。

② 在黏性土中成孔时可用原土造浆，在其他土中成孔时，泥浆制备应选用高塑性黏土或膨润土。

③ 当钻孔达到设计深度后，应进行验孔和清孔，清除孔底沉渣和淤泥。

④ 清孔时，保持孔内泥浆面高出地下水位 1.0m 以上。

⑤ 水下混凝土浇筑常采用导管法。

(3) 沉管灌注桩：包括振动沉管灌注桩、锤击沉管灌注桩、夯压成型沉管灌注桩等。

1) 振动沉管施工法：有单打法、反插法、复打法等；其中，单打法适用于含水量较小的土层。复打法、反插法可扩大桩径，大大提高桩的承载力，适用于软弱饱和土层。

2) 夯压成型沉管灌注桩：适用于中低压缩性黏土、粉土、砂土、碎石土、强风化岩等土层。

3) 灌注桩后注浆：适用于除沉管灌注桩外的各类泥浆护壁和干作业的钻、冲孔灌注桩。当桩端及桩侧有较厚的粗粒土时，后注浆提高单桩承载力的效果更好。

4) 长螺旋钻孔压灌桩：适用于地下水位较高，易坍孔，而且长螺旋钻孔机能够钻进的土层。

巩固练习

1. 【判断题】堆土应距挖方边缘 0.8m 以外。　　　　　　　　　　　　　　　　(　　)

2. 【判断题】土方开挖应遵循"开槽支撑，先撑后挖，分层开挖，严禁超挖"的原则。　　　　　　　　　　　　　　　　　　　　　　　　　　　　　　　　　　(　　)

3. 【判断题】长螺旋钻孔压灌桩：适用于地下水位较低、易坍孔、长螺旋钻孔机可钻进的土层。　　　　　　　　　　　　　　　　　　　　　　　　　　　　(　　)

4. 【单选题】地下连续墙支护结构工序不包括(　　)。
A. 修筑导墙　　　　　　　　　　　　　B. 泥浆制备
C. 锚杆机钻孔　　　　　　　　　　　　D. 钢筋笼制备吊装

5. 【单选题】混凝土预制桩的主要施工方法不包括(　　)。
A. 锤击法　　　　　　　　　　　　　　B. 扩大头法
C. 水冲法　　　　　　　　　　　　　　D. 静力压桩法

6.【单选题】泥浆护壁成孔灌注桩清孔时,保持孔内泥浆面高出地下水位( )m以上。
A. 0.5　　　　　　　　　　　　　B. 0.6
C. 2.0　　　　　　　　　　　　　D. 1.0

7.【多选题】土层锚杆的种类有( )。
A. 灌浆锚杆　　　　　　　　　　B. 扩孔灌浆锚杆
C. 管棚支护　　　　　　　　　　D. 压力灌浆锚杆
E. 预应力锚杆

8.【多选题】土方填筑的要求做法正确的有( )。
A. 土料应符合设计要求
B. 分层回填
C. 透水性大的土应在透水性小的土层之下
D. 土含碎石
E. 采用机械集中倾倒

9.【多选题】泥浆护壁成孔灌注桩做法正确的有( )。
A. 在黏性土中成孔时可用原土造浆
B. 钻孔达到设计深度后应进行验孔和清孔
C. 水下混凝土浇筑采用导管法
D. 清孔时保持孔内泥浆面高出地下水位 2m 以上
E. 泥浆制备不应选用膨润土

【答案】1.√;2.√;3.×;4. C;5. B;6. D;7. ABDE;8. ABC;9. ABC

考点18:混凝土结构工程施工技术要求★●

> **教材点睛** 教材 P35~P49
>
> **1. 模板工程**
> **(1) 模板工程施工工艺**包括:模板的选材、选型、设计、制作、安装、拆除和周转等过程。
> **(2) 模板系统**包括:模板、支架和紧固件三个部分。
> **(3) 模板系统要求:**
> 1) 保证工程结构和构件各部位形状尺寸和相互位置的正确。
> 2) 具有足够的承载能力、刚度和稳定性,能可靠地承受新浇混凝土的自重和侧压力以及施工荷载。
> 3) 构造简单、装拆方便,便于钢筋的绑扎、安装和混凝土的浇筑、养护。
> 4) 模板的接缝严密,不得漏浆;能多次周转使用。
> **(4) 模板系统类型**:木模板、胶合板模板、大模板、铝合金模板。
> **(5) 模板必备细部构造**:模板底部需开有清理孔;沿模板高度每隔 2m 需开有浇筑孔;斜支撑的调节丝杠、穿墙螺栓要涂抹润滑油;准备好隔离剂、PVC 套管等附属材料。

> **教材点睛** 教材 P35~P49（续）

(6) 模板的拆除

1）模板的拆除日期取决于**现浇结构的性质、混凝土的强度、模板的用途、混凝土硬化时的气温**。

2）模板的拆除应满足如下规定：

① 侧模板的拆除：混凝土强度达到能保证其表面及棱角不因拆除模板而受损坏时即可进行。

② 底模板的拆除：以混凝土结构同条件养护的试件强度为依据。梁板跨度小于等于8m、悬挑构件小于等于2m，强度标准值达75%可拆；梁板跨度大于8m、悬挑构件大于2m，强度标准值达100%可拆。

③ 拆除模板顺序及要点：

a. 拆模顺序：后支先拆，先跨中后两端，先非承重后承重；

b. 竖向支撑拆除顺序：先上后下，隔层拆除，保留部分支柱；

c. 拆模要点：不要用力过猛，及时清运物料，注意混凝土边角成品保护；混凝土强度达到100%后，方可加设临时支撑，堆放物料。

2. 钢筋工程

(1) 钢筋分类：普通钢筋、预应力钢绞线、钢丝和热处理钢筋，后三种用作预应力钢筋。

(2) 钢筋的验收：查对标牌、出厂质量证明书/试验报告单、外观检查、力学性能检验。

1）力学性检测分两项：拉力试验（测定屈服点、抗拉强度和伸长率三项指标）和冷弯试验（以规定弯心直径和弯曲角度检查冷弯性能）。

2）不合格处理：如有一项试验结果不符合规定，则从同一批中另取双倍数量的试样重做各项试验。如仍有一个试样不合格，则该批钢筋为不合格品，应降级使用。冷轧带肋钢筋如果有一盘检查不合格，则需逐盘检查。

(3) 钢筋的存放

1）堆场平整、钢筋下加垫木。离地不宜少于200mm。

2）标识管理、分类摆放。严格按批分等级、牌号、直径、长度挂牌存放，并注明数量，不得混淆。

(4) 钢筋加工

1）钢筋下料长度＝各段外包尺寸之和－各弯曲处的量度差值＋端部弯钩的增加值

2）钢筋弯曲用弯曲机，弯曲时要考虑弯心直径的大小和量度差值等。

3）钢筋的代换原则：等强度代换或等面积代换。钢筋代换时，应征得设计单位同意。预制构件的吊环，必须采用未经冷拉的HPB300级钢筋制作，严禁以其他钢筋替换。

教材点睛 教材 P35～P49(续)

(5) 钢筋连接技术

1) 钢筋接头连接方法：绑扎连接、焊接连接和机械连接。

2) 钢筋机械连接包括：套筒挤压连接和螺纹套管连接。

① 钢筋套筒挤压连接工艺参数：压接顺序、压接力和压接道数。按验收批进行外观质量检验和单向拉伸试验。

② 钢筋螺纹套筒连接：分为锥螺纹套筒连接和直螺纹套筒连接两种。锥螺纹套筒连接头用专用机床加工成型；直螺纹套筒连接头用套丝机加工成型。

(6) 钢筋保护层：常用预制水泥垫块、塑料垫块放在钢筋与模板之间，控制保护层厚度。垫块以梅花形布置，相互间距不大于1m。上下双层钢筋之间的尺寸，通过绑扎短钢筋或设置马凳铁来控制。

(7) 钢筋工程验收：属于隐蔽工程，浇筑混凝土前应对钢筋及预埋件进行验收，并做好隐蔽工程记录。

3. 混凝土工程

(1) 混凝土工程施工：包括混凝土制备、运输、浇筑、养护等施工过程。

(2) 混凝土的运输的基本要求：不产生离析现象；保证混凝土浇筑时具有设计规定的坍落度；在混凝土初凝之前能有充分时间进行浇筑和捣实；保证混凝土浇筑能连续进行。【混凝土运输的时间要求参照表2-9的规定（气温、混凝土强度双指标控制），P46】。

(3) 混凝土运输工具：地面运输工具——双轮手推车、机动翻斗车、混凝土搅拌运输车和自卸汽车等；垂直运输和楼面运输工具——混凝土汽车泵、混凝土柴油泵、布料杆等。

(4) 混凝土浇筑

1) 浇筑高度：参照《混凝土结构工程施工规范》GB 50666—2011。

2) 浇筑铺底：浇筑竖向结构混凝土前，应先在底部填筑一层50～100mm厚与浇筑混凝土同成分的砂浆。

3) 浇筑原则：分段、分层、连续浇筑。

4) 施工缝留置：施工缝宜留在结构受剪力较小且便于施工的部位。柱留水平缝——基础与柱子的交接处的水平面上、梁的下面、吊车梁牛腿的下面、吊车梁的上面、无梁楼盖柱帽的下面；梁、板留垂直缝。

5) 施工缝处理：施工缝混凝土强度不低于1.2MPa；清除施工缝表面的水泥薄膜、松动的石子和软弱的混凝土层等杂物，充分湿润和冲洗干净。

(5) 混凝土振捣【P48】

1) 插入式振捣器：用于梁、柱、墙、厚板、基础振捣。振捣原则快插慢拔、上下抽动，叠合振捣50～100mm，每点振捣时间20～30s。

> **教材点睛** 教材 P35～P49（续）
>
> 　　2）表面振捣器：用于楼板、地面、板形构件和薄壳等薄壁结构振捣。在无筋或单层钢筋结构中，振捣厚度不大于 250mm。在双层钢筋的结构中，每次振实厚度不大于 120mm。
> 　　3）附着式振捣器：固定附着于模板外侧，用于超高构件混凝土振捣。
> 　**(6) 混凝土的养护**
> 　　1）标准养护：养护条件温度 20℃±2℃ 和相对湿度为 95% 以上。用于混凝土试块的养护。
> 　　2）自然养护：养护条件平均气温高于 5℃ 的自然条件，并辅助采用保湿、保温等措施所进行的养护。分为洒水养护、蓄水养护、薄膜布养护和喷涂薄膜养生液养护四种。浇筑完毕后的 12h 以内开始养护，普通混凝土养护时间不得少于 7d；掺有外加剂混凝土养护时间不得少于 14d。

巩固练习

1.【判断题】悬挑构件＞2m，混凝土强度达到 100% 可拆除底模板。　　　　（　　）
2.【判断题】钢筋原材试验有一项试验结果不合格，则该批钢筋为不合格品。（　　）
3.【判断题】混凝土的运输要保证混凝土浇筑时具有设计规定的坍落度。　（　　）
4.【单选题】钢筋接头连接方法不包含（　　）。
　A. 铆接　　　　　　　　　　　　　B. 绑扎连接
　C. 焊接连接　　　　　　　　　　　D. 机械连接
5.【单选题】混凝土自然养护的做法不正确的是（　　）。
　A. 浇筑完毕后 12h 以内开始养护
　B. 普通混凝土养护时间不少于 7d
　C. 环境温度－3℃ 表面洒水
　D. 养护方法可采用洒水养护、蓄水养护、薄膜布养护
6.【多选题】下列关于模板拆除的做法，错误的是（　　）。
　A. 侧模板拆除时混凝土强度应达到混凝土表面不受损坏
　B. 梁板跨度大于 8m 混凝土强度 100% 可拆除底模
　C. 拆模顺序应后支先拆
　D. 水平模板先拆两端后拆跨中
　E. 竖向支撑拆除顺序是先拆上后拆下
7.【多选题】钢筋原材拉力试验检测项目有（　　）。
　A. 伸长率　　　　　　　　　　　　B. 冷弯性能
　C. 抗压强度　　　　　　　　　　　D. 抗拉强度
　E. 屈服点

【答案】1.√；2.×；3.√；4. A；5. C；6. DE；7. ADE

考点 19：预应力混凝土施工技术要求

> **教材点睛** 教材 P49～P52
>
> **1. 先张法施工工艺**
> （1）适用于生产定型的中小型预应力混凝土构件，如空心板、槽形板、T形板、薄板、吊车梁、檩条等。
> （2）施工流程：检查台座及钢模质量→张拉钢筋→浇筑混凝土→养护、拆模→放张钢筋。
> （3）预应力筋的放张顺序：轴心预压力的构件，同时放张；偏心预压力的构件，先同时放张预压力较小区域的预应力筋，再同时放张预压力较大区域的预应力筋；其他情况，分阶段、对称、相互交错地放张。
> （4）放张的方法：螺杆放松、千斤顶放松、砂箱放松、混凝土缓冲放松、预热熔割、用剪线钳剪断钢丝等。
>
> **2. 后张法施工工艺**
> （1）主要工序：预留孔道、预应力筋张拉和孔道灌浆。
> （2）孔道成型的基本要求：孔道的尺寸与位置应正确；孔道应平顺；接头不漏浆；端部预埋钢板应垂直于孔道中心线等。
> （3）预应力筋的张拉：构件上进行张拉时，梁板的底模不能拆除。张拉时应遵守对称张拉的原则，尽量减少设备的移动次数。
> （4）灌浆用的灰浆应有较大的流动性和较小的干缩性、泌水性。

巩固练习

1. 【判断题】后张法张拉时应遵守对称张拉的原则。　　　　　　　　　　（　　）
2. 【单选题】下列不属于先张法施工工艺流程的是（　　）。
    A. 预留孔道　　　　　　　　　　B. 张拉钢筋
    C. 放张钢筋　　　　　　　　　　D. 浇筑混凝土
3. 【单选题】下列关于后张法孔道成型的基本要求，错误的是（　　）。
    A. 孔道的尺寸与位置应正确　　　B. 接头不漏浆
    C. 孔道应平顺　　　　　　　　　D. 端部预埋钢板应平行于孔道中心线

【答案】1. √；2. A；3. D

考点 20：脚手架施工技术要求

> **教材点睛** 教材 P53～P55

1. 钢管扣件式脚手架

（1）体系构造：钢管（φ48、厚3.5mm 的焊接钢管）、扣件（直角、旋转、对接扣件）、脚手板（竹质、木质、钢木、冲压钢脚手板）和底座（50mm 木板）等组成。

（2）按搭设形式分：单排脚手架、双排脚手架。

（3）支撑系统：由剪刀撑、横向斜撑和抛撑组成。

（4）脚手架基础：地基应平整坚实，设置底座和垫板，并有可靠的排水措施，防止积水浸泡地基。

2. 碗扣式钢管脚手架

（1）体系构造：上、下碗扣、横杆接头、限位销、杆件等组成。

（2）碗扣式钢管脚手架立杆横距为 1.2m，纵距根据脚手架荷载可分为 1.2m、1.5m、1.8m、2.4m，步距为 1.8m、2.4m。

（3）碗扣式脚手架可以搭设各种形式，特别是曲线形的脚手架，还可作为模板的支撑。

3. 承插型盘扣式钢管脚手架

（1）体系构造：立杆、水平杆、斜杆、可调底座和可调托撑等组成。

（2）脚手架搭设步距不应超过 2m。脚手架的竖向斜杆不应采用钢管扣件。施工中宜采用上下层支撑立杆在同一轴线的方式有效传力。

（3）广泛应用于普通房建模架的竖向支撑、外架、上下爬梯及人行安全施工通道，大型公共建筑的高大空间梁板混凝土浇筑模板支撑架、高大空间钢结构安装满堂操作架、大型特种工作架，以及市政桥梁、轨道交通的模板支撑架。

巩固练习

1.【判断题】钢管扣件式脚手架支撑系统由剪刀撑、横向斜撑和抛撑组成。（　　）

2.【判断题】碗扣式脚手架可以搭设曲线形的脚手架。（　　）

3.【单选题】下列关于承插型盘扣式钢管脚手架的说法，错误的是(　　)。

A. 由立杆、水平杆、斜杆、可调底座和可调托撑等组成

B. 脚手架搭设步距不应超过 2m

C. 上下层支撑立杆不宜在同一竖向轴线传力

D. 竖向斜杆不应采用钢管扣件

【答案】1.√；2.√；3.C

考点 21：砌体工程施工技术要求 ★●

教材点睛 教材 P55～P58

1. 砌筑砂浆

（1）基本类型：水泥砂浆（用于潮湿环境中的砌体）和水泥混合砂浆（用于干燥环境中的砌体）。

（2）砌筑砂浆强度等级：分为 M2.5、M5、M7.5、M10、M15、M20 六个等级，M10 及 M10 以下宜采用水泥混合砂浆。

（3）砌筑砂浆应有较好的和易性，即良好的流动性（稠度）和保水性（分层度）。

（4）砂浆采用砂浆搅拌机拌制，应随拌随用。

2. 砖砌体施工技术与方法

（1）砖基础砌筑

1）砖基础构成：由垫层、大放脚和基础墙构成。大放脚是为了增大基础的承压面积。

2）基础垫层施工完毕经验收合格，才可进行墙基弹线。当发现垫层表面的水平标高相差较大时，要先用细石混凝土或用砂浆找平后再开始砌筑。通过基础的管道的上部，应预留沉降缝隙。

3）砌完基础墙后，应在两侧同时填土，并应分层夯实。如基础两侧填土的高度不等或仅能在基础的一侧填土时，应当采取必要措施保证砖基础不破坏、不变形。

（2）砖墙体砌筑

1）砌筑方法：一顺一丁砌法用于一砖厚墙体的砌筑；三顺一丁砌法用于一砖半以上的墙体砌筑或挡土墙的砌筑；梅花丁砌法用于清水墙或砖的规格不一致时的砌筑；全丁砌筑法用于圆弧形砌体。

2）砌筑技术要点：

① 排砖：砖块的排列方式应遵循内外搭接、上下错缝的原则。砖块的错缝搭接长度不应小于 1/4 砖长，避免出现垂直通缝，确保砌筑质量。

② 砖缝：水平灰缝应平直，灰缝厚度一般为 10mm，不宜小于 8mm，也不宜大于 12mm；竖向灰缝应垂直对齐、饱满。灰缝砂浆饱满度要求达到 80% 以上。

③ 接槎：接槎方式有斜槎和直槎两种。斜槎长度不应小于高度的 2/3，斜槎简便，砂浆饱满度易于保证；当留斜槎确有困难时，除转角外，也可留直槎，但必须做成阳槎，并设拉结筋，拉结筋沿墙高 $\phi6@500mm$。

3）砌筑质量要求：横平竖直、砂浆饱满、错缝搭接、接槎可靠。

3. 砌块砌体施工方法和技术要求

(1) 编制砌块排列图：砌块砌筑前，应按墙体错缝搭砌的原则和竖缝大小进行排列先绘出砌块排列图。

> **教材点睛** 教材 P55~P58(续)
>
> **(2) 砌块的堆放**：砌块的堆放位置应在施工总平面图上周密安排，应尽量减少二次搬运，使场内运输路线最短，以便于砌筑时起吊。砌块的规格、数量必须配套，不同类型分别堆放。
>
> **(3) 砌块施工工艺**：
> 1) 砌块施工时需弹墙身线和立皮数杆，按砌块排列图逐皮安装。
> 2) 安装顺序是先外后内、先远后近、先下后上。
> 3) 砌块施工的主要工序：铺灰、吊砌块就位、校正、灌缝和镶砖等。
> 4) 相邻砌体不能同时砌筑时，应留阶梯形斜槎，不允许留直槎。
>
> **(4) 砌筑质量的基本要求**：横平竖直，砂浆饱满、厚薄均匀，上下错缝，内外搭砌，接槎牢固。

巩固练习

1. 【判断题】砌筑砂浆的和易性包括流动性和保水性。   (   )
2. 【单选题】下列关于砖基础砌筑的说法，错误的是(   )。
   A. 砖基础由垫层、大放脚和基础墙构成
   B. 通过基础的管道砌筑时应预留
   C. 垫层标高差较大时，用土方回填后再开始砌筑
   D. 砌完基础墙后应在两侧同时填土
3. 【单选题】下列砖墙体砌筑技术要求，正确的是(   )。
   A. 砖块的排列方式内外搭接、上下错缝
   B. 水平灰缝厚度 15mm
   C. 灰缝砂浆饱满度要求达到 70% 以上
   D. 留直槎必须做成阴槎，并设拉结筋
4. 【多选题】下列砌块砌筑的施工方法和技术要求，正确的是(   )。
   A. 砌筑前先绘砌块排列图
   B. 需弹墙身线和立皮数杆
   C. 先外后内砌筑
   D. 砌筑质量应砂浆饱满、上下通缝
   E. 相邻砌体不能同时砌筑时，应留阶梯形斜槎

【答案】1.√；2. C；3. A；4. ABCE

考点 22：钢结构工程施工技术要求

> 教材点睛　教材 P58～P63

1. 螺栓

(1) 普通螺栓：钢号为 Q235，一般为六角头螺栓；通用规格为 M8、M10、M12、M16、M20、M24、M30、M36、M42、M48、M56 和 M64 等。

(2) 高强度螺栓：分为摩擦型高强度螺栓、承压型高强度螺栓。承压型高强度螺栓用于承受静载的结构。常用的高强度螺栓有大六角头高强度螺栓和扭剪型高强度螺栓两种类型。

(3) 锚栓：主要用作钢柱脚与钢筋混凝土基础之间的锚拉连接件，宜采用 Q235 钢及 Q345 钢等塑性性能较好的钢制作，不宜采用高强度钢材。

(4) 圆柱头焊钉（带头栓钉）：是钢构件与混凝土构件之间的抗剪连接件。圆柱头焊钉需采用专用焊机焊接，并配置焊接瓷环，以保证圆柱头焊钉的焊接质量。

2. 钢结构的连接方法

(1) 焊接连接

1) 常用的焊接方法有：电弧焊、电阻焊、电渣焊、接触焊。

2) 焊接连接的形式通常为：平接、搭接、T 形连接和角接等。

3) 焊缝形式主要有：对接焊缝和角焊缝两种。

(2) 螺栓连接构造要求

1) 每一杆件在节点上或拼接连接的一侧，永久性的螺栓数目不宜少于 2 个。抗震结构永久性的螺栓数目不应少于 3 个。

2) 高强度螺栓孔应采用钻成孔。摩擦型高强度螺栓的孔径比螺栓公称直径大 1.5～2.0mm；承压型或受拉型高强度螺栓的孔径比螺栓公称直径大 1.0～1.5mm。

3) 普通螺栓和高强度螺栓通常采用并列和错列的布置形式。

(3) 梁和柱现场安装拼接

1) 拼接方法主要有：焊接连接、高强度螺栓连接、高强度螺栓和焊的混合连接。

2) 梁的拼接连接通常是设在距梁端 1.0m 左右位置处；柱的拼接连接通常是设在楼板面以上 1.1～1.3m 的位置处。

3) 钢管支撑架斜梁与柱的连接，通常采用端板连接。

3. 钢结构的安装方法及技术要求

(1) 柱子安装

1) 吊点选择：一般采用一点正吊，吊耳放在柱顶处。受起重机臂杆长度限制吊点也可放在柱长 1/3 处。

2) 起吊方法：可采用有旋转法和滑行法两种起吊方法。

3) 钢柱校正：柱基标高调整（柱子底板下预留的空隙，可用无收缩砂浆以捻浆法填实）；对准纵横十字线（起重机不脱钩的情况下，将三面线对准缓慢降落至标高位置）；柱身垂直度校正（地脚螺栓螺母一般可用双螺母，也可在螺母拧紧后，将螺母与螺杆焊实）。

教材点睛 教材 P58~P63(续)

(2) 钢屋架安装

1) 钢屋架加固：单机吊（加铁扁担法）常加固下弦；双机抬吊，应加固上弦。

2) 屋架的绑扎点：必须绑扎在屋架节点上。

3) 样板间安装：第一榀屋架起吊就位后用缆风绳固定，再起吊第二榀屋架，两榀屋架垂直度校正，用螺栓或焊接固定两端支座处，然后安装垂直支撑与水平支撑，检查无误成为样板间，以此类推安装。

(3) 钢梁安装

1) 钢吊车梁安装条件：吊车梁安装应在柱子第一次校正和柱间支撑安装后进行；吊车梁校正应在屋面系统构件安装并永久连接后进行。

2) 高层及超高层钢结构钢梁安装：原则上竖向构件由下向上逐件安装，由于上部和周边都处于自由状态，易于安装测量保证质量。

3) 轻型钢结构斜梁安装：钢管支撑架斜梁在地面组装好后吊起就位，并与柱连接。吊点部位，要防止构件局部变形和损坏，放置加强肋板或用木方填充好，再进行绑扎。

(4) 钢网架的安装

1) 网架的安装方法有高空散装法、整体安装法、分条分块法、高空滑移法、顶升法等。

2) 整体安装法：在设计位置的地面上错位将网架拼装成整体后，采用单（或多）根拔杆或单（多）台起重机进行吊装吊升超过设计标高，空中移位后落位固定。此法不需要搭设高的拼装架，高空作业少，易于保证接头焊接质量，但需要起重能力大的设备，吊装技术较复杂。

(5) 高强螺栓连接副拧紧：分为初（复）拧、终拧。施拧应由螺栓群节点中心位置顺序向外施工，初（复）拧、终拧应在24h内完成，拧好的螺栓要做好标志。

巩固练习

1. 【判断题】高强度螺栓按受力类型分摩擦型高强度螺栓、承压型高强度螺栓。
（ ）

2. 【单选题】钢结构焊接连接的形式通常不包括(   )。
   A. 平接   B. 搭接
   C. 角接连接   D. 螺栓链接

3. 【单选题】螺栓连接构造要求错误的是(   )。
   A. 摩擦型高强度螺栓的孔径比螺栓直径大1.5~2.0mm
   B. 抗震结构永久性的螺栓数目不应少于2个
   C. 高强度螺栓孔应采用钻成孔
   D. 普通螺栓和高强度螺栓通常采用并列和错列布置形式

4. 【单选题】梁现场安装拼接可采用的方法不包括(   )。
   A. 高强度螺栓连接

B. 焊接连接

C. 高强度螺栓和焊接的混合连接

D. 压接连接

5.【单选题】下列高强螺栓连接副拧紧的做法，错误的是(　　)。

A. 施拧应由螺栓群节点中心位置顺序向外进行

B. 分为初（复）拧、终拧

C. 初拧、终拧应在 36h 内完成

D. 拧好的螺栓要做好标志

6.【单选题】钢结构摩擦面最佳处理方法是(　　)。

A. 砂轮打磨　　　　　　　　　　B. 钢线刷消除浮锈

C. 喷砂（抛丸）　　　　　　　　D. 火焰加热清理

7.【多选题】一般钢柱吊装可采用(　　)起吊方法。

A. 顶推法　　　　　　　　　　　B. 滑行法

C. 接力法　　　　　　　　　　　D. 旋转法

E. 散拼法

8.【多选题】网架的安装方法有(　　)。

A. 高空散装法　　　　　　　　　B. 分条分块法

C. 整体安装法　　　　　　　　　D. 高空滑移法

E. 沉箱法

【答案】1.√；2.D；3.B；4.D；5.C；6.C；7.BD；8.ABCD

考点23：屋面及防水工程施工技术要求★

> **教材点睛**　教材 P63～P68
>
> **1. 卷材防水屋面**
>
> （1）卷材屋面构造：结构层、隔汽层、保温层、找平层、防水层和保护层组成。
>
> （2）卷材分类及常用品种：石油沥青卷材防水；高聚物改性沥青卷材防水（SBS改性沥青卷材、APP改性沥青卷材、PVC改性沥青卷材和再生胶改性沥青卷材等）；高分子卷材防水（三元乙丙橡胶防水卷材，氯化聚乙烯橡胶共混防水卷材、氯化聚乙烯防水卷材和聚氯乙烯防水卷材等）
>
> （3）卷材防水施工方法：石油沥青卷材防水一般采用热熔法施工；高聚物改性沥青防水、高分子卷材防水一般采用冷粘贴法施工、自粘法施工。
>
> （4）卷材防水施工要点：
>
> 1）基层要求：基层表面不得有酥松、起皮起砂、空裂缝等现象。平面与突出物连接处和阴阳角等部位的找平层应抹成圆弧。

> **教材点睛** 教材 P63~P68（续）

2）卷材的铺贴顺序与方向：卷材铺贴应采取先高后低、先远后近的施工顺序。大面积铺贴卷材前，应先做好节点和屋面排水比较集中的部位（屋面与水落口连接处、檐口、天沟、变形缝、管道根部等）的处理，采用附加卷材或防水涂料、密封材料做附加增强处理。

3）搭接要求：上下两层及相邻两卷材的搭接接缝均应错开。各层卷材搭接长边不应小于70mm，短边不应小于100mm，上下两层卷材的搭接接缝均应错开1/3或1/2幅宽，相邻两幅卷材的短边搭接缝应错开不小于300mm以上。平行于屋脊的搭接缝，应顺水流方向搭接；垂直于屋脊的搭接缝，应顺主导风向搭接。

4）卷材的铺贴：常用方法有浇油粘贴法和刷油粘贴法。卷材的搭接缝应粘结牢固，密封严密，不得有皱折、翘边和鼓泡等缺陷；防水层的收头应与基层粘结牢固，缝口封严，不得翘边。

5）保护层施工：保护层应在油毡防水层完工并经验收合格后进行，施工时应做好成品的保护。

2. 地下防水施工技术要求

(1) 变形缝处理： 变形缝的宽度宜为20~30mm，材料通常采用止水带、遇水膨胀橡胶腻子止水条等高分子防水材料和接缝密封材料。

(2) 后浇缝处理： 后浇缝两侧混凝土浇筑完成后6周，方可进行后浇缝施工；后浇缝施工应选择气温较低的季节施工；后浇缝施工前，将接缝处混凝土表面凿毛，清洗干净，且保持湿润；后浇缝混凝土应选用补偿收缩混凝土，其强度等级与原混凝土相同；后浇缝混凝土浇筑完成后应浇水养护4周以上。

(3) 穿墙管处理： 穿墙管线处应埋设防水套管，即套管上用满焊方式焊接止水环；在穿墙管线集中的部位预埋穿墙防水盒，盒的封口钢板应与墙上的预埋角钢焊严；穿墙管安装完成后，应用膨胀橡胶泥将管线与套管间缝隙填塞密实，并与外墙防水层连接。

(4) 卷材防水层施工要求： 铺贴卷材的基层表面必须牢固、平整、清洁和干燥。阴阳角处均应做成圆弧或钝角。粘贴卷材前，基层表面应用与卷材相容的基层处理剂满涂。铺贴卷材时，胶结材料应涂刷均匀。

(5) 防水混凝土结构的施工

1）防水混凝土分类：普通防水混凝土、外加剂或掺合料防水混凝土和膨胀水泥防水混凝土。

2）材料要求：水泥强度等级不应低于42.5级；碎石或卵石的粒径宜为5~40mm；砂宜用中砂；粉煤灰的级别不应低于二级；外加剂的技术性能，应符合国家或行业标准一等品及以上的质量要求。

3）防水混凝土施工要点：浇筑时必须做到分层连续施工，尽量减少施工缝留置；墙体只允许留水平施工缝，第一道水平施工缝需高出底板上表面300mm；混凝土终凝

> **教材点睛** 教材 P63~P68(续)
>
> 后(浇筑后 4~6h)即应覆盖,浇水养护时间不少于 14d;防水混凝土养护达到设计强度等级的 70% 以上,且混凝土表面温度与环境温度之差不大于 15℃时,方可拆模;拆模后应及时回填土。

巩固练习

1. 【判断题】石油沥青卷材防水一般采用热熔法施工。 ( )
2. 【单选题】卷材防水屋面构造一般不包括( )。
   A. 找平层　　　　　　　　　　　　B. 隔汽层
   C. 缓冲层　　　　　　　　　　　　D. 保护层
3. 【单选题】下列关于卷材防水屋面搭接要求,错误的是( )。
   A. 上下两层及相邻两卷材的搭接接缝均应错开
   B. 搭接长边不应小于 70mm,短边不应小于 100mm
   C. 相邻两幅卷材的短边搭接缝应错开不应小于 300mm 以上
   D. 平行于屋脊的搭接缝应顺主导风向搭接
4. 【单选题】下列关于地下外墙变形缝处理的做法,不正确的是( )。
   A. 变形缝的宽度宜为 50~80mm
   B. 通常采用止水带
   C. 适应结构的伸缩和沉降的需要
   D. 满足密封防水要求
5. 【单选题】下列关于地下卷材防水层有关施工要求,错误的是( )。
   A. 卷材的基层表面必须牢固、平整
   B. 阴阳角处均应做成圆弧或钝角
   C. 基层处理剂与卷材相容
   D. 卷材防水层粘贴在地下结构的背水面
6. 【单选题】防水混凝土分类不包括( )。
   A. 普通防水混凝土　　　　　　　　B. 外加剂或掺合料防水混凝土
   C. 自流平防水混凝土　　　　　　　D. 膨胀水泥防水混凝土
7. 【单选题】地下变形缝处理材料通常不采用( )。
   A. 遇水膨胀橡胶腻子止水条　　　　B. 止水带
   C. 高聚物改性沥青防水卷材　　　　D. 接缝密封材料
8. 【多选题】下列关于卷材防水施工方法,正确的是( )。
   A. 高聚物改性沥青防水卷材可采用自粘法施工
   B. 高聚物改性沥青防水卷材一般采用冷粘贴法施工
   C. 高分子卷材一般采用热熔法施工
   D. 高分子卷材一般采用冷粘贴法施工
   E. 石油沥青卷材防水一般采用热熔法施工

9.【多选题】下列关于地下防水混凝土结构的说法,正确的有( )。
A. 水泥强度等级不应低于42.5级
B. 浇筑时必须做到分层连续施工,尽量减少施工缝留置
C. 墙体只允许留水平施工缝
D. 浇水养护时间不少于7d
E. 外加剂应符合国家或行业标准一等品的质量要求

【答案】1.√;2.C;3.D;4.A;5.D;6.C;7.C;8.ABDE;9.ABCE

考点24:建筑节能工程施工技术要求★

> **教材点睛** 教材 P68~P70

1. EPS板薄抹灰外墙外保温技术要求

(1) **保温构造（由里到外）**：EPS板、聚合物粘结砂浆、耐碱玻璃纤维网格布、外墙装饰面层。

(2) **施工条件**：墙体的门窗洞口要经过验收，墙外的消防梯、水落管、防盗窗预埋件或其他预埋件、入口管线或其他预留洞口，提前施工完成；外墙外表面不能有空鼓和开裂，基层有良好的附着力，附着力≥0.30MPa；施工时温度应不低于5℃，5级风以上或雨天不能施工。

(3) **材料准备**：材料进场后，应按各种材料的技术要求进行验收，并分类挂牌存放。EPS板应成捆平放，注意防雨防潮；玻纤网要防潮存放，聚合物水泥砂浆应存放于阴凉干燥处，防止过期硬化。

(4) **施工要点**

1) 施工顺序：从外墙阳角及勒脚部位开始，自下往上、先大面后局部、沿水平方向横向铺贴。

2) 墙体基层处理：基层必须清洁、平整、坚固，墙面应无油渍、涂料、泥土等污物或有碍粘结的材料；基层过干时，应先喷水湿润，必须先做粘贴试验。

3) 配制聚合物粘结砂浆：专人负责，随用随配（2h内用完）；聚合物粘结砂浆应避免阳光暴晒，于阴凉处放置。

4) 粘贴EPS板：

① 专用工具切割EPS板，切割面应垂直；粘贴方式可采用条粘法或点粘法。

② 粘结点按面积均布，且板的侧边不能涂浆，涂抹面积与EPS板的面积之比不得小于40%；粘贴时，动作要轻柔，均匀挤压，随时用长度为2m的铝合金靠尺找平，贴好后应立即刮除板缝和板侧面残留的粘结砂浆。

③ 竖缝应逐行错缝1/2板长，在墙角处要交错拼接，同时应保证墙角垂直度；粘贴预留孔洞时，周围要采用满粘施工；在外墙的变形缝及不再施工的成品节点处，应进行翻包。

④ 当板缝间隙＞2mm时，用EPS板条将缝塞满，板条不用粘结；当板间高差＞1mm，粘贴完工24h后用专用工具打磨平整。

教材点睛 教材 P68～P70(续)

⑤ 当饰面层为贴面砖时,应在 EPS 板底部安装托架,用膨胀螺栓与墙体连接,每个托架不得少于两个 φ10 膨胀螺栓固定,螺栓嵌入墙壁内不少于 60mm。

5) 铺设玻纤网:铺设玻纤网应自上而下,沿外墙一圈一圈铺设。粘结砂浆分两层施工,使玻纤网置于粘结砂浆中部,抹浆总厚度不宜超过 5mm。在洞口四角处沿 45°方向补贴一块标准网,以防止开裂。

6) 保护层养护:保护层终凝后要及时喷水养护,当昼夜平均气温高于 15℃时不得少于 48h,低于 15℃时不得少于 72h。

7) 成品保护:玻纤网、保护面层施工后,及易碰撞的阳角、门窗洞口、上料口等部位均需采取防雨、防污保护措施。

2. 屋面节能工程施工技术要求

(1) 保温屋面分类:

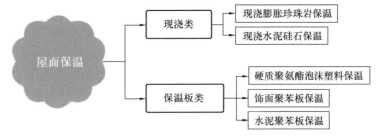

(2) 现浇膨胀珍珠岩保温屋面施工

1) 材料要求:用料体积配合比一般采用 1∶12 左右。

2) 施工工艺要求

① 水泥珍珠岩浆拌合:先干拌均匀,再加水拌合。水灰比不宜过高,灰浆稠度以外观松散、手捏成团不散、挤不出灰浆为宜。

② 水泥珍珠岩浆铺设:放线,铺设控制点保温层,拉线进行大面积保温层铺设(压缩率控制在 130% 左右),最后用木夯轻轻夯实至设计厚度。

③ 找平层施工:在保温层完成 2～3d 后施工。找平层为 1∶3 水泥砂浆,厚度为 7～10mm。

④ 屋面养护:保温层应在浇捣完毕一周以内浇水养护(夏季养护时间为 10d)。

巩固练习

1.【判断题】保温屋面的种类一般分现浇类和保温板类两种。( )

2.【单选题】EPS 板薄抹灰外墙外保温构造不包括( )。
A. 聚合物粘结砂浆 B. EPS 板
C. 耐碱玻璃纤维网格布 D. 减震层

3.【单选题】下列关于 EPS 板薄抹灰外墙外保温施工条件,说法正确的是( )。
A. 外墙外表面空鼓和开裂 B. 5 级风以上
C. 施工时环境温度不应低于 5℃ D. 与基层附着力达到 1MPa

4.【单选题】现浇膨胀珍珠岩保温屋面水泥与膨胀珍珠岩用料体积配合比一般采用( )左右。
A. 1∶1.2 B. 1∶20 C. 1∶3 D. 1∶12

5.【单选题】水泥珍珠岩浆铺设压缩率控制在( )左右。
A. 30%
B. 130%
C. 50%
D. 100%

6.【单选题】EPS板聚合物粘结砂浆随用随配,一般应在( )内用完。
A. 2h B. 3h
C. 4h D. 1h

7.【单选题】EPS板薄抹灰外墙外保温的外墙基层附着力应( )MPa。
A. ≥1.5 B. ≥1.0
C. ≥0.50 D. ≥0.30

8.【多选题】保温屋面保温板种类包括( )。
A. 发泡水泥屋面
B. 硬质聚氨酯泡沫塑料保温屋面
C. 水泥炉渣板屋面
D. 饰面聚苯板保温屋面
E. 水泥聚苯板保温屋面

9.【多选题】下列关于EPS板薄抹灰外墙外保温粘贴EPS板施工的要求,正确的是( )。
A. 竖缝应逐行错缝1/4板长
B. 板间高差>1mm,粘贴完工24h后用专用工具打磨平整
C. 预留孔洞周围要采用满粘施工
D. 涂抹面积与EPS板的面积之比不得小于40%
E. 粘贴方式可采用条粘法或点粘法

【答案】1.√;2.D;3.C;4.D;5.B;6.A;7.D;8.BDE;9.BCDE

考点25:装配式混凝土结构施工技术要求 ★●

教材点睛 教材P71~P81

1. 施工准备工作
(1)技术准备:编制《装配式结构施工专项方案》。
(2)施工人员准备:人员配备、人员安全培训、技术交底等。
(3)施工机械准备包括:施工机械、吊装设备、垂直运输设备等。
(4)现场准备包括:道路设置、主要吊场布置、堆场布置等。

2. 预制柱安装施工要点
(1)预制柱精确定位(放线):在楼板上弹出轴线、墙体边线、柱边线和柱吊装200mm控制线;预制柱上弹出500mm水平控制线,柱顶放出梁的定位线。
(2)安装基础面处理:每个构件的安装面范围内标高差为±5mm;粗糙表面人工凿毛应均匀;表面无污物、砂石或混凝土碎块;构件吊装前宜用干净的水冲洗表面,高温季节尤其要保持润湿。

教材点睛 教材 P71～P81(续)

(3) 预制柱吊装：预制柱起吊至距地 500mm 时，检查构件外观质量及吊环连接无误后，方可继续起吊；起吊要求缓慢匀速；吊至作业层上方 500mm 左右时，施工人员辅助定位至连接位置，并缓缓下降柱子。

(4) 预制柱斜支撑安装：用螺栓将预制柱的斜支撑杆与现浇板上的预埋螺栓连接固定；斜支撑的作用是临时固定预制柱及调节预制柱垂直度；斜支撑在灌浆料抗压强度达到设计值后方可拆除。

(5) 柱调节：

1) 初调：利用下部柱的定位螺栓（或者钢垫片）进行初步定位。

2) 定位调节：使底部位置和测量放线的位置重合。

3) 标高调节：用水准仪复核构件标高。

4) 垂直度调节：用垂准仪复核构件垂直度，利用斜支撑进行垂直度调整，每个楼层吊装完成后须统一复核，垂直度的要求小于 5mm。

(6) 消除累计误差：累计标高误差主要通过柱垫片进行调节消除，每三层进行一次复核；累计水平误差每层进行一次整体轴线偏位的复核，并对上层轴线进行偏差消除。

(7) 柱底灌浆施工

1) 连接钢筋检查与调整：确保连接钢筋长度符合设计要求；用模板检测钢筋位置偏差并调整；清除钢筋表面锈蚀和黏附物。

2) 构件支撑垫片码放：垫片不宜靠近钢筋，距离构件边缘不小于 15mm；对接密封条接缝应粘接牢固。

4) 缝隙封堵：采取专用封堵砂浆进行封堵，封堵砂浆需单独配置，保证砂浆强度；同时在封堵缝隙时保证砂浆进入结构内小于或等于 20mm。

5) 灌浆施工：砂浆封堵 24h 后方可采用机械灌浆；每个套筒应逐个灌浆，不得从四侧同时灌浆，灌浆需连续进行，每次拌制的浆料需在 30min 内用完；灌浆完成后 24h 之内，预制柱不得受到振动；灌浆料凝固后，需检查接头充盈度。

3. 叠合梁安装施工要点

1) 放线：水平控制线——在板面上弹出梁的投影线；垂直控制线——柱上弹出梁边控制线（梁搁柱头 2cm 线）；叠合框架梁的定位以牛担板的中心线为准。

2) 支撑架搭设：在预制梁吊装前完成梁底支撑及主龙骨搭设。

3) 叠合梁的吊装：吊装至作业层上空 500mm 处略作停顿，调整叠合梁方向；叠合梁就位时要停稳慢放，以免冲击力过大导致相邻构件损坏；使用扣件对梁两端进行固定，梁长度大于 4m 时底部支撑应不少于 3 个；次梁采用搁置式时直接搁置在牛担板上，保证两端部的满堂架支撑不受力。

4) 叠合梁调节：标高、水平度复测，调节叠合梁和独立固定支撑消除误差。

4. 叠合板安装施工要点

(1) 支撑架搭设：根据预制叠合板板宽放出支撑定位线，搭设满堂架支撑架。

(2) 放线：利用经纬仪在预制梁上放出板缝位置定位线及标高控制线，板缝定位线允许误差±10mm。

> 教材点睛　教材 P71~P81（续）

（3）预制叠合板吊装：距作业层上空 500mm 处减缓降落，根据板缝定位线引导楼板降落至支撑架上；叠合板短边深入梁上 15mm，与墙体搭接 10mm，并确认叠合板的安装方向。

（4）调整：

1）标高调整：调节竖向独立支撑满足设计标高要求，标高允许误差为±5mm。

2）水平度调整：通过撬棍（撬棍配合垫木使用，避免损坏板边角）调节叠合板水平位移，水平度允许误差为 5mm，平整度误差为 5mm，相邻叠合板平整度误差为±5mm。

（5）取钩：检查支撑及板的拼缝，使所有支撑杆件受力基本一致，板底拼缝高低差小于 3mm，确认后取钩。

5. 预制楼梯安装施工要点

（1）放线：弹出楼梯安装控制线、标高控制线。楼梯侧面距结构墙体预留 30mm 空隙，梯井之间根据楼梯栏杆安装要求预留 40mm 空隙。

（2）在楼梯段上下口梯梁处铺 20mm 厚 M15 砂浆找平。

（3）吊具要求：吊装时用 2 根同长钢丝绳 4 点起吊，楼梯上部及下部分别设置两个吊点，下部钢丝绳加吊具长度应是上部的两倍。

（4）吊装：当预制楼梯吊装至作业面上空 500mm 时停止降落，由专业操作工人稳住预制楼梯，按控制线缓慢就位。

（5）调整：通过撬棍调整预制楼梯水平位置，通过支撑或垫块调整预制楼梯标高，允许偏差不大于 5mm。

（6）灌浆：灌浆要求从楼梯板的一侧向另外一侧灌注，待灌浆料从另一侧溢出后表示灌满。

6. 预制外挂板安装施工要点

（1）放线：在梁柱上弹出外挂板的水平位置线及标高控制线。

（2）吊装：在距离安装位置 500mm 高时缓慢降落，由专业操作人员辅助牵引就位，并利用上部墙板的固定螺栓和下部的定位螺栓进行初步定位；安装外挂板斜拉杆，每一块预制构件设置 4 道可调节斜拉杆，拉杆后端与结构楼板连接；加固上部固定螺栓后松钩。

（3）调节：

1）定位调节：根据控制线精确调整外墙板底部，使底部位置和测量放线的位置重合。

2）标高调节：通过水准仪来进行标高复核。

3）垂直度调节：利用斜拉杆调节垂直度，允许误差为 5mm。

（4）固定：外挂板就位后，采用单面焊焊接固定，拆除斜支撑。

> 巩固练习

1. 【判断题】装配式混凝土结构施工现场准备包括道路设置、主要吊场布置、堆场布置。（　　）
2. 【判断题】装配式混凝土柱安装完根部砂浆封堵12h后，方可采用机械灌浆。（　　）
3. 【单选题】预制柱起吊至距地(　　)mm时，检查构件外观质量及吊环连接无误后，方可继续起吊。
   A. 1500 B. 1000 C. 500 D. 2000
4. 【单选题】预制柱吊装累计标高误差主要通过柱垫片进行调节消除，每(　　)层进行一次复核。
   A. 1 B. 2 C. 5 D. 3
5. 【单选题】预制楼梯安装工序不包括(　　)。
   A. 放线 B. 吊装 C. 调节 D. 固定
6. 【单选题】预制柱吊装调节的做法不正确的是(　　)。
   A. 利用下部柱的定位螺栓进行初步定位
   B. 使底部位置和测量放线的位置重合
   C. 用经纬仪复核构件标高
   D. 用垂准仪复核构件垂直度
7. 【单选题】预制楼梯安装施工时通过支撑或垫块调整预制楼梯标高，允许偏差为不大于(　　)mm。
   A. 20 B. 10 C. 15 D. 5
8. 【多选题】叠合梁安装施工做法正确的有(　　)。
   A. 柱上弹出梁边控制线
   B. 叠合框架梁的定位以牛担板的中心线为准
   C. 梁长度大于4m时底部支撑应不少于2个
   D. 在预制梁吊装前完成梁底支撑及主龙骨搭设
   E. 在板面上弹出梁的投影线作为水平位置控制线
9. 【多选题】预制柱灌浆施工做法正确的是(　　)。
   A. 每个套筒应逐个灌浆，不得从四侧同时灌浆
   B. 每次拌制的浆料需在30min内用完
   C. 灌浆料凝固后，需检查接头充盈度
   D. 灌浆需间断进行
   E. 灌浆完成后24h之内预制柱不得受到振动

【答案】1.√；2.×；3.C；4.D；5.D；6.C；7.D；8.ABDE；9.ABCE

第三章 施工进度计划的编制

第一节 施工进度计划的类型及其作用

考点 26：施工进度计划类型及作用

教材点睛 教材 P82~P84

1. 施工进度计划的类型

（1）与施工进度有关的计划包括：施工企业的施工生产计划、工程项目进度计划等。

（2）工程项目施工进度计划的分类

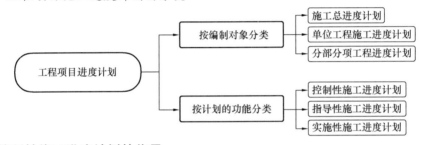

2. 控制性施工进度计划的作用

控制性施工进度计划＝工程项目施工总进度规划或施工总进度计划

主要作用包括：论证施工总进度目标；分解施工总进度目标；是编制实施性进度计划的依据；是编制与该项目相关的其他各种进度计划的依据或参考；是施工进度动态控制的依据。

3. 实施性施工进度计划的作用

实施性施工进度计划＝项目施工的月度施工计划或旬施工作业计划

主要作用包括：确定各分部分项工程的施工时间及其相互之间的衔接、穿插、平行搭接、协作配合等关系；确定计划阶段内的人工、施工机械、建筑材料、资金等需求；指导现场的施工安排，确保施工任务的如期完成。

巩固练习

1.【单选题】实施性施工进度计划的作用不包括（　　）。
A. 确定各工序施工时间及其相互之间的衔接
B. 确定人工、机械、材料、资金等需求
C. 指导现场的施工安排

D. 论证施工总进度目标

2.【单选题】工程项目施工进度计划按编制对象分,不包括( )。
A. 单位工程施工进度计划　　　　　B. 分部分项(专项)工程施工进度计划
C. 指导性施工进度计划　　　　　　D. 施工总进度计划

【答案】1. D；2. C

第二节　施工进度计划的表达方法

考点 27：施工进度计划的编制依据与编制工具 ★●

> **教材点睛** 教材 P84～P86
>
> **1. 施工进度计划的编制依据**：设计图纸、合同工期、工序及相互间的逻辑关系、企业劳动定额、资源配置等。
>
> **2. 编制施工进度计划的工具**：里程碑计划、横道计划、网络计划。

考点 28：横道图进度计划的编制方法 ★●

> **教材点睛** 教材 P86～P90
>
> **1. 横道计划组成**分为三个部分(从左到右)：施工过程,即工序名称；班组人数,即劳动力配置数量；施工进度,需注意计数单位。
>
> **2. 横道计划的优点**：简单、明了、直观、易懂,且较易编制。**缺点**：主要是不能全面地反映出各项工作相互之间的逻辑关系和影响。
>
> **3. 编制步骤**：划分施工过程、计算工程量、套用施工定额、计算劳动量及机械台班量、确定施工过程的延续时间、初排施工进度、检查与调整施工进度计划。

巩固练习

1.【判断题】节点计划不属于施工进度计划工具。　　　　　　　　　　　　( )
2.【判断题】横道计划可以在进度计划的下方绘制资源动态线来表达资源情况。
　　　　　　　　　　　　　　　　　　　　　　　　　　　　　　　　　( )
3.【单选题】施工进度计划的编制依据不包括( )。
A. 合同工期　　　　　　　　　　　B. 设计图纸
C. 资源配置　　　　　　　　　　　D. 资质预审文件
4.【单选题】横道计划编制步骤不包括( )。
A. 套用设计概算定额　　　　　　　B. 确定施工过程的延续时间
C. 计算工程量　　　　　　　　　　D. 划分施工过程
5.【多选题】下列关于编制施工进度计划工具的说法,正确的是( )。

A. 里程碑计划主要用于编制控制性进度计划
B. 横道计划可以用于各类施工进度计划的编制
C. 大中型项目施工进度计划必须采用网络计划
D. 网络计划组成有箭线和节点
E. 横道计划组成中有时间坐标、工作流向

【答案】1. √；2. √；3. D；4. A；5. ABCD

考点 29：网络计划的基本概念与识读★

> **教材点睛** 教材 P90～P98
>
> **1. 网络计划的表达方法**：双代号网络图和单代号网络图
> **2. 网络计划的分类：**
>
>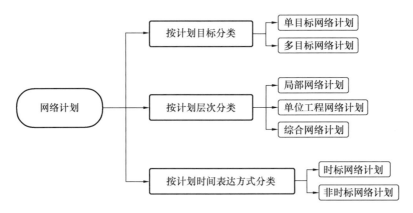
>
> **3. 双代号网络计划**
> （1）主要组成：箭线、两端的节点；关键线路宜用粗箭线、双箭线或彩色箭线标注。
> （2）主要术语：紧前工作、紧后工作、平行工作、虚工作、线路、关键线路、关键工作、时差。
> （3）时间参数：各项工作的最早开始时间（ES_{i-j}）、最早完成时间（EF_{i-j}）、最迟开始时间（LS_{i-j}）、最迟完成时间（LF_{i-j}）及工作总时差（TF_{i-j}）和自由时差（FF_{i-j}）。（六个时间参数计算需掌握）
> （4）关键工作和关键线路的确定：总时差为最小的工作应为关键工作；自始至终全部由关键工作组成的线路或线路上总的工作持续时间最长的线路应为关键线路；一个网络图中至少有一条关键线路，关键线路也不是一成不变的，在一定的条件下，关键线路和非关键线路会相互转化。
> **4. 双代号时标网络计划**：时标网络计划是以时间坐标为尺度编制的网络计划。时标网络计划的工作，以实箭线表示，自由时差以波形线表示，虚工作以虚箭线表示。
> **5. 单代号网络图绘制的独特性**：在开始和结束处可增加虚拟的起点和终点。

考点 30：流水施工进度计划的编制方法★

> **教材点睛** 教材 P98～P105

1. 流水施工技术的优点：施工的连续性、均衡性，使劳动消耗、物资供应、机械设备利用等处于相对平稳状态，充分发挥管理水平，降低工程成本，有效地缩短了施工工期。

2. 组织流水施工的要点：合理划分分部分项工程及施工段；每个施工过程配备独立的施工队组；主要施工过程必须连续、均衡地施工；不同的施工过程尽可能组织平行搭接施工。

3. 流水施工的三个参数：工艺参数、空间参数和时间参数。

（1）工艺参数包括：施工过程数、流水强度。

（2）空间参数包括：工作面、施工段数和施工层数。

（3）时间参数包括：流水节拍、流水步距、平行搭接时间、技术与组织间歇时间、工期等。

（4）流水施工的基本方式分为：有节奏流水（等节奏流水、异节奏流水）和无节奏流水。

1）等节奏流水施工特征：各施工过程在各施工段上的流水节拍彼此相等；流水步距彼此相等，而且等于流水节拍值；各专业工作队在各施工段上能够连续作业，施工段之间没有空闲时间；施工班组数等于施工过程数。

2）异节奏流水施工特征：同一施工过程流水节拍相等，不同施工过程之间的流水节拍不一定相等；各个施工过程之间的流水步距不一定相等；施工班组数等于施工过程数。

3）等步距异节拍流水施工特征：同一施工过程流水节拍相等，不同施工过程流水节拍等于其中最小流水节拍的整数倍；流水步距彼此相等，且等于最小流水节拍值；施工队组数大于施工过程数。

4）无节奏流水施工特点：每个施工过程在各个施工段上的流水节拍不尽相等；各个施工过程之间的流水步距不完全相等且差异较大；各施工作业队能够在施工段上连续作业，但有的施工段之间可能有空闲时间；施工队组数等于施工过程数。

> **巩固练习**

1.【判断题】关键线路宜用粗箭线、双箭线或彩色箭线标注。（　　）
2.【判断题】流水施工的基本方式分为有节奏流水施工和无节奏流水施工。（　　）
3.【单选题】下列关于双代号时标网络计划的说法，错误的是（　　）。
A. 虚工作以虚箭线表示　　　　　　B. 工作以实箭线表示
C. 以时间坐标为尺度　　　　　　　D. 自由时差以点划线表示
4.【单选题】流水施工的三个参数不包括（　　）。

A. 空间参数 B. 工艺参数
C. 节奏参数 D. 时间参数

5.【单选题】流水施工空间参数不包括(　　)。
A. 工作面 B. 施工段数
C. 搭接时间 D. 施工层数

6.【单选题】流水施工时间参数不包括(　　)。
A. 流水节拍 B. 流水步距
C. 技术与组织间歇时间 D. 运输材料时间

7.【单选题】流水施工的基本方式不包括(　　)。
A. 等节奏流水 B. 异节奏流水
C. 倍节奏流水 D. 无节奏流水

8.【多选题】双代号网络计划时间参数包括(　　)。
A. 最早开始时间 B. 最早完成时间
C. 自由时差 D. 工作总时差
E. 最终完时间

9.【多选题】各流水施工方式的特征正确的是(　　)。
A. 等节奏流水各施工过程在各施工段上的流水节拍相等
B. 异节奏流水施工班组数等于施工过程数
C. 等步距异节拍流水同一施工过程流水节拍相等
D. 无节奏流水施工施工队组数等于施工过程数
E. 无节奏流水施工各施工作业队不能够在施工段上连续作业

【答案】1.√；2.√；3.D；4.C；5.C；6.D；7.C；8. ABCD；9. ABCD

第三节　施工进度计划的检查与调整

考点 31：施工进度计划的检查与调整

> **教材点睛**　教材 P105～P109
>
> **1. 施工进度计划检查方法包括**：跟踪检查工程实际进度、整理统计跟踪检查数据、对比实际进度与计划进度、工程项目进度检查结果的处理。
>
> **2. 施工进度计划偏差的纠正办法**
>
> （1）施工进度计划偏差的主要影响因素：工期及相关计划的失误，工程条件的变化，管理过程中的失误，其他原因（如设计的变更、质量问题的返工、实施方案的修改等）。
>
> （2）分析进度计划偏差的影响：
>
> 1）分析进度偏差出现的工作特点：若出现偏差的工作为关键工作，则无论偏差大小，必须采取相应的调整措施；若出现偏差的工作不为关键工作，需要根据偏差值与总时差和自由时差的大小关系，确定对后续工作和总工期的影响程度，再采取调整措施。

> **教材点睛** 教材 P105~P109(续)
>
> 2) 分析进度偏差是否大于总时差。若工作的进度偏差大于该工作的总时差，必须采取相应的调整措施；若工作的进度偏差小于或等于该工作的总时差，需要根据比较偏差与自由时差的情况来确定。
>
> 3) 分析进度偏差是否大于自由时差。若工作的进度偏差大于该工作的自由时差，必须采取相应的调整措施；若工作的进度偏差小于或等于该工作的自由时差，原进度计划可以不作调整。
>
> **3. 施工进度计划的调整方法**：增加资源投入、改变某些工作间的逻辑关系、资源供应的调整、增减工作范围、提高劳动生产率、将部分任务转移、将一些工作包合并。

巩固练习

1. 【判断题】工程条件的变化是施工进度计划偏差的主要影响因素之一。　　（　）
2. 【判断题】施工进度计划检查方法有跟踪检查工程实际进度、整理统计跟踪检查数据、对比实际进度与计划进度等。　　（　）
3. 【单选题】施工进度计划的调整方法不包括（　　）。
   A. 增减工作范围　　　　　　　　　　B. 提高质量标准
   C. 改变某些工作间的逻辑关系　　　　D. 资源供应调整

【答案】1.√；2.√；3.B

第四章　环境与职业健康安全管理的基本知识

第一节　文明施工与现场环境保护的要求

考点 32：文明施工与现场环境保护要求

> **教材点睛**　教材 P110~P113
>
> **法规依据**：《中华人民共和国消防法》《生产安全事故报告和调查处理条例》《建筑施工现场环境及卫生标准》。
>
> **1. 文明施工的主要内容包括**：规范施工现场的场容，保持作业环境的整洁卫生；科学组织施工，使生产有序进行；减少施工对周围居民和环境的影响；遵守施工现场文明施工的规定和要求，保证职工的安全和身体健康。
>
> **2. 文明施工的管理组织**：项目经理是施工现场文明施工第一责任人，分包单位应服从总包单位的文明施工管理组织的统一管理，并接受监督检查。
>
> **3. 文明施工的管理制度包括**：个人岗位责任制、经济责任制、安全检查制度、持证上岗制度、奖惩制度、竞赛制度和各项专业管理制度等。
>
> **4. 文明施工的文件和资料**：与文明施工相关的标准、规定、法律法规等；施工组织设计（方案）中对文明施工的管理规定及措施；文明施工自检资料；文明施工教育、培训、考核计划的资料；文明施工活动各项记录资料。
>
> **5. 文明施工的基本要求**
>
> （1）现场临时设施按施工总平面图设置；施工现场必须设置明显的标牌；施工现场人员佩戴工作卡。
>
> （2）用电设施：用电设施的安装和使用必须符合安装规范和安全操作规程，电缆电线按照施工组织设计进行架设或敷设，照明设备必须采用安全电压。
>
> （3）施工机械：按施工总平面布置图进行设置，安全检查后方可使用；操作人员必须持证上岗。
>
> （4）场容场貌：整洁、施工道路畅通，排水系统良好，沟井坎穴覆盖严密，随时清理建筑垃圾，并采取降尘措施，现场指示标志清晰有效。
>
> （5）安全设施和劳动保护器具：定期检查和维护，消除隐患，保证其安全有效。
>
> （6）职工生活设施：卫生、通风、照明等设施齐备；膳食、饮水供应等符合卫生要求。
>
> （7）现场安全保卫：现场周边设立围护设施，并采取必要的防盗措施。
>
> （8）现场消防：建立和执行防火管理制度，配备完备消防器材，加强消防重点区域管理。

> **教材点睛** 教材 P110~P113(续)
>
> (9) 建立工程建设重大事故的处理应急机制。
>
> **6. 施工现场环境保护要求**
>
> (1) 污水排放：未经处理不得直接排入城市排水设施和河流。
>
> (2) 有毒气体排放：不得在施工现场熔融、焚烧会产生有毒有害烟尘和恶臭气体的物质。
>
> (3) 高空废弃物清运：使用密封式的筒体或其他可靠的安全措施清运。
>
> (4) 施工防尘：对有扬尘的施工过程采取必要的有效的扬尘措施。
>
> (5) 禁止将有毒有害废弃物用作土方回填。
>
> (6) 施工噪声：对产生噪声、振动的施工机械采取降噪处理措施，避免夜间施工，减轻噪声扰民。
>
> **7. 施工现场环境保护措施**
>
> (1) 施工现场空气污染物的处理：对产生扬尘的施工过程采取降尘措施；禁止焚烧会产生有毒气体的废弃物；机动车尾气严格执行国家排放标准。
>
> (2) 施工现场水污染的处理：减少污水产生；污水处理后排放；综合利用废水。
>
> (3) 施工现场噪声污染的处理：控制噪声源，采取必要的降噪措施；隔断噪声传播途径，采取必要的隔声措施；保护噪声危害人群，提供必要的噪声防护用品。
>
> (4) 施工现场固体废物的处理：减少固体废物产生；分类处理；综合利用。

巩固练习

1. 【判断题】施工现场的噪声按来源可分为交通噪声、工业噪声、机械噪声、社会生活噪声等。（　　）

2. 【判断题】建设工程项目的职业健康安全管理的目的是保护产品生产者和使用者的健康与安全。（　　）

3. 【单选题】文明施工的文件和资料不包括（　　）。

A. 文明施工自检资料

B. 职业健康安全管理方案

C. 文明施工教育、培训、考核计划资料

D. 上级关于文明施工的标准、规定、法律法规等资料

4. 【单选题】施工现场水体污染的处理方法不包括（　　）。

A. 控制污水的排放　　　　　　　　B. 综合利用废水

C. 将污水排到污水池　　　　　　　D. 改革施工工艺，减少污水的产生

5. 【单选题】施工现场应成立以（　　）为第一责任人的文明施工管理组织。

A. 现场经理　　　　　　　　　　　B. 项目经理

C. 建设单位　　　　　　　　　　　D. 监理单位

6. 【单选题】下列施工单位防止环境污染的措施，错误的是（　　）。

A. 设置符合规定的装置在施工现场熔融沥青

B. 泥浆水直接排入河流
C. 使用密封式的筒体处理高空废弃物
D. 施工现场洒水降尘

7.【单选题】固体废物的主要处理和处置方法不包括（　　）。
A. 物理处理　　　　　　　　　　B. 固化处理
C. 回收利用　　　　　　　　　　D. 遗弃

8.【多选题】文明施工是保持施工现场良好的（　　）。
A. 作业环境　　　　　　　　　　B. 工作环境
C. 工作秩序　　　　　　　　　　D. 工作氛围
E. 卫生环境

9.【多选题】施工现场环境保护的相关规定有（　　）。
A. 控制污水排放
B. 对施工现场防治扬尘、噪声、水污染及环境保护管理工作进行检查
C. 定期对职工进行环保法规知识培训考核
D. 建筑施工现场应建立环境保护体系，落实责任，保证有效运行
E. 建筑工程施工组织设计中应有防治扬尘、噪声、固体废物和废水等污染环境的有效措施

【答案】1.×；2.√；3.B；4.C；5.B；6.B；7.D；8.ACE；9.BCDE

第二节　建筑工程施工安全危险源分类及防范的重点

考点33：施工安全危险源的分类及防范重点★

教材点睛　教材 P114～P116

法规依据：《企业职工伤亡事故分类》GB 6441—1986；《建设工程安全生产管理条例》；《危险化学品重大危险源辨识》GB 18218—2018。

1. 危险源：能够造成危害（如伤亡事故、人身健康受损害、物体受破坏和环境污染等）的统称，是安全管理的主要对象；危险源导致事故可归结为能量的意外释放或有害物质的泄漏。

2. 根据危险源在事故发生发展中的作用分类：
（1）第一类危险源的危险性主要表现为导致事故和造成事故后果的严重程度。
（2）第二类危险源主要体现在设备故障或缺陷（物的不安全状态）、人为失误（人的不安全行为）、环境因素和管理缺陷等几个方面。

3. 按引起的事故类型分类：在建设工程施工生产中，最主要的事故类型是**高处坠落、物体打击、触电事故、机械伤害、坍塌事故、火灾和爆炸**。

教材点睛 教材 P114~P116(续)

4. 施工现场重大危险源

(1) 脚手架（包括落地架、悬挑架、爬架等）、模板和支撑、塔式起重机、物料提升机、施工电梯安装与运行、人工挖孔桩（井）、基坑（槽）施工，局部结构工程或临时建筑失稳。

(2) 高度大于2m的作业面（包括高空、洞口、临边作业）。

(3) 焊接、金属切割、冲击钻孔等施工及各种施工电气设备的安全保护不符合要求。

(4) 工程材料、构件及设备的堆放与搬（吊）运等作业。

(5) 工程拆除、人工挖孔（井）、浅岩基等爆破作业。

(6) 人工挖孔桩、隧道、室内涂料及粘贴等空间气体危害。

(7) 施工用易燃易爆化学物品临时存放及使用；工地饮食卫生。

(8) 施工场所周围地段重大危险源。

5. 施工安全危险源防范措施

(1) 对施工现场总体布局进行优化。

(2) 对深基坑、基槽的土方开挖，合理选择土方开挖方法、放坡坡度或固壁支撑的具体做法。

(3) 30m以上脚手架或设置的挑架，大型混凝土模板工程，应进行架体和模板承重强度、荷载计算。

(4) 施工过程中的"四口"（即楼梯口、电梯口、通道口、预留洞口）应有防护措施。

(5) "临边"应采取防止人员和物料下落的防护措施。

(6) 外电线路防护：大于最小安全操作距离时，采取屏障、保护网等措施。小于最小安全距离时，应设置绝缘屏障，并悬挂醒目的警示标志。

(7) 凡高于周围原有避雷设备施工机械，均应有防雷设施；易燃易爆作业场所必须采取防火防爆措施。

(8) 季节性施工的安全措施。

巩固练习

1. 【判断题】造成约束、限制能量和危险物质措施失控的各种不安全因素称作第二类危险源。　　　　　　　　　　　　　　　　　　　　　　　　　　　　　　（　　）

2. 【单选题】影响工作场所内员工、临时工作人员、合同方人员、访问者和其他人员健康安全的条件和因素被称为(　　)。

　　A. 职业健康安全　　　　　　　　　　B. 劳动安全
　　C. 环境保护　　　　　　　　　　　　D. 环境健康安全

3. 【单选题】一般工程施工安全危险源的防范重点主要考虑的内容不包括(　　)。

　　A. 季节性施工的安全措施

B. 施工过程中的"四口"的防护措施

C. "临边"防护措施

D. 夜间施工的安全措施

4.【单选题】在( )m以上脚手架或设置的挑架和大型混凝土模板工程过程中,应进行架体和模板承重强度、荷载计算,以保证施工过程中的安全。

A. 20　　　　　　B. 25　　　　　　C. 30　　　　　　D. 40

5.【单选题】楼梯、通道口应设置( )m高的防护栏杆并加装安全立网,预留孔洞应加盖等。

A. 0.9　　　　　　B. 1.2　　　　　　C. 1.0　　　　　　D. 1.5

6.【多选题】第二类危险源是指造成约束、限制能量和危险物质措施失控的各种不安全因素,其主要体现在( )。

A. 设备故障或缺陷　　　　　　B. 造成事故后果的严重程度

C. 人为失误　　　　　　　　　D. 管理缺陷

E. 环境因素

【答案】1. √;2. A;3. D;4. C;5. B;6. ACDE

第三节　建筑工程施工安全事故的分类与处理

考点34：建筑工程施工安全事故★

> **教材点睛**　教材 P116～P119
>
> **法规依据:**《生产安全事故报告和调查处理条例》(国务院令第493号),《关于进一步规范房屋建筑和市政工程生产安全事故报告和调查处理工作的若干意见》。
>
> **1. 建筑工程施工安全事故按生产安全事故造成的人员伤亡或直接经济损失分类**
>
> 结合上篇考点10学习。
>
> **2. 建筑工程施工安全事故报告和调查处理**
>
> (1) 生产安全事故报告和调查处理原则:"四不放过"。
>
> (2) 事故报告
>
> 1) 施工单位事故报告:施工单位负责人接到报告后,应当在1小时内向事故发生地县级以上人民政府建设主管部门和有关部门报告。情况紧急时,可以直接向事故发生地县级以上人民政府建设主管部门和有关部门报告。实行施工总承包的建设工程,由总承包单位负责上报事故。
>
> 2) 事故报告的内容:事故发生的时间、地点和工程项目、有关单位名称;事故的简要经过;事故已经造成或者可能造成的伤亡人数(包括下落不明的人数)和初步估计的直接经济损失;事故的初步原因;事故发生后采取的措施及事故控制情况;事故报告单位或报告人员;其他应当报告的情况。

> **教材点睛** 教材 P116~P119(续)
>
> **(3) 事故的调查与处理**
>
> 1) 组织调查组：施工单位项目经理组织项目相关人员，会同企业相关部门组成调查组，开展调查。建设主管部门按照有关人民政府的授权或委托组织事故调查组，对事故进行调查。
>
> 2) 现场勘查的主要内容：现场笔录、现场拍照、现场绘图。
>
> 3) 分析事故原因：根据调查所确认事实，通过对直接原因和间接原因的分析确定事故中的直接责任者和领导责任者，确定主要责任者。
>
> 4) 制定预防措施：根据事故原因分析，制定防止类似事故再次发生的预防措施；根据事故后果和事故责任者应负的责任提出处理意见；对于重大未遂事故认真地按上述要求查找原因，分清责任严肃处理。
>
> 5) 事故调查报告的内容包括：事故发生单位概况、事故发生经过和事故救援情况、事故造成的人员伤亡和直接经济损失、事故发生的原因和事故性质、事故责任的认定和对事故责任者的处理建议、事故防范和整改措施。
>
> 6) 建设主管部门的事故处理：对因降低安全生产条件导致事故发生的施工单位给予暂扣或吊销安全生产许可证的处罚；对事故负有责任的相关单位给予罚款、停业整顿、降低资质等级或吊销资质证书的处罚；对事故发生负有责任的注册执业资格人员给予罚款、停止执业或吊销其注册执业资格证书的处罚。

巩固练习

1.【判断题】一次事故中死亡职工 1~2 人的事故称为重大伤亡事故。 （　　）

2.【单选题】某建筑工地，由于施工方法不当，造成安全事故，在此次事故中死亡 5 人，则该事故属于(　　)。

　　A. 重伤事故　　　　　　　　　　B. 重大伤亡事故
　　C. 重大事故　　　　　　　　　　D. 死亡事故

3.【单选题】事故性质类别可分为三类，其中不包括(　　)。

　　A. 责任事故　　　　　　　　　　B. 非责任事故
　　C. 破坏性事故　　　　　　　　　D. 死亡事故

4.【多选题】建筑工程施工安全事故按事故后果严重程度可分为(　　)。

　　A. 轻伤事故　　　　　　　　　　B. 死亡事故
　　C. 重大事故　　　　　　　　　　D. 一般事故
　　E. 急性中毒事故

【答案】1.×；2.B；3.D；4.ABE

第五章　工程质量管理的基本知识

第一节　建筑工程质量管理特点和原则

考点35：建筑工程质量管理特点和原则

> **教材点睛**　教材 P120～P122
>
> **法规依据**：《质量管理体系　要求》GB/T 19001
> **1. 建筑工程质量管理的特点**：影响质量的因素多、质量控制的难度大、过程控制的要求高、终结检查的局限大。
> **2. 施工质量的影响因素**：人、材料、设备、方法和环境五大因素。
> **3. 施工质量管理原则**：以顾客为关注焦点、强调领导作用、全员参与、过程控制、系统管理、持续改进、基于事实的决策方法、与供方互利的关系。

巩固练习

1. 【判断题】工程质量管理强调体系或系统的质量、人的质量。　　　　　　（　）
2. 【单选题】施工质量的影响因素不包括(　　)。
   A. 人的因素　　　　　　　　　　　B. 材料的因素
   C. 设备的因素　　　　　　　　　　D. 管理的因素
3. 【单选题】建筑工程质量管理的特点不包括(　　)。
   A. 过程控制的要求高　　　　　　　B. 影响质量的因素多
   C. 终结检查的可靠性高　　　　　　D. 质量控制的难度大
4. 【单选题】影响施工质量的方法不包括(　　)。
   A. 施工工艺　　　　　　　　　　　B. 实施方案
   C. 组织设计　　　　　　　　　　　D. 机械设备
5. 【多选题】施工质量管理原则包括(　　)。
   A. 强调员工作用　　　　　　　　　B. 全员参与
   C. 过程控制　　　　　　　　　　　D. 持续改进
   E. 以顾客为关注焦点

【答案】1.√；2.D；3.C；4.D；5.BCDE

第二节　建筑工程施工质量控制

考点 36：施工质量控制的基本内容和要求 ★●

> **教材点睛**　教材 P122～P128
>
> **1. 施工质量控制的基本环节**：事前控制（制定方案）、事中控制（过程控制）、事后控制（质量验收）。
>
> **2. 施工质量控制的基本内容**：质量文件的审核、现场质量检查（"三检"制、隐蔽检查、停工后复工检查、分项、分部工程完工后的检查、成品保护的检查）。
>
> **3. 施工质量控制的原则**：坚持质量第一、以人为核心、预防为主、质量标准的原则，以及坚持科学、公正、守法的道德规范。
>
> **4. 施工质量控制的基本要求**：以人的工作质量确保工程质量；严格控制投入品的质量；全面控制施工过程，重点控制工序质量；严把分项工程质量检验评定关；贯彻"预防为主"的方针；严防系统性因素的质量变异。
>
> **5. 施工过程质量控制的四个阶段**：计划控制；监督检查阶段；报告偏差阶段；采取纠正行动阶段。
>
> **6. 施工过程质量控制的依据**：工程合同文件、设计文件、有关质量管理方面的法律、法规性文件、专门技术法规。
>
> **7. 施工过程质量控制的方法**
> （1）施工质量控制的技术活动包括：确定控制对象；规定控制标准；制定具体的控制方法；明确所采用的检验方法；实际进行检验；说明实际与标准之间有差异的原因；为解决差异而采取的行动等。
> （2）现场质量检查方法：目测法（看、摸、敲、照）、实测法（靠、量、吊、套）和试验法等。
>
> **8. 施工过程质量控制点的确定**
> （1）建筑工程质量控制点的设置位置【详见 P127 表 5-1】
> （2）作为质量控制点重点控制的对象：人的行为、物的质量与性能、关键的操作与施工方法、施工技术参数、施工顺序、技术间歇时间、新工艺、新技术、新材料的应用、易发生质量通病的工序、特殊地基或特种结构。

巩固练习

1.【判断题】是否设置为质量控制点，主要视其对质量特性影响的大小、危害程度以及其质量保证的难度大小而定。　　　　　　　　　　　　　　　　　　　　　　（　　）

2.【单选题】在工程建设中自始至终把（　　）作为对工程质量控制的基本原则。
A. 质量第一　　　　　　　　　　　B. 以人为核心
C. 预防为主　　　　　　　　　　　D. 科学公正守法

3.【单选题】施工过程质量控制的依据不包括( )。

A. 专门技术法规

B. 设计文件

C. 工程合同文件

D. 建设单位的意图和要求

4.【单选题】现场质量检查的主要方法不包括( )。

A. 目测法　　　　　　　　　　B. 实测法

C. 经验法　　　　　　　　　　D. 试验法

5.【单选题】施工过程质量控制的基本程序划分为四个阶段,不包括( )。

A. 计划控制阶段

B. 监督检查阶段

C. 报告偏差阶段

D. 确定控制对象阶段

6.【单选题】吊装分项工程质量控制点的设置不包括( )。

A. 吊装设备的起重能力　　　　B. 吊具

C. 地锚　　　　　　　　　　　D. 被吊物的质量

7.【多选题】施工质量控制应贯彻全面全过程质量管理的思想,运用动态控制原理,进行质量的( )。

A. 事前控制　　　　　　　　　B. 事中控制

C. 事后控制　　　　　　　　　D. 全过程控制

E. 监督控制

8.【多选题】施工质量控制的原则有( )。

A. 坚持质量第一的原则

B. 坚持以人为核心的原则

C. 坚持以预防为主的原则

D. 坚持质量标准的原则

E. 坚持廉洁奉公的原则

9.【多选题】施工质量控制的基本要求有( )。

A. 以科学组织管理确保工程质量

B. 严格控制投入品的质量

C. 严防系统性因素的质量变异

D. 严把分项工程质量检验评定关

E. 贯彻"预防为主"的方针

【答案】1. √；2. A；3. D；4. C；5. D；6. D；7. ABC；8. ABCD；9. BCDE

第三节 施工质量问题的处理方法

考点 37：施工质量问题的处理方法 ★●

> **教材点睛** 教材 P129～P131
>
> **法规依据**：《质量管理体系 要求》GB/T 19001
>
> **1. 施工质量问题（缺陷）的分类**
>
>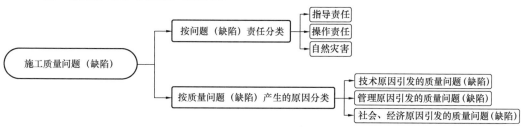
>
> **2. 施工质量问题的产生原因分为四类**：技术原因、管理原因、社会和经济原因、人为和自然灾害原因。
>
> **3. 施工质量问题（缺陷）的处理方法**
>
> （1）施工质量问题（缺陷）处理的依据：质量问题（缺陷）的实况资料；有关合同及合同文件、有关的技术文件和档案、相关的建设法规。
>
> （2）施工质量问题（缺陷）的处理程序：发生质量问题（缺陷）→问题（缺陷）调查→原因分析→处理方案→设计施工→检查验收→结论→提交处理报告。
>
> （3）施工质量问题（缺陷）处理中应注意的问题：
>
> 1）施工质量问题（缺陷）发生后，施工项目负责人应按规定的时间和程序，及时向企业报告状况，积极组织调查。调查应力求及时、客观、全面，以便为分析与处理提供正确的依据。要将调查结果整理撰写成调查报告。
>
> 2）施工质量问题（缺陷）的原因分析要建立在调查的基础上，避免情况不明就主观推断原因。
>
> 3）处理方案要建立在原因分析的基础上，并广泛听取专家及有关方面的意见，经科学论证，决定是否进行处理和怎样处理。
>
> 4）施工质量问题处理的鉴定验收。

巩固练习

1.【判断题】施工质量问题发生后，项目专业工程师应按规定的时间和程序，及时向企业报告。（　　）

2.【判断题】工程质量不合格必须进行返修、加固或报废处理，由此造成直接经济损失高于规定限额的称为质量问题。（　　）

3.【单选题】施工质量问题的产生原因分类不包括（　　）。

A. 管理原因 B. 技术原因
C. 社会和经济原因 D. 安全原因

4.【单选题】施工质量问题（缺陷）处理的依据不包括（　　）。

A. 质量问题的实况资料 B. 有关合同及合同文件
C. 技术交底 D. 有关的技术文件和档案

5.【单选题】下列关于施工质量问题（缺陷）处理做法，不正确的是（　　）。

A. 调查报告内容应有质量问题处理结论

B. 广泛听取专家及有关方面的意见，经科学论证

C. 应当通过检查鉴定和验收作出确认

D. 调查数据、资料进行分析

6.【单选题】施工质量问题（缺陷）的处理程序不包括（　　）。

A. 问题（缺陷）调查 B. 原因分析
C. 设计施工 D. 处理费用预算

7.【单选题】凡是工程质量不合格，必须进行返修、加固或报废处理，由此造成的直接经济损失（　　）规定限额的称为质量事故。

A. 高于 B. 低于
C. 等于 D. 不高于

8.【多选题】引发的质量问题属于管理原因的有（　　）。

A. 质量管理体系不完善 B. 检验制度不严密
C. 结构设计计算错误 D. 检测仪器设备管理不善而失准
E. 对水文地质情况判断错误

9.【多选题】施工质量问题按问题责任可分为（　　）。

A. 指导责任 B. 管理责任
C. 操作责任 D. 技术责任
E. 自然灾害

【答案】1.×；2.×；3.D；4.C；5.A；6.D；7.A；8.ABD；9.ACE

第六章 工程成本管理基本知识

第一节 土建工程工程量清单编制

考点 38：土建工程工程量清单编制

> **教材点睛** 教材 P132～P134
>
> **1. 工程量清单编制的一般规定**
> （1）工程量清单组价构成：工程项目实际情况＋现行国家或行业工程量计算标准。
> （2）实行工程量清单计价工程的合同形式：总价合同、单价合同、成本加酬金合同。
> （3）工程量清单计价形式：单价计价、总价计价。
>
> **2. 分部分项工程项目清单的编制要求**
> （1）分部分项工程项目清单按相关工程现行国家工程量计算标准规定的<u>项目编码、项目名称、项目特征、计量单位和工程量计算规则</u>进行编制和复核。
> （2）分部分项工程项目清单按<u>单价计价方式计算费用</u>，甲供材料应列入分部分项工程项目清单。
> （3）清单工程量按现行国家或行业计算标准<u>以设计图示尺寸计算</u>。
> （4）工程量发生偏差按发承包双方约定调整；发承包双方明确的可调价的主要材料工程量按设计图示尺寸确定，<u>施工损耗与预留用量不予考虑</u>。
>
> **3. 措施项目清单的编制**
> （1）措施项目清单依据经济合理的施工方案以单价或总价计价方式确定费用，其中<u>安全文明施工措施项目按国家或省级、行业建设主管部门的规定确定费用</u>。
> （2）措施项目清单依据施工方案及技术、生活、安全、文明施工等非实体方面的要求进行编制和复核。
> （3）措施项目发生错漏项：单价合同可以按规定调整合同价格；总价合同不可调整，但非承包人原因引起措施费用调整可以按规定执行调整。
>
> **4. 其他项目清单的编制**
> （1）其他项目清单按照工程要求以单价或总价计价方式确定费用。
> （2）其他项目清单项包括：暂列金额、专业工程暂估价、计日工、总承包服务费及发包方补充项。

巩固练习

1.【判断题】实行工程量清单计价工程的可以采用总价合同、单价合同、成本加酬金

合同。 ( )

2.【单选题】措施项目清单依据经济合理的施工方案以( )方式确定费用。
A. 承包价　　　　　　　　　　B. 单价或总价计价
C. 服务费　　　　　　　　　　D. 措施费

3.【多选题】分部分项工程项目清单中应有( )。
A. 项目编码　　　　　　　　　B. 项目名称
C. 计量单位　　　　　　　　　D. 项目特征
E. 企业管理费

【答案】1. √；2. B；3. ABCD

第二节　土建工程投标报价的编制

考点 39：土建工程投标报价的编制

教材点睛　教材 P134~P136

法规依据：《房屋建筑与装饰工程工程量计算规范》GB 50854—2013。

1. 投标报价文件的组成

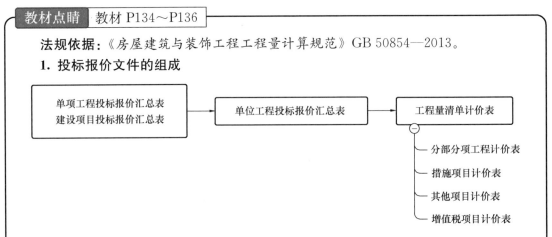

2. 分部分项工程综合单价的编制要点

(1) 综合单价：包括完成一个规定清单项目所需的<u>人工费、材料和工程设备费、施工机具使用费、企业管理费、利润</u>，并考虑<u>风险费用的分摊及价格竞争因素</u>。

(2) 确定综合单价注意事项

1）根据招标文件和招标工程量清单项目中的特征描述自主确定综合单价。

2）材料、工程设备暂估价的处理：按暂估的单价进入综合单价。

3）当工程量清单给出的分部分项工程与所用计价定额的单位不同或工程量计算规则不同，则需要按计价定额的计算规则重新计算工程量。

4）各种人工、材料、施工机具台班的单价，则应根据询价的结果和市场行情综合确定。

5）企业管理费和利润的计算取费以人工费与施工机具使用费之和为基数。

(3) 工程量清单综合单价分析表的作用：表明综合单价的合理性，投标人需对其进

> **教材点睛** 教材P134～P136（续）
>
> 行单价分析，作为评标时的判断依据。
>
> **3. 措施项目费编制原则**
>
> （1）根据招标文件和投标时拟定施工方案自主确定费用金额，并列出其计算公式。
>
> （2）安全文明施工费必须按照国家或省级、行业建设主管部门的规定计价。
>
> （3）措施项目包括除增值税外的全部费用。
>
> **4. 其他项目费编制原则**
>
> （1）暂列金额应按照招标工程量清单中列出的金额填写，不得变动。
>
> （2）暂估价不得变动和更改；甲供材料计入分部分项工程费用，并在税前扣除；材料暂估单价及调整表需单独列出。
>
> （3）计日工自主确定各项综合单价并计算费用。
>
> （4）总承包服务费根据招标工程量清单的特征描述自主逐项确定，并列出计算公式。
>
> **5. 增值税**：增值税应按政府有关主管部门的规定计算费用。
>
> **6. 投标报价汇总注意事项**
>
> （1）投标人在进行工程量清单招标的投标报价时，不能进行投标总价优惠（或降价、让利），让利基数应扣除甲供材料的分部分项工程费、措施项目费、其他项目费和增值税等，以及暂列金额。
>
> （2）招标工程量清单与计价表中列明的所有需要填写单价和合价的项目，投标人均应填写且只允许有一个报价。未填写单价和合价的项目，视为此项费用已包含在已标价工程量清单中其他项目的单价和合价之中。结算时，此项目不得重新组价或调整。

巩固练习

1.【判断题】综合单价包括完成一个规定清单项目所需的人工费、材料和工程设备费、施工机具使用费、企业管理费、利润，并考虑风险费用的分摊及价格竞争因素。

（　　）

2.【判断题】增值税的计取标准是依据有关法律、法规和政策规定制定的，具有强制性。

（　　）

3.【单选题】下列关于工程量清单报价确定综合单价的做法，不正确的是（　　）。

A. 根据招标文件和招标工程量清单项目中的特征描述自主确定综合单价

B. 材料、工程设备按暂估的单价进入综合单价

C. 人工单价根据询价的结果综合确定

D. 企业管理费计算取费以材料费与人工费之和为基数

4.【单选题】下列关于工程量清单综合单价分析表编制的说法，错误的是（　　）。

A. 表明综合单价的合理性　　　　B. 作为评标时的判断依据

C. 可按自拟的格式编制　　　　　D. 反映综合单价的编制过程

5.【单选题】下列关于投标人对措施项目中的总价项目投标报价应遵循的原则，错误

是（　　）。
A. 根据招标文件和投标时拟定的施工方案自主确定费用金额
B. 列出计算公式
C. 措施项目费中安全文明施工费由投标人自主确定
D. 投标总价不包括增值税

6.【单选题】下列关于工程量清单编制做法，错误的是（　　）。
A. 工程量清单应结合工程项目实际情况按现行国家或行业工程量计算标准确定
B. 实行工程量清单计价的工程可采用混合计价合同
C. 实行工程量清单计价的工程可采用总价合同
D. 工程量清单计价可采用单价计价和总价计价两种方式计价

7.【单选题】下列不属于工程量清单计价作用的是（　　）。
A. 提供一个平等的竞争条件　　　　B. 满足市场经济条件下竞争的需要
C. 有利于业主对投资的控制　　　　D. 有利于投标人取得合理利润

8.【多选题】分部分项工程项目清单应包括（　　）。
A. 计取利润　　　　　　　　　　　B. 项目名称
C. 计量单位　　　　　　　　　　　D. 项目特征
E. 项目编码

9.【多选题】其他项目费包括（　　）。
A. 暂列金额　　　　　　　　　　　B. 暂估价
C. 财务管理费　　　　　　　　　　D. 计日工
E. 总承包服务费

【答案】1.√；2.√；3.D；4.C；5.C；6.B；7.D；8.BCDE；9.ABDE

第三节　工程成本的构成和影响因素

考点40：工程成本的构成及影响因素★●

> **教材点睛**　教材 P136～P138
>
> **1. 建筑安装工程费用项目组成**【详见 P137 图 6-1】
> **2. 工程成本的构成**

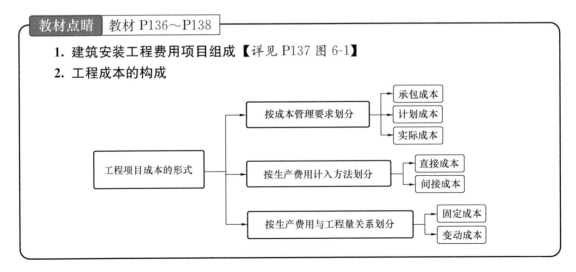

> **教材点睛** 教材 P136～P138（续）
>
> **3. 工程成本管理的特点**：全员性、全面性、目标性、战略性、系统性。
> **4. 施工成本的影响因素**：人的因素、工程材料的控制、机械费用的控制、科学合理的施工组织设计与施工技术水平、项目管理者成本控制能力、其他因素（设计变更率、气候影响、风险因素、市场竞争、市场价格波动等）。

巩固练习

1. 【判断题】建筑安装工程费中，间接费包括措施费和企业管理费。（　　）
2. 【单选题】施工成本的影响因素不包括（　　）。
   A. 人的因素　　　　　　　　　B. 机械费用的控制
   C. 工程材料的控制　　　　　　D. 施工气候环境的控制
3. 【单选题】根据成本管理要求划分工程项目成本，不包括（　　）。
   A. 预算成本　　　　　　　　　B. 计划成本
   C. 实际成本　　　　　　　　　D. 承包成本
4. 【多选题】下列属于工程成本管理的特点的是（　　）。
   A. 全员性　　　　　　　　　　B. 全面性
   C. 目标性　　　　　　　　　　D. 暂时性
   E. 系统性

【答案】1. ×；2. D；3. A；4. ABCE

第四节　施工成本控制的基本内容和要求

考点 41：施工成本控制基本内容和要求 ★●

> **教材点睛** 教材 P138～P141
>
> **1. 项目成本控制程序**：
> 项目成本预测→编制成本计划→实施成本计划→成本核算→成本分析→成本考核。
> **2. 施工成本控制的任务**
> （1）工程前期的成本控制（事先控制）：通过成本预测和决策，落实降低成本措施，编制目标成本计划而层层展开的，包括工程投标阶段、施工准备阶段。
> （2）实施期间的成本控制（事中控制）：定期检查各责任部门和责任者的成本控制情况，检查成本控制责、权、利的落实情况（一般为每月一次）。
> （3）竣工验收阶段的成本控制（事后控制）：掌握成本实际情况，将实际成本与计划成本进行比较，计算成本差异，明确是节约或浪费；分析成本节约或超支的原因和责任归属。

教材点睛 教材 P138～P141(续)

3. 施工成本控制的基本内容

(1) 材料费控制原则：量价分离（材料价格由买价、运杂费、运输的合理损耗等组成）。

(2) 人工费控制原则：量价分离（安全生产、文明施工及零星用工的人工数量一般按定额工日的为15%～25%计算）。

(3) 机械费控制措施：加强租赁计划管理，减少设备闲置；加强机械设备调度工作，提高现场设备利用率；加强现场设备维修保养，避免机械设备停滞；做好操作人员间的协调与配合，提高机械台班产量。

(4) 管理费控制措施：以收定支、编制管理费预算、落实控制责任、实施审批报销程序。

4. 施工成本控制的基本要求

1) 按照计划成本目标值控制生产要素的采购价格，做好材料设备进场检查验收与保管。

2) 控制生产要素的利用效率和消耗定额，做好不可预见成本风险的分析和预控。

3) 控制影响效率和消耗量的其他因素所引起的成本增加，如工程变更等。

4) 把施工成本管理责任制度与激励机制相结合，增强管理人员的成本意识和控制能力。

5) 按规定的权限和程序对资金使用和费用结算支付进行审核、审批。

巩固练习

1. 【判断题】工程实施期间的成本控制包括工程投标阶段和施工准备阶段。（　　）

2. 【判断题】工程项目成本预测是企业在工程项目实施以前对成本所进行的核算。
（　　）

3. 【单选题】材料费成本控制原则是（　　）。
   A. 量价分离　　　　　　　　　　B. 最低价采购
   C. 招标询价　　　　　　　　　　D. 入大于出

4. 【单选题】下列关于施工成本控制要求，错误的是（　　）。
   A. 按照竣工成本目标值控制生产要素的采购价格
   B. 对资金使用和费用结算支付进行审核、审批
   C. 做好不可预见成本风险的分析和预控
   D. 控制影响施工效率的因素所引起的成本增加

5. 【单选题】机械费控制措施不包括（　　）。
   A. 加强租赁计划管理，减少设备闲置
   B. 向业主指定分包商收取塔式起重机使用费
   C. 提高现场设备利用率
   D. 提高机械台班产量

6.【单选题】工程项目成本的形成控制不包括( )。
A. 合同控制 B. 定额或指标控制
C. 工程结算控制 D. 制度控制

7.【单选题】施工成本控制的基本内容不包括( )。
A. 设计费控制 B. 材料费控制
C. 机械费控制 D. 人工费控制

8.【单选题】下列不属于项目管理费控制措施的是( )。
A. 根据现场施工管理费占工程项目计划总成本的比重，确定管理费总额
B. 编制项目施工管理费总额预算和各管理部门的管理费预算
C. 严格执行施工管理费使用的审批、报销程序
D. 合理使用材料和节约使用材料

9.【多选题】项目成本控制程序包括( )。
A. 项目成本预测 B. 成本分析
C. 编制成本计划 D. 实施成本计划
E. 成本兑现

【答案】1.×；2.√；3.A；4.A；5.B；6.C；7.A；8.D；9.ABCD

第五节 施工过程中的成本控制的步骤和措施

考点42：施工成本控制步骤和措施 ★●

> **教材点睛** 教材P141～P142
>
> **1. 施工成本控制的依据**：工程承包合同；施工成本计划；进度报告；工程变更。
> **2. 施工成本控制方法**：确定施工成本计划之后，定期进行施工成本计划值与实际值的比较；当实际值偏离计划值时，分析产生偏差的原因，采取适当的纠偏措施，以确保施工成本控制目标的实现。
> **3. 施工成本控制步骤**：比较→分析→预测（影响）→纠偏→检查。
> **4. 施工过程成本控制的措施有**：组织措施、技术措施、经济措施、合同措施。

巩固练习

1.【判断题】施工过程成本控制的措施有组织措施、技术措施、经济措施、合同措施。 ( )

2.【单选题】施工成本控制的依据不包括( )。
A. 工程分包合同 B. 施工成本计划
C. 进度报告 D. 工程变更

3.【单选题】施工过程成本控制的措施不包括( )。

A. 技术措施 B. 经济措施
C. 法律措施 D. 组织措施

4.【单选题】施工过程中降低成本的技术措施不包括(　　)。
A. 选择最佳的施工方案 B. 使用外加剂降低材料消耗
C. 确定最合适的施工设备 D. 编制资金使用计划

5.【单选题】施工过程中降低成本的组织措施是(　　)。
A. 应用先进的施工技术 B. 成本责任分解落实
C. 优化配合比降低材料消耗 D. 降低材料的库存成本

6.【单选题】施工成本控制的步骤不包括(　　)。
A. 检查 B. 纠偏
C. 分析 D. 计算

7.【单选题】施工过程中降低成本的合同措施不包括(　　)。
A. 在合同中增加承担风险的个体数量 B. 选用合适的合同结构
C. 在合同中规避潜在的风险因素 D. 分解施工成本管理目标

【答案】1.√；2.A；3.C；4.D；5.B；6.D；7.D

第七章 常用施工机械机具的性能

第一节 土方工程施工机械的主要技术性能

考点 43：推土机械的性能★

> **教材点睛** 教材 P143
>
> **1. 优点：** 操纵灵活，运转方便，所需工作面较小、行驶速度快、易于转移，能爬 30°左右的缓坡。
> **2. 适用范围：** 多用于场地清理平整、开挖深度 1.5m 以内的基坑，填平沟坑，配合铲运挖土机工作等。
> **3. 作业特点：** 可以推挖一～三类土，运距在 100m 以内的平土或移挖作填（运距在 30～60m 之间效率最高）；能完成铲土、运土和卸土三个工作行程和空载回驶行程。
> **4. 附加功能：** 推土机后面可安装松土装置，也可拖挂羊足碾进行土方压料工作。

考点 44：铲运机械的性能★●

> **教材点睛** 教材 P143
>
> **1. 优点：** 对行驶道路要求较低；操纵灵活、运转方便，生产率高。
> **2. 适用范围：** 常应用于大面积场地平整，开挖大基坑、沟槽以及填筑路基、堤坝等工程。
> **3. 作业特点：** 能综合完成铲土、运土、平土或填土等全部土方施工工序。适宜于铲运含水量不大于 27% 的松土和普通土，不适用于在砾石层和冻土地带及沼泽区工作。
> **4. 铲运机械类型分：** 自行式、拖拉式。
> 5. 常用铲运机的斗容量为 1.57m³。自行式铲运机的经济运距以 800～1500m 为宜，拖式铲运机的运距以 600m 为宜，当运距为 200～300m 时效率最高。在选定铲运机斗容量之后，其生产率的高低主要取决于机械的开行路线和施工方法。

巩固练习

1.【判断题】推土机适用于场地平整、开挖深度 1.5m 以内的基坑，填平沟坑，配合铲运挖土机工作等。（　　）

2.【判断题】铲运机械类型有自行式、拖拉式。（　　）

3.【单选题】铲运机不适用于(　　)。
A. 开挖大基坑　　　　　　　　　　　　B. 填筑路基、堤坝

C. 土方装车 D. 大面积场地平整

4.【单选题】推土机附加功能是（ ）。
A. 开挖大基坑 B. 填筑路基、堤坝
C. 开挖沟坑 D. 后面可安装松土装置

5.【单选题】铲运机在选定铲运机斗容量之后，其生产率的高低主要取决于（ ）。
A. 司机技术 B. 开行路线和施工方法
C. 发动机功率 D. 场地环境

6.【单选题】下列属于铲运机组成的是（ ）。
A. 推铲 B. 土斗
C. 挖斗 D. 拉铲

7.【单选题】铲运机按行走方式分为（ ）两种。
A. 液压式和机械式 B. 履带式和轮胎式
C. 燃油式和电力式 D. 自行式和拖式

8.【单选题】推土机同时作业，前后距离应大于（ ）m。
A. 8 B. 12
C. 16 D. 20

9.【多选题】下列属于推土机作业特点的有（ ）。
A. 可以推挖一～三类土
B. 运距在100m以内的平土或移挖
C. 运距在30～60m之间效率最高
D. 能完成铲土、运土和卸土三个工作行程
E. 行驶速度慢

【答案】1.√；2.√；3.C；4.D；5.B；6.B；7.D；8.A；9.ABCD

考点45：挖土机械的性能★

> **教材点睛**　教材 P144～P146

1. 挖土机械分类

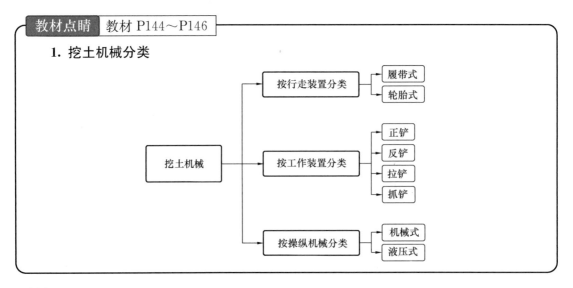

教材点睛 教材 P144～P146(续)

2. 正铲挖土机

(1) 优点：正铲挖土机装车轻便灵活，回转速度快，移位方便；能挖掘坚硬土层，易控制开挖尺寸，工作效率高。

(2) 作业特点：前进向上，强制切土；开挖停机面以上土方；工作面应在 1.5m 以上；开挖高度超过挖土机挖掘高度时，可采取分层开挖；装车外运。

(3) 适用范围：可开挖停机面以上的一～三类土，与运土汽车配合能完成整个挖运任务。适用于开挖含水量不大于 27％ 的一～四类土和经爆破后的岩石与冻土碎块；大型场地整平土方；工作面狭小且较深的大型管沟和基槽路堑；独立基坑；边坡开挖。

(4) 开挖方式

1) 正向开挖，侧向卸土。用于开挖工作面较大、深度不大的边坡、基坑（槽）、沟渠和路堑等。

2) 正向开挖，后方卸土。用于开挖工作面较小，且较深的基坑（槽）、管沟和路堑等。

3. 反铲挖土机

(1) 优点：反铲挖土机操作灵活，挖土、卸土均在地面作业，不用于运输道路。

(2) 作业特点：后退向下，强制切土；开挖地面以下深度不大的土方；最大挖土深度 4～6m，经济合理深度为 1.5～3m；可装车和两边甩土、堆放；较大较深基坑可用多层接力挖土。

(3) 适用范围：开挖含水量大的一～三类的砂土或黏土；管沟和基槽；独立基坑；边坡开挖。

(4) 开挖方式

1) 沟端开挖法：适用于一次成沟后退挖土，挖出土方随即运走；或就地取土填筑路基或修筑堤坝等。

2) 沟侧开挖法：用于横挖土体和需将土方甩到离沟边较远的距离。

3) 多层接力开挖法：适用于开挖土质较好，深 10m 以上的大型基坑、沟槽和渠道。

4. 拉铲挖土机

(1) 优点：可挖深坑，挖掘半径及卸载半径大，操纵灵活性较差。

(2) 作业特点：后退向下，自重切土，挖土时吊杆倾斜角度应在 45°；开挖停机面以下土方；可装车和甩土；开挖截面误差较大；可将土甩在基坑（槽）两边较远处堆放；距边坡的安全距离应不小于 2m。

(3) 适用范围：挖掘一～三类土，开挖较深较大的基坑（槽）、管沟；大量外借土方；填筑路基、堤坝；挖掘河床；不排水挖取水中泥土。

(4) 开挖方式（先挖两侧然后中间）

1) 沟端开挖法：适用于就地取土填筑路基及修筑堤坝。

2) 沟侧开挖法：适用于开挖土方就地堆放的基坑、基槽以及填筑路堤等工程。

> **教材点睛** 教材 P144~P146(续)
>
> **5. 抓铲挖土机**
>
> (1) 优点：因钢绳牵拉灵活性较差，工效不高，不能挖掘坚硬土；可以装在简易机械上工作。
>
> (2) 作业特点：直上直下，自重切土。开挖直井或沉井土方；可装车或甩土；排水不良也能开挖；吊杆倾斜角度应在45°以上，距边坡不应小于2m。
>
> (3) 适用范围：土质比较松软，施工面较狭窄的深基坑、基槽；水中挖取土，清理河床；桥基、桩孔挖土；装卸散装材料。

巩固练习

1. 【判断题】挖土机械按工作装置不同可分为机械式和液压式。（　）
2. 【判断题】反铲挖土机的开挖方式为前进向上，强制切土。（　）
3. 【判断题】正铲挖土机的挖土特点是直上直下，自重切土。（　）
4. 【判断题】抓铲挖土机的适用范围是，挖掘一～三类土，挖掘河床，开挖较深较大的基坑、管沟等。（　）
5. 【单选题】下列关于正铲挖土机作业特点的说法，错误的是（　）。
   A. 开挖停机面以上土方
   B. 工作面应在1.5m以上
   C. 开挖高度超过挖土机挖掘高度时，可采取分层开挖
   D. 可装车和两边甩土、堆放
6. 【单选题】下列关于挖土机的挖土特点的说法，错误的是（　）。
   A. 正铲挖土机的挖土特点是：前进向上，强制切土
   B. 反铲挖土机的挖土特点是：后退向下，强制切土
   C. 拉铲挖土机的挖土特点是：前进向上，自重切土
   D. 抓铲挖土机的挖土特点是：直上直下，自重切土
7. 【单选题】下列关于拉铲挖土机作业特点的说法，错误的是（　）。
   A. 开挖停机面以下土方
   B. 可装车和甩土
   C. 开挖截面误差较小
   D. 可将土甩在基坑（槽）两边较远处堆放
8. 【单选题】拉铲挖掘机挖土时，吊杆倾斜角度应在45°以上，先挖两侧然后中间，分层进行，保持边坡整齐；距边坡的安全距离应不小于（　）m。
   A. 1.0 B. 1.5
   C. 2.0 D. 2.5
9. 【多选题】根据挖掘机的开挖路线与运输汽车的相对位置不同，反铲挖掘机开挖方法一般有（　）。
   A. 沟端开挖法 B. 沟侧开挖法

C. 多层接力开挖法　　　　　　　　D. 多方位开挖法

E. 沟底开挖法

10.【多选题】正铲挖土机作业的适用范围包括(　　)。

A. 开挖含水量大的一～三类的砂土或黏土

B. 大型场地整平土方

C. 工作面狭小且较深的大型管沟和基槽路堑

D. 独立基坑

E. 边坡开挖

【答案】1.×；2.×；3.×；4.×；5.D；6.C；7.C；8.C；9.AB；10.BCDE

第二节　垂直运输机械的主要技术性能

考点46：塔式起重机的性能★

教材点睛　教材 P146～P147

1. 优点：具有较高的起重高度、工作幅度和起重能力，速度快、生产效率高，且机械运转安全可靠，使用和装拆方便。

2. 适用范围：广泛用于多层和高层的工业与民用建筑的结构安装。

3. 塔式起重机分类：

（1）按起重量分类

1）轻型塔式起重机：起重量为0.5～3t，一般用于六层以下的民用建筑施工。

2）中型塔式起重机：起重量为3～15t，适用于一般工业建筑与民用建筑施工。

3）重型塔式起重机，起重量为20～40t，一般用于重工业厂房的施工和高炉等设备的吊装。

（2）按固定方式分类：轨道（行走）式、爬升式、附着式、固定式。

4. 作业特点：具有提升、回转和水平运输的功能。

5. 主要工作参数：回转半径、起重量、起重力矩和起升高度（或称吊钩高度）。

6. 选择的影响因素：建筑体型和平面布置；建筑层数、层高、总高度；工程构件等搬运量；工期、施工节奏、施工流水段划分；基地及施工环境条件；塔式起重机供应条件及经济效益对比。

7. 主要安全装置：力矩限制器、起重量限制器、幅度限位器、起升高度限位器、回转限位器、电子式角度显示器、风速仪、障碍灯等。

考点 47：动臂式塔式起重机

> **教材点睛** 教材 P148
>
> **1. 优缺点**：具有大起重量、大起升高度、大起升速度、起重臂起伏角度大、占地空间小、安装幅度范围大等优点；租赁费用高、安拆难度大、爬升难度高等缺点。
>
> **2. 适用范围**：用于钢结构和钢筋混凝土结构吊装，适用于城市市区或者高层建筑工地。
>
> **3. 作业特点**：通过调整臂架的倾角来变化幅度，从而控制吊装重量，在施工作业时吊臂可以不超出建筑工地围栏，也可以避免多台塔机作业的干扰。
>
> **4. 安装形式分为**：混凝土承台式、钢结构支撑式
>
> **5. 特有的安全装置**：防臂架反弹后倾装置、机械式角度显示器等。

考点 48：建筑施工电梯的性能

> **教材点睛** 教材 P148～P149
>
> **1. 建筑施工电梯类型**
>
>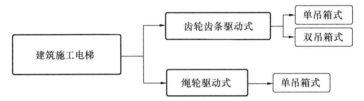
>
> **2. 齿轮齿条驱动式施工电梯**
> (1) 优点：有高性能的限速装置，具有安全可靠、能自升接高的特点。
> (2) 作业特点：载货重量 10kN，载人 12～15 人；设备高度可达 100～150m 以上。
> (3) 适用范围：适用于建造 25 层以上的高层建筑。
>
> **3. 绳轮驱动式施工电梯**
> (1) 优点：安全可靠、构造简单、结构轻巧、造价低。
> (2) 作业特点：利用卷扬机、滑轮组，通过钢丝绳悬吊吊箱升降。
> (3) 适用范围：适用于建造 20 层以下的高层建筑使用。

考点 49：常用自行式起重机的性能 ★●

> **教材点睛** 教材 P149～P151
>
> **1. 自行式起重机主要有**：履带起重机、汽车起重机与轮胎起重机等。
>
> **2. 履带起重机**
> (1) 优点是操纵灵活，本身能回转 360°，在平坦坚实的地面上能负荷行驶，亦可在崎岖不平的场地行驶；缺点是稳定性差，行驶速度慢且履带易损坏路面，在城市中和长距离转移时，需要拖车进行运输。

> **教材点睛** 教材 P149~P151(续)
>
> （2）履带起重机主要技术性能参数：起重量、起重半径、起重高度。
>
> （3）履带起重机稳定性验算：在超负荷吊装或由于施工需要接长起重臂时，需进行稳定性验算。
>
> **3. 汽车起重机**
>
> （1）优点是行驶速度快，转移迅速，对地面破坏小；缺点是不能负荷行驶，行驶时的转弯半径大。安装作业时稳定性差，为增加其稳定性，设有可伸缩的支腿，起重时支腿落地。
>
> （2）目前常用的汽车起重机多为液压伸缩臂汽车起重机。
>
> **4. 轮胎起重机**：与汽车起重机相比优点有：轮距较宽、稳定性好、车身短、转弯半径小、可在360°范围内工作。缺点是：行驶时对路面要求较高，行驶速度较汽车式慢；不适于在松软泥泞的地面上工作。

巩固练习

1. 【判断题】塔式起重机广泛地用于多层和高层的工业与民用建筑的结构安装。
   （　　）
2. 【判断题】履带式起重机的优点是操纵灵活，本身能回转180°。 （　　）
3. 【单选题】塔式起重机的优点不包括（　　）。
   A. 较高的起重高度　　　　　　　　B. 速度快
   C. 使用和装拆方便　　　　　　　　D. 起重臂起伏角度大
4. 【单选题】下列不属于塔式起重机主要安全装置的是（　　）。
   A. 起重量限制器　　　　　　　　　B. 起升高度限位器
   C. 电流限制器　　　　　　　　　　D. 回转限位器
5. 【单选题】塔式起重机选择的影响因素不包括（　　）。
   A. 建筑体型和平面布置　　　　　　B. 电费价格
   C. 施工流水段划分　　　　　　　　D. 塔式起重机供应条件
6. 【单选题】动臂式塔式起重机的适用范围是（　　）。
   A. 城市市区或者高层建筑　　　　　B. 厂房
   C. 市政桥梁　　　　　　　　　　　D. 超深基坑
7. 【单选题】下列关于绳轮驱动式施工电梯的说法，不正确的是（　　）。
   A. 安全可靠、构造简单、结构轻巧　B. 通过齿轮齿条驱动吊箱
   C. 造价低　　　　　　　　　　　　D. 适用于建造20层以下的高层建筑
8. 【单选题】下列关于动臂式塔式起重机的说法，错误的是（　　）。
   A. 臂架的倾角可变化　　　　　　　B. 作业时吊臂可以不超出建筑工地围栏
   C. 可以避免多台塔机作业的干扰　　D. 稳定性差
9. 【单选题】自行式起重机的种类不包括（　　）。
   A. 履带起重机　　　　　　　　　　B. 汽车起重机

C. 轮胎起重机 D. 支架起重机

10.【单选题】履带式起重机主要技术性能参数不包括(　　)。
A. 起重半径 B. 起重量
C. 起重高度 D. 起重力矩

11.【单选题】塔式起重机按起重量分类不包括(　　)。
A. 轻型 B. 中型
C. 超重型 D. 重型

12.【单选题】塔式起重机按固定方式分类不包括(　　)。
A. 门架式 B. 轨道（行走）式
C. 附着式 D. 爬升式

13.【单选题】汽车起重机的特点不包括(　　)。
A. 行驶速度快 B. 能负荷行驶
C. 不能负荷行驶 D. 对地面破坏小

14.【单选题】塔式起重机选择的影响因素不包括(　　)。
A. 建筑材料、设备供应商所在地 B. 建筑体型和平面布置
C. 工期 D. 工程构件等搬运量

15.【多选题】塔式起重机的工作参数有(　　)。
A. 回转半径 B. 起重半径
C. 起升高度 D. 起重力矩
E. 起重量

16.【多选题】下列关于齿轮齿条驱动式施工电梯的说法，正确的有(　　)。
A. 有高性能的限速装置
B. 安全可靠、能自升接高
C. 适用于建造 25 层以上的高层建筑
D. 设备高度可达 100～150m 以上
E. 通过钢丝绳悬吊吊箱升降

17.【多选题】轮胎起重机的特点有(　　)。
A. 轮距较宽、稳定性好
B. 适于在松软地面上工作
C. 行驶速度较汽车式慢
D. 可在 360°范围内工作
E. 转弯半径小

【答案】1.√；2.×；3.D；4.C；5.B；6.A；7.B；8.D；9.D；10.D；11.C；12.A；13.B；14.A；15.ACDE；16.ABCD；17.ACDE

第三节　混凝土工程施工机具的主要技术性能

考点 50：钢筋加工机械★

> **教材点睛**　教材 P151~P153
>
> **1. 普通钢筋调直机和数控钢筋调直切断机**
> （1）钢筋调直机的特点：采用微电脑控制，自动调直，自动切断；简便操作，简单使用；占地小，拆装方便；电脑储存记忆，高效便捷；运行平稳，故障率低，维修方便；机身全面铁壳保护，使用安全；切断无误，无噪声。
> （2）适用范围：可调直径 4~14 盘圆钢筋与直径 4~12 螺纹钢筋。
> **2. 钢筋冷拉机**
> （1）常见钢筋冷拉机有：卷扬机式冷拉机、阻力轮冷拉机和液压冷拉机等。
> （2）卷扬机式冷拉机优点：适应性强、设备简单、成本低、制造维修容易等特点。
> （3）适用范围：常用于盘圆钢筋调直。
> **3. 钢筋弯曲机**
> （1）建筑工地广泛使用的台式钢筋弯曲机按传动方式可分为机械式和液压式两类。
> （2）适用范围：用于钢筋的弯曲成型。
> **4. 钢筋焊接网生产线**
> （1）生产线的优点：钢筋网成型速度快、网片质量稳定、横纵向钢筋间距均匀、交叉点处连接牢固。
> （2）适用范围：用于建筑、公路、防护、隔离等网片生产，还可以用于预制混凝土构件厂内墙、外墙、叠合板等网片的生产。

巩固练习

1. 【判断题】钢筋冷拉机常用于带肋钢筋调直。　　　　　　　　　　　　（　　）
2. 【判断题】机械式钢筋弯曲机分为蜗轮蜗杆式、齿轮式等形式。　　　（　　）
3. 【单选题】台式钢筋弯曲机按传动方式可分为（　　）两类。
   A. 电动式和液压式　　　　　　　　B. 机械式和液压式
   C. 机械式和自动式　　　　　　　　D. 电动式和电子式
4. 【单选题】卷扬机式钢筋冷拉机组成不包括（　　）。
   A. 夹具　　　　　　　　　　　　　B. 电动卷扬机
   C. 传力皮带　　　　　　　　　　　D. 地锚
5. 【单选题】数控钢筋调直机的特点不包括（　　）。
   A. 微电脑控制，自动调直、切断　　B. 简便操作，使用简单
   C. 切断无误，噪声大　　　　　　　D. 占地小，拆装方便
6. 【多选题】钢筋焊接网生产线适用范围包括（　　）。

A. 建筑、公路的防护、隔离网片 B. 构件厂预制墙板
C. 构件厂预制叠合板 D. 桥梁箱梁预制
E. 建筑物现浇混凝土底板钢筋

【答案】1.×；2.√；3.B；4.C；5.C；6.ABC

考点51：混凝土搅拌和运输机具 ★●

> **教材点睛** 教材P153～P156
>
> **1. 混凝土搅拌机械**
> (1) 常用混凝土搅拌机类型：自落式搅拌机、强制式搅拌机。
> (2) 自落式搅拌机宜用于搅拌塑性混凝土。
> (3) 强制式搅拌机拌合强烈，多用于搅拌干硬性混凝土、低流动性混凝土和轻骨料混凝土。
>
> **2. 混凝土运输工具**
> (1) 混凝土运输工具有：双轮手推车、机动翻斗车、混凝土搅拌运输车、自卸汽车及混凝土泵。
> (2) 混凝土搅拌运输车：用于预拌混凝土的运输；运输过程中搅拌筒可进行慢速转动进行拌和，以防止混凝土离析；搅拌筒反转即可迅速卸出混凝土。搅拌筒的容量可分2～10m³不等。
> (3) 混凝土泵：可以一次完成水平及垂直运输，将混凝土直接输送到浇筑地点。一般混凝土排量为30～90m³/h，水平运距为200～900m，垂直运距为50～400m。混凝土泵宜与混凝土搅拌运输车配套使用。
>
> **3. 混凝土振动机具**
> (1) 振动机械按其工作方式分为：内部振动器、外部振动器、表面振动器和振动台。
> (2) 内部振动器：又称插入式振动器，多用于振实梁、柱、墙、厚板和大体积混凝土等厚大结构。
> (3) 表面振动器：又称平板振动器，适用于楼板、地面等薄型构件。
> (4) 外部振动器：又称附着式振动器，适用于振捣断面小且钢筋密的构件，一般布置间距1～1.5m。

巩固练习

1. 【判断题】常用混凝土搅拌机类型有自落式搅拌机、强制式搅拌机。（ ）
2. 【判断题】混凝土泵宜与混凝土搅拌机配套使用。（ ）
3. 【单选题】混凝土运输不包括(   )。
   A. 地面运输 B. 楼面运输
   C. 水平运输 D. 垂直运输

4.【单选题】强制式搅拌机多用于搅拌的混凝土类型不包括(　　)。
  A. 大坍落度混凝土　　　　　　　　B. 干硬性混凝土
  C. 轻骨料混凝土　　　　　　　　　D. 低流动性混凝土

5.【单选题】液压活塞式混凝土泵组成不包括(　　)。
  A. 液压缸　　　　　　　　　　　　B. 分配阀
  C. 搅拌筒　　　　　　　　　　　　D. 冲洗设备

6.【单选题】常用的混凝土输送管直径为(　　)mm。
  A. 150～200　　　　　　　　　　　B. 75～200
  C. 50～150　　　　　　　　　　　　D. 200～300

7.【单选题】采用插入式振动器捣实普通混凝土的移动间距不宜大于作用半径的(　　)倍。
  A. 1.5　　　　　　　　　　　　　　B. 2.0
  C. 2.5　　　　　　　　　　　　　　D. 3.0

8.【单选题】平板振动器在无筋或单层钢筋结构中，每次振实的厚度不大于(　　)mm。
  A. 150　　　　　　　　　　　　　　B. 200
  C. 250　　　　　　　　　　　　　　D. 300

9.【多选题】混凝土振动机械按其工作方式分为(　　)。
  A. 内部振动器　　　　　　　　　　B. 表面振动器
  C. 外部振动器　　　　　　　　　　D. 振动台
  E. 全方位振动器

【答案】1.√；2.×；3.C；4.A；5.C；6.B；7.A；8.C；9.ABCD

第四节　智慧工地管理系统

考点 52：智慧工地管理系统★

教材点睛　教材 P156～P158

1. 智慧工地的概念

智慧工地就是建筑行业管理结合互联网的一种新的管理系统。通过在施工作业现场安装各类传感、监控装置，结合 IOT 物联网、人工智能、云计算及大数据等技术，对施工现场的人、机、料、法、环等资源进行集中管理，构建智能监控和项目管理体系。

2. 智慧工地管理系统

智慧工地管理系统前端通过现场智能感知设备采集安全、进度、环境等相关信息，平台根据提前录入的项目管理组织架构、流程，自动派单流转，减少人工干预，提供工地数字化、可视化、远程智能化的管理工具，为管理方提供辅助决策的依据。

> **教材点睛** 教材 P156～P158（续）

3. 智慧工地子系统

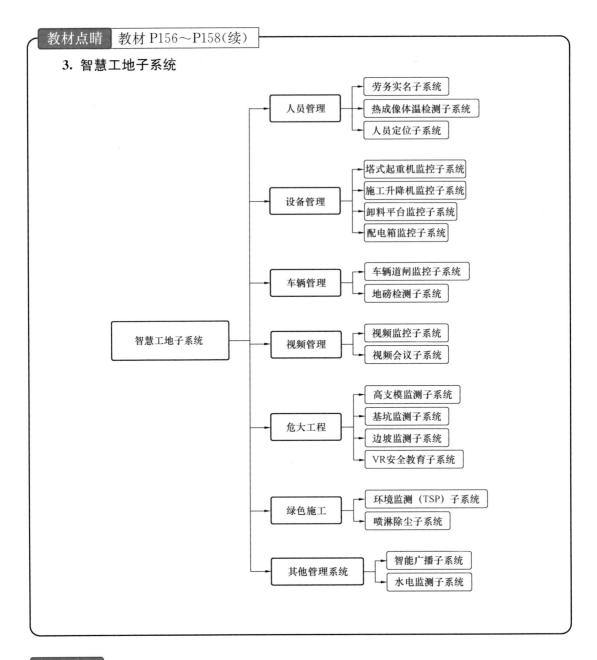

巩固练习

1.【判断题】智慧工地管理系统可实现自动派单流转。　　　　　　　　　　　　　（　　）
2.【单选题】智慧工地管理系统的施工现场前端感知设备不包括(　　)。
　　A. 体温检测设备　　　　　　　　　　B. 摄像机
　　C. 传感器　　　　　　　　　　　　　D. 系统管理平台
3.【单选题】智慧工地是建筑行业管理结合互联网的一种新管理系统，应用了(　　)技术。
　　A. CAD　　　　　　　　　　　　　　B. 物联网

C. 3DMAX   D. 广联达

4.【单选题】智慧工地人员管理不包括（　　）子系统。

A. 劳务实名   B. 热成像体温检测
C. 车辆道闸监控   D. 人员定位

5.【单选题】智慧工地危大工程高支模监测是通过安装在模板支架顶部的（　　），实时监测模板支架的钢管承受的压力、架体的竖向位移和倾斜度等数据。

A. 固定式测斜仪   B. 传感器
C. VR 和 AR 技术   D. 渗压计

6.【多选题】智慧工地管理子系统包括（　　）。

A. 人员管理   B. 设备管理
C. 车辆管理   D. 视频管理
E. 人防管理

【答案】1.√；2. D；3. B；4. C；5. B；6. ABCD

第八章 编制施工组织设计和专项施工方案

考点 53：施工组织设计方案编制要点（结合考点 14）

教材点睛 教材 P159～P161

1. 编制该工程施工组织设计的完整内容包括：封面、目录、编制依据、工程概况、施工方案、施工进度计划、施工准备工作、施工现场平面图、主要技术经济指标。

2. 主要技术经济指标：工期指标、质量和文明安全指标、实物量消耗指标、成本指标和投资额指标。

3. 施工管理目标包括：质量目标；工期目标；安全生产文明施工目标；社会行为目标（无治安案例发生；无盗窃案件发生；无火灾；火警事故发生；无扰民事件发生等）。

4. 施工现场管理总体要求

（1）文明施工、安全有序、整洁卫生、不扰民、不损害公众利益。

（2）现场入口处的醒目位置，公示"五牌""二图"。

（3）项目经理部应经常巡视检查施工现场，认真听取各方意见和反映，及时抓好整改。

5. 单位工程施工平面图设计的步骤

确定起重机的位置→确定搅拌站、仓库、材料和构件堆场、加工厂的位置→确定运输道路的布置→布置行政与生活等临时设施→布置临时水电管线

6. "五牌""二图"："五牌"是建设项目概况牌，安全纪律牌，防火须知牌，安全无重大事故牌，安全生产、文明施工牌；"二图"是施工总平面图、项目经理部组织架构及主要管理人员名单图。

7. 施工进度计划包括：施工进度总控计划、劳动力需求量计划、施工机械、机具及设备需求量计划、主要材料、构件、成品、半成品等的需求量计划及采购计划等。

8. 技术组织措施包括：保证工期、工程质量、降低工程成本、施工安全和防火、文明施工、环境保护、季节性施工等。

9. 工程施工现场临时仓库和堆场的布置要求

（1）临时仓库的布置：临时仓库的布置要在满足施工需要的前提下，使材料储备量最小、储备期最短、运距最短、装卸和转运费最省。

（2）材料堆场要考虑靠近加工地点，又要靠近施工区域和使用地点。材料等各种堆场必须平整、坚实，有良好的排水措施。

考点 54：施工方案及专项施工方案编制要点（结合考点 15）

> 巩固练习

1.【判断题】施工方案是从时间、空间、工艺、资源等方面确定施工顺序、施工方法、施工机械和技术组织措施等内容。（　　）

2.【单选题】施工组织设计和专项施工方案的内容可粗可细，下列不是其内容的是(　　)。
A. 施工进度计划　　　　　　　　B. 施工方案
C. 施工技术　　　　　　　　　　D. 目录

3.【单选题】施工组织设计和专项施工方案的主要技术经济指标不包括(　　)。
A. 施工技术指标　　　　　　　　B. 工期指标
C. 成本指标　　　　　　　　　　D. 实物量消耗指标

4.【单选题】下列选项中，属于施工组织设计和专项施工方案的编制依据的是(　　)。
A. 施工图纸　　　　　　　　　　B. 建设工程监理合同
C. 各项资源需求计划　　　　　　D. 单位工程施工组织设计

5.【单选题】施工管理目标是单位工程施工部署的重要内容，其目标不包括(　　)。
A. 质量目标　　　　　　　　　　B. 社会行为目标
C. 工期目标　　　　　　　　　　D. 成本目标

6.【单选题】施工管理目标包括质量目标、社会行为目标等，下列不是社会行为目标包括的是(　　)。
A. 无治安案例发生　　　　　　　B. 无重大伤亡事故发生
C. 无火灾、火警事故发生　　　　D. 无扰民事件发生

7.【单选题】项目施工协调是单位工程施工部署的重要内容，不包括(　　)。
A. 与建设单位的协调　　　　　　B. 与监理单位的协调
C. 与监理工程师的协调　　　　　D. 与设计单位的协调

8.【单选题】组织现场施工人员配置工程所需的计量、测量、检测试验等仪器和仪表，下列属于施工准备工作中的(　　)。
A. 材料准备　　　　　　　　　　B. 施工现场准备
C. 技术准备　　　　　　　　　　D. 机械设备准备

9.【单选题】施工现场入口处的醒目位置，应公示"五牌""二图"，其中"二图"指的是项目经理部组织架构及主要管理人员名单图和(　　)。
A. 施工总平面图　　　　　　　　B. 建筑鸟瞰图
C. 结构平面图　　　　　　　　　D. 建筑总平面图

10.【单选题】单位工程施工平面图设计的步骤不包括(　　)。
A. 确定起重机的位置　　　　　　B. 确定工地出入口位置
C. 布置水电管线　　　　　　　　D. 确定运输道路的布置

11.【单选题】根据《危险性较大的分部分项工程安全管理规定》，脚手架高度(　　)

m 及以上落地式钢管脚手架工程需编制专项方案。

A. 24	B. 20
C. 18	D. 26

12.【多选题】施工组织设计和专项施工方案的编制依据主要有(　　)。

A. 工程合同	B. 施工图纸
C. 技术图集	D. 标准、规范
E. 施工方法

13.【多选题】施工管理目标是单位工程施工部署的重要内容，其目标包括(　　)。

A. 质量目标	B. 社会行为目标
C. 工期目标	D. 成本目标
E. 安全生产文明施工目标

14.【多选题】施工现场管理的总体要求有(　　)。

A. 文明施工
B. 安全有序
C. 积极向上
D. 现场入口处的醒目位置，公示"五牌""二图"
E. 经常巡视检查施工现场，及时抓好整改

【答案】1.√；2.C；3.A；4.A；5.D；6.B；7.B；8.C；9.A；10.B；11.A；12.ABCD；13.ABCE；14.ABDE

第九章 识读施工图和其他工程设计、施工文件

考点 55：施工图和其他工程设计、施工文件概述

> **教材点睛** 教材 P182～P184
>
> **法规依据**：《房屋建筑制图统一标准》GB/T 50001—2017；《建筑制图标准》GB/T 50104—2010。
>
> **1. 建筑工程施工图分类**

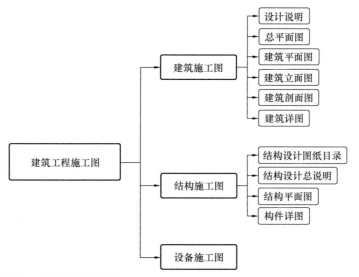

> **2. 建筑工程施工图的编排顺序**
>
> 1) 整套施工图编排顺序：首页图（包括图纸目录、施工总说明、汇总表等）、总平面图、建筑施工图、结构施工图、给水排水施工图、供暖通风施工图、电气施工图等。
>
> 2) 专业施工图编排规则：基础图在前，详图在后；总体图在前，局部图在后；主要部分在前，次要部分在后；先施工的图在前，后施工的图在后。
>
> **3. 建筑工程施工图的识图原则**：总体了解（先说明后图例再识图）、顺序识读（先平面后剖面再节点）、前后对照（关注轴线、尺寸、标高、标识等是否相同）、重点细读（对专业施工图纸仔细研读）。
>
> **4. 其他工程设计、施工文件**：主要有勘察报告、设计变更文件、图纸会审纪要等。

巩固练习

1.【判断题】建筑工程施工图按专业分工不同可分为建筑施工图、结构施工图、设备施工图。（　　）

2.【判断题】建筑工程施工图一般的编排顺序为首页图、总平面图、建筑施工图、结构施工图、给水排水施工图、电气施工图、供暖通风施工图等。（　　）

3.【单选题】结构设计总说明中不包括（　　）。
   A. 设计的主要依据　　　　　　　　B. 活荷载取值
   C. 人防工程抗力等级　　　　　　　D. 防火等级

4.【单选题】结构施工图一般不包括（　　）。
   A. 结构设计图纸目录　　　　　　　B. 结构设计总说明
   C. 结构平面图　　　　　　　　　　D. 结构剖面图

5.【单选题】下列关于各专业施工图的排列顺序的说法，错误的是（　　）。
   A. 基础图在前，详图在后　　　　　B. 总体图在前，局部图在后
   C. 次要部分在前，主要部分在后　　D. 先施工的在前，后施工的在后

6.【单选题】建筑工程施工图的识读方法中不包括（　　）。
   A. 总体了解　　　　　　　　　　　B. 前后对照
   C. 详图细读　　　　　　　　　　　D. 顺序识读

7.【单选题】在梁的平法标注中，梁的标注一般是集中标注和原位标注相结合，其中集中标注内容中有五项必注值和一项选注值，下列选注值是（　　）。
   A. 梁的编号　　　　　　　　　　　B. 梁顶面标高高差
   C. 梁上部通长筋或架立筋配置　　　D. 梁的箍筋

8.【多选题】建筑工程施工图按专业分工不同可分为（　　）。
   A. 建筑施工图　　　　　　　　　　B. 结构施工图
   C. 给水排水施工图　　　　　　　　D. 供暖通风施工图
   E. 设备施工图

9.【多选题】结构施工图一般包括（　　）。
   A. 结构设计图纸目录　　　　　　　B. 结构设计总说明
   C. 结构平面图　　　　　　　　　　D. 构件详图
   E. 结构剖面图

【答案】1.√；2.×；3.D；4.D；5.C；6.C；7. B；8. ABE；9. ABCD

考点56：工程地质勘察报告、设计变更、图纸会审

教材点睛 教材 P192～P194

1. 工程地质勘察报告内容：分文字和图表两大部分；建筑施工中主要阅读文字部分的工程地质、水文条件，岩土特征及参数，图表部分的剖面图。

2. 设计变更的办理程序

（1）施工单位提出的变更申请：施工单位将变更申请报总监理工程师；总监理工程师审核评估后报建设单位；建设单位审核评估后送设计单位；设计单位认可变更方案后，出具设计变更单、变更图纸。

> **教材点睛** 教材 P192～P194（续）
>
> （2）建设单位提出的变更申请：建设单位经评估向设计单位提出变更申请；设计单位认可变更方案后，出具设计变更单、变更图纸。
>
> （3）设计院发出的变更：设计院发出设计变更；建设单位组织总监理工程师等相关单位或人员对设计变更进行审核、评估；通过后，建设单位将设计变更单、变更图纸下发至监理单位、施工单位。
>
> **3. 图纸会审程序及作用**
>
> （1）图纸会审的程序
>
> 由建设单位组织并主持图纸会审，设计单位、监理单位、施工单位参加。对于重点工程或特殊工程，必要时可邀请建设行政各主管部门、消防、防疫与协作单位参加。
>
> （2）图纸会审纪要的作用：明确、校正施工图纸中的设计问题；与施工图一样，是具有同等法律效力的技术文件。

巩固练习

1. 【判断题】工程地质勘察报告分为文字和图表两大部分。　　　　　　　　（　　）
2. 【单选题】施工单位提出的变更申请办理程序不包括(　　)。
   A. 设计单位认可变更　　　　　　　　B. 施工单位出具设计变更单
   C. 建设单位审核评估后送设计单位　　D. 变更申请报总监理工程师
3. 【多选题】工程项目实施期图纸会审由建设单位组织并主持，参加的单位有(　　)。
   A. 招标代理机构　　　　　　　　　　B. 施工单位
   C. 工程质量检验检测机构　　　　　　D. 监理单位
   E. 设计单位

【答案】1.√；2. B；3. BDE

第十章　编写技术交底文件，实施技术交底

考点 57：技术交底文件编制（结合考点 16）

> **教材点睛**　教材 P195～P202
>
> **1. 技术交底的分类**（一般分为三个层次）
> （1）设计交底，即设计图纸交底
> 交底内容——建筑物的功能与特点、设计意图与要求等；
> 交底人——设计单位；
> 交底对象——施工单位（土建施工单位与各设备专业施工单位）。
> （2）施工组织设计交底
> 交底内容——施工组织设计的全部内容；
> 交底人——项目施工技术负责人；
> 交底对象——项目各级施工管理人员。
> （3）分部、分项工程施工技术交底
> 交底内容——某一单项分部、分项工程施工技术要点、施工工艺及质量、安全技术要求；
> 交底人——施工员；
> 交底对象——施工队（组）长。
> （4）各项技术交底记录是工程技术档案资料中不可缺少的部分。
> **2. 技术交底的编制要点**
> （1）技术交底必备内容：施工准备（现场条件、材料准备、机具准备）、工艺流程、施工技术要求、质量控制标准及质量通病防治措施、安全技术措施、成品保护措施等。
> （2）内容编制要求：结合设计图纸及相关施工规范要求，内容阐述具体准确、逻辑关系清晰、图文并茂；根据施工季节对施工的影响，增加季节性施工措施。

巩固练习

1.【判断题】施工组织设计交底是由项目施工技术负责人向施工工地进行的交底。
（　　）
2.【判断题】施工技术交底的分类不包括设计交底。（　　）
3.【判断题】施工技术交底一般包括设计交底、施工组织设计交底、分部、分项工程施工技术交底。（　　）

【答案】1. √；2. ×；3. √

第十一章 使用测量仪器进行施工测量

考点 58：建筑工程施工测量

> **教材点睛** 教材 P203~P208

法规依据：《工程测量标准》GB 50026—2020；《高层建筑混凝土结构技术规程》JGJ 3—2010。

1. 建立施工控制网：甲方提供三个坐标控制点和两个高程控制点，作为场区控制依据点；以坐标控制点为起始点，用经纬仪、全站仪等测量仪器作二级导线测量，将水平控制点引入场区，作为建筑物平面控制网；以高程控制点为依据，用水准仪和钢尺等测量仪器作外附合水准测量，将高程引测至场区内；水平定位桩及高程控制桩均需妥善保护，作为施工放线的依据。

2. 结构施工测量

（1）±0.000 以下及基础施工测量：标高传递采用钢尺配合水准仪进行，并控制挖土深度，不能超挖；为监测边坡变形，在边坡上埋设标高监测点，每 10m 埋设一个，随时监测边坡的情况；清槽后，用经纬仪将轴线投测到基坑内，校核合格后，以此放出垫层边界线；垫层施工完后，将主轴线投测到垫层上，放线完成后出具测量成果报告，并进行工程验线。

（2）±0.000 以上施工测量

1）轴线竖向传递：可采用激光铅直仪内控法，在首层地面设置投测基点，以上每层顶板相应位置预留 150mm×150mm 接收孔。每层投测完后均要进行闭合校核，确保投测无误，再放其他轴线、墙线、柱线。

2）高程传递：首层施工完后，将±0.000 的高程抄测在首层柱子上，且至少抄测三处，并附合校核，合格后以此进行标高传递；每层传递完后，必须在施工层上用水准仪校核；结构施工时一般采用 50 线控制标高。

3. 装修施工测量：在墙体或柱上投测出 1m 水平线，作为标高控制线；根据每层结构施工轴线放出各分隔墙线及门窗洞口的位置线。

4. 建筑工程沉降观测

（1）采用闭合圈法按二等水准测量要求进行观测，使用自动安平水准仪和钢水准尺等测量器材。

（2）观测频次：工程结构施工阶段，每完成一层结构即进行一次沉降观察，沉降观测时间为混凝土浇筑结束后一天，不上荷载的情况下进行，中间停、复工各观测一次，以后每三个月观测一次；建筑物竣工验收前观测一次；使用阶段每半年一次，共两次，以后每年一次，预计观测五年或直到沉降稳定，使用阶段由建设单位负责观测。

> 巩固练习

1. 【判断题】定位放线是建筑工程施工的依据。 （　　）
2. 【判断题】建筑工程的定位分为平面位置定位和标高定位。 （　　）
3. 【单选题】建筑物主体结构施工中，监测的主要内容不包括建筑物的（　　）。
   A. 水平位移　　　　　　　　　　　B. 垂直位移
   C. 倾斜　　　　　　　　　　　　　D. 挠度
4. 【单选题】深基坑施工中变形观测的内容不包括（　　）。
   A. 支护结构顶部的水平位移观测
   B. 邻近建筑物的垂直位移、倾斜、裂缝观测
   C. 支护结构的倾斜观测
   D. 支护结构的挠度观测
5. 【单选题】按现行《高层建筑混凝土结构技术规程》JGJ 3 的要求，高层、超高层建筑轴线竖向投测每层允许偏差为（　　）mm。
   A. 2　　　　　　　　　　　　　　B. 3
   C. 4　　　　　　　　　　　　　　D. 5
6. 【多选题】深基坑施工中变形观测的内容包括（　　）。
   A. 支护结构顶部的水平位移
   B. 邻近建筑物的垂直位移、倾斜、裂缝观测
   C. 邻近道路、地下管网挠度观测
   D. 支护结构的垂直位移观测
   E. 支护结构倾斜观测
7. 【多选题】建筑物主体结构施工中，监测的主要内容包括建筑物的（　　）。
   A. 水平位移观测　　　　　　　　　B. 垂直位移观测
   C. 倾斜观测　　　　　　　　　　　D. 挠度观测
   E. 裂缝观测

【答案】1.√；2.√；3. A；4. D；5. B；6. ABDE；7. BCDE

第十二章　划分施工区段，确定施工顺序

考点 59：施工顺序及施工流水段的划分（结合考点 30 学习）

> **教材点睛** 教材 P209～P218
>
> 1. 确定施工顺序应遵循基本原则：先地下，后地上；先主体，后围护；先结构，后装修；先土建，后设备。
> 2. 确定施工顺序的基本要求：符合施工技术及工艺流程的要求；与施工方法协调一致；考虑当地的气候条件；满足施工质量的要求；满足考虑安全施工的要求。
> 3. 划分施工区段的目的：保证不同的施工队组能在不同的施工区段上同时进行施工，消灭由于不同的施工队组不能同时在一个工作面上工作而产生的<u>互等、停歇现象</u>，为流水创造条件。平面施工段用符号 m 表示；垂直施工段用符号 r 表示。
> 4. 划分施工段的基本原则：确定主导施工过程；合理划分施工段；设置适当施工段数量；均衡各段劳动力配置（相差宜在 15% 以内）；兼顾材料供应能力；保证施工队连续施工；形成平面立体交叉流水施工。
> 5. 混合结构工程施工区段划分的一般方法。【详见教材案例 12-1】
> 6. 施工阶段与施工区段的区别。【详见教材案例 12-2】
> 7. 多层混合结构民用房屋的施工顺序。【详见教材案例 12-3】
> 8. 分部分项工程施工顺序。【详见教材案例 12-4、案例 12-5】

巩固练习

1. 【判断题】施工区段是指工程对象在组织流水施工中划分的施工区域，包括施工段和施工层。（　　）

2. 【判断题】一般把平面上划分的若干个劳动量大致相等的施工区段称为施工层。（　　）

3. 【判断题】划分施工段的目的，在于保证不同的施工队在不同施工段同时施工，消灭施工队同时在一个工作面上互等、停歇现象。（　　）

4. 【判断题】施工顺序是指工程开工后各单位工程施工的先后顺序。（　　）

5. 【判断题】基础工程施工阶段的施工顺序一般是：挖土方→垫层→基础→回填土。（　　）

6. 【判断题】屋面工程施工在一般情况下不划分流水段，它可以和装修工程搭接施工。（　　）

7. 【判断题】室内装修工程的施工顺序有整体顺序自上而下和整体顺序自下而上两种。（　　）

8.【单选题】划分施工段的基本原则是各施工段的劳动量（或工程量）要大致相等，相差宜在（　　）以内。

A. 10％ B. 15％
C. 20％ D. 25％

9.【单选题】划分施工段的基本原则不包括（　　）。

A. 施工段的数目要合理 B. 要有利于结构的局部性
C. 要有足够的工作面 D. 以主导施工过程为依据进行划分

10.【多选题】划分施工段的基本原则有（　　）。

A. 每段的施工持续时间要最少
B. 要有利于结构的整体性
C. 要有足够的工作面
D. 以主导施工过程为依据进行划分
E. 各施工段的劳动量（或工程量）要大致相等

11.【多选题】确定施工顺序的基本要求包括（　　）。

A. 必须符合施工工艺的要求 B. 必须与施工方法协调一致
C. 必须考虑当地的气候条件 D. 必须考虑安全施工的要求
E. 必须考虑文明施工的要求

12.【多选题】多层混合结构民用房屋的施工，按照房屋结构各部位不同的施工特点，可分为（　　）。

A. 设备工程 B. 基础工程
C. 主体工程 D. 屋面及装修工程
E. 地面工程

【答案】1. √；2. ×；3. √；4. ×；5. √；6. √；7. √；8. B；9. B；10. BCDE；11. ABCD；12. BCD

第十三章 进行资源平衡计算，编制施工进度计划及资源需求计划，控制调整计划

考点 60：施工进度计划的实施（结合第三章考点学习）

> **教材点睛** 教材 P219~P222
>
> **1. 施工进度计划分解**：将施工组织设计中的总施工计划分解成月（旬）作业计划。使施工计划更具体、更实际和更可行。在月（旬）计划中要明确：本月（旬）应完成的任务；所需要的各种资源量；提高劳动生产率和节约措施等。
>
> **2. 签发施工任务书**：将每项具体任务通过签发施工任务书的方式下达班组进一步落实、实施，它是计划和实施的纽带。施工班组必须保证指令任务的完成。
>
> （1）**施工任务书包括**：施工任务单、限额领料单和考勤表。
>
> （2）**施工任务单包括**：分项工程施工任务、工程量、劳动量、开工日期、完工日期、工艺、质量和安全要求。
>
> （3）**限额领料单**：根据施工任务单编制的控制班组领用材料的依据，应具体列明材料名称、规格、型号、单位和数量、领用记录、退料记录等。
>
> **3. 做好施工进度记录，填好施工进度统计表。**
>
> **4. 做好施工中的调度工作。**
>
> **5. 施工进度计划的调整方法。**【详见教材案例 13-4】

考点 61：工程项目资源

> **教材点睛** 教材 P221
>
> **1. 工程项目资源包括**：项目人力资源、材料、机械设备、技术、资金和基础设施等。
>
> **2. 工程项目资源的特点主要表现为**：项目资源种类多、需求量大；具有不均衡性、复杂性和不确定性；受外界影响大；对项目成本的影响大。
>
> **3. 资源配置计划包括**：劳动力配置计划、主要材料配置计划、施工机具配置计划、构配件配置计划。
>
> **4. 资源平衡计算**：均衡施工的指标一般有三种，即不均衡系数 K、极差值 $\triangle R$、均方差值（平方差）σ^2；三个指标均表现为：值越小，资源均衡性越好。
>
> **5. 工程机械设备配置原则。**【详见教材案例 13-11】

> 巩固练习

1.【判断题】工程项目资源是对项目中使用的人力资源、材料、机械设备、技术、资金和基础设施等总称。（   ）

2.【判断题】均衡施工可以使各种资源的动态曲线尽可能不出现长时期高峰或低谷，因而可大大减少施工现场各种临时设施的规模。（   ）

3.【单选题】施工进度计划的审核内容不包括(   )。

　A. 进度安排是否符合上级规定

　B. 施工进度计划中的内容是否有遗漏，分期施工是否满足分批交工的需要和配套交工的要求

　C. 施工顺序安排是否符合施工程序的要求

　D. 资源供应计划是否能保证施工进度计划的实现，供应是否均衡

4.【单选题】施工任务书是向班组下达任务，实行责任承包、全面管理和原始记录的综合性文件，应由(   )按班组编制并下达。

　A. 项目经理　　　　　　　　　　B. 施工员
　C. 监理员　　　　　　　　　　　D. 监理工程师

5.【单选题】工程项目资源的特点不包括(   )。

　A. 工程所需资源的种类多、需求量大　　B. 工程所需资金的数量大
　C. 工程项目建设过程的不均衡性　　　　D. 资源对项目成本的影响大

6.【单选题】工程项目资源管理的内容不包括(   )。

　A. 人力资源管理　　　　　　　　B. 材料管理
　C. 机械设备管理　　　　　　　　D. 环境管理

7.【单选题】均衡施工的指标不包括(   )。

　A. 均衡系数　　　　　　　　　　B. 不均衡系数
　C. 极差值　　　　　　　　　　　D. 均方差值

8.【单选题】下列不属于施工进度计划调整方法的是(   )。

　A. 加强安全教育　　　　　　　　B. 增加资源投入
　C. 增减工作范围　　　　　　　　D. 提高劳动效率

9.【单选题】施工作业计划分月施工作业计划和旬（周）施工作业计划，下列选项中不属于其内容的为(   )。

　A. 本月、旬（周）应完成的施工任务

　B. 完成作业计划任务所需的劳力、材料、半成品、构配件等的需用量

　C. 提高劳动生产率的措施和节约措施

　D. 质量计划

10.【单选题】下列不属于施工进度计划检查方法的是(   )。

　A. 跟踪检查施工实际进度　　　　B. 因果分析法
　C. 对比分析实际进度与计划进度　D. 整理统计检查数据

11.【单选题】当实际施工进度发生拖延时，为加快施工进度而采取的组织措施可以是(   )。

A. 改善劳动条件及外部配合条件   B. 更换设备,采用更先进的施工机械
C. 增加劳动力和施工机械的数量   D. 改进施工工艺和施工技术

12.【多选题】施工任务书是向班组下达任务,实行责任承包、全面管理和原始记录的综合性文件,它是计划和实施的纽带,其包括(　　)。

A. 施工任务单   B. 限额领料单
C. 考勤表   D. 施工进度表
E. 材料单

13.【多选题】资源配置计划包括(　　)等内容。

A. 临时设施计划   B. 主要材料配置计划
C. 施工机具配置计划   D. 构配件配置计划
E. 劳动力配置计划

14.【多选题】在施工进度计划的调整过程中,压缩关键工作持续时间的技术措施有(　　)。

A. 增加劳动力和施工机械的数量   B. 改进施工工艺和施工技术
C. 采用更先进的施工机械   D. 改善外部配合条件
E. 采用工程分包方式

【答案】1.√;2.×;3.A;4.B;5.B;6.D;7.A;8.A;9.D;10.B;11.C;12.ABC;13.BCDE;14.BC

第十四章 工程量计算及工程计价

考点 62：工程量清单计价（结合下篇第六章相关考点学习）

> **教材点睛** 教材 P240~P242
>
> **1. 工程量清单计价的费用**：由分部分项工程费、措施项目费、其他项目费、规费和税金组成。
>
> **2. 工程量清单计价的计算方法**：招标方给出工程量清单，投标人根据工程量清单组合分部分项工程综合单价，并计算出分部分项工程费、措施项目费、其他项目费、规费和税金，最后汇总计算工程总造价。
>
> 建筑工程造价＝[∑（工程量×综合单价）＋措施项目费＋其他项目费＋规费]×(1＋税金率)
>
> **3. 工程量清单计价基本步骤**：熟悉工程量清单→研究招标文件→熟悉施工图纸→熟悉工程量计算规则→了解现场情况及施工组织设计特点→熟悉加工订货的有关情况→明确主材和设备的来源情况→计算分部分项工程工程量→计算分部分项工程综合单价→确定措施项目清单及费用→确定其他项目及费用→计算规费及税金→汇总各项费用计算工程造价。

考点 63：工程结算

> **教材点睛** 教材 P242~P243
>
> **1. 工程价款结算方式根据合同约定**可分为：月结算、分段结算、竣工后一次结算和目标结款等方式。
>
> **2. 工程价款结算**包括：工程预付款、工程进度款、质量保修金的预留（3%~5%）、工程竣工结算。
>
> 竣工结算工程价款＝合同价款＋施工过程中合同价款调整数额－预付及已结算工程价款－保修金

巩固练习

1.【判断题】措施项目费用包括施工技术措施项目费用和施工组织措施项目费用。
（　　）

2.【判断题】在工程结算时，零星工作项目费的工程量按承包人实际完成的工作量计算，单价按承包中标时的报价不变。
（　　）

3.【单选题】我国现行的工程价款主要结算方式不包括(　　)。

A. 按月结算 B. 按年结算
C. 分段结算 D. 竣工后一次结算

4.【单选题】工程价款结算方式根据合同约定,一般不包括(　　)。
A. 月结算 B. 分段结算
C. 竣工后一次结算 D. 季度结算

5.【单选题】计算竣工结算工程价款时做法不正确的是(　　)。
A. 增加施工过程中合同价款调增的数额 B. 扣除已结算工程价款
C. 扣除工程款担保 D. 扣除保修金

6.【多选题】工程量清单计价的费用组成包括(　　)。
A. 分部分项工程费 B. 措施项目费
C. 利润 D. 其他项目费
E. 规费和税金

7.【多选题】规费是指政府和有关权力部门规定必须缴纳的费用,其内容包括(　　)。
A. 工程排污费 B. 住房公积金
C. 人工费 D. 社会保障费
E. 总承包服务费

【答案】1.√;2.√;3.B;4.D;5.C;6.ABDE;7.BD

第十五章 确定施工质量控制点，编制质量控制文件，实施质量交底

考点 64：项目质量管理（结合下篇中考点 8～12、考点 35～37 学习）

> **教材点睛** 教材 P253～P261
>
> **1. 质量管理体系文件共分四类文件**：质量手册、质量计划、程序文件、记录。
>
> **2. 施工质量控制点**：指作业过程中质量重点控制对象、关键部位或薄弱环节。
>
> **3. 质量控制点的管理方法**：事先分析可能造成质量问题的原因，针对原因制定对策和措施进行预控。
>
> **4. 质量交底**包括：质量验收标准交底和施工技术交底两部分，一般与施工技术交底同时进行。
>
> **5. 施工项目的质量控制的过程**：是从工序质量到检验批、分项工程质量、分部工程质量、单位工程质量的系统控制过程，也是一个由投入原材料的质量控制开始，直到完成工程质量检验为止的全过程的系统控制过程。
>
> **6. 施工质量计划的内容一般包括**：工程特点及施工条件分析；工程质量总目标及其分解目标；质量管理组织机构、人员及资源配置计划；为确保工程质量所采取的施工技术方案、施工程序；材料设备质量管理及控制措施；工程检测项目计划及方法等。
>
> **7. 需掌握的施工质量控制要点**
>
> （1）套管成孔灌注桩施工质量控制。【详见教材案例 15-1】
>
> （2）混凝土施工质量控制方法。【详见教材案例 15-2】
>
> （3）砌筑砂浆质量控制要点。【详见教材案例 15-3】
>
> （4）构造柱与砖墙连接要求。【详见教材案例 15-3】
>
> （5）钢结构施工质量控制要求。【详见教材案例 15-4】
>
> （6）屋面卷材防水工程细部节点质量控制。【详见教材案例 15-5】

巩固练习

1.【判断题】质量控制文件主要用以表述保证和提高项目质量的文件，包括与项目质量有关的设计文件、工艺文件、研究试验文件等。（　　）

2.【判断题】施工质量控制点是指为了保证作业过程质量而确定的重点控制对象、关键部位或薄弱环节。（　　）

3.【判断题】施工技术交底是对施工质量达到的质量标准和使用功能等要求加以说明。（　　）

4.【单选题】质量交底包括质量验收标准和（　　）。

A. 质量手册　　　　　　　　　　B. 质量验收目标
C. 施工技术　　　　　　　　　　D. 施工方法

5.【单选题】下列关于质量控制点进行质量控制步骤的说法，错误的是(　　)。

A. 全面分析、比较，明确质量控制点

B. 对关键部位、薄弱环节重点控制

C. 针对隐患，提出对策，采取措施预防

D. 分析质量控制点可能出现的质量问题或隐患

6.【单选题】下列关于屋面卷材防水工程出屋面管道处的施工质量控制的说法，错误的是(　　)。

A. 管道根部直径500mm口范围内，找平层应抹出高度不小于20mm的圆台

B. 管道周围与找平层或细石混凝土防水层之间，应预留20mm×20mm的凹槽，并用密封材料嵌填严密

C. 管道根部四周应增设附加层，宽度和高度均不应小于300mm

D. 管道上的防水层收头处应用金属箍箍紧，并用密封材料封严

7.【单选题】施工过程中，隐蔽工程在隐蔽前应通知(　　)进行验收，并形成验收文件。

A. 建设单位　　　　　　　　　　B. 施工单位
C. 质检单位　　　　　　　　　　D. 监理工程师

8.【单选题】施工过程中，工序质量控制的步骤不包括(　　)。

A. 实测　　　　　　　　　　　　B. 计算
C. 分析　　　　　　　　　　　　D. 判断

9.【单选题】施工质量计划的内容一般不包括(　　)。

A. 工程概况及施工过程分析

B. 工程检测项目计划及方法

C. 材料设备质量管理及控制措施

D. 质量管理组织机构、人员及资源配置计划

10.【多选题】质量管理体系中使用的文件有(　　)。

A. 质量手册　　　　　　　　　　B. 质量计划
C. 程序文件　　　　　　　　　　D. 质量目标
E. 记录

11.【多选题】施工现场实测法的手段可归纳为(　　)。

A. 吊　　　　　　　　　　　　　B. 看
C. 靠　　　　　　　　　　　　　D. 量
E. 套

【答案】1.√；2.√；3.×；4.C；5.B；6.A；7.A；8.B；9.A；10.ABCE；11.ACDE

第十六章 确定施工安全防范重点，编制职业健康安全与环境技术文件，实施安全、环境交底

考点 65：项目安全管理（结合下篇第四章相关考点学习）

教材点睛 教材 P262～P274

1. **施工安全技术措施的编制要求**：具有超前性、针对性、可靠性和可操作性。

2. **安全技术措施编制主要考虑的内容有**：施工现场安全规定；施工用电安全；机械设备的安全使用；基础及地上结构施工临边防护措施；高处及立体交叉作业防护措施；"四新"技术的专门安全技术措施；预防自然灾害的措施；防火防爆措施。

3. **专项施工方案**

(1) **专项安全施工方案的编制要求**：施工单位在编制施工组织（总）设计的基础上，针对危险性较大的分部分项工程<u>单独</u>编制的安全技术措施文件，并附安全验算结果。

(2) **专项安全施工方案的内容**包括：工程概况、编制依据、施工计划、施工工艺技术、施工安全保证措施、劳动力计划、计算书及相关图纸等。

4. **分部分项工程安全技术交底要求**：书面交底，实施签字制度，分级进行，贯穿施工全过程、全方位。

5. **需要掌握的施工安全管理措施**

(1) 一般脚手架搭设（拆除）作业的安全技术措施与安全防范重点。【详见教材案例 16-1】

(2) 洞口作业的安全控制要点及防护设施。【详见教材案例 16-2】

(3) 编制模板安装的安全技术文件与交底文件需要提供的主要资料。【详见教材案例 16-3】

(4) "三级"安全教育的内容。【详见教材案例 16-4】

(5) 建筑施工安全用电管理的基本要求。【详见教材案例 16-4】

(6) 施工升降机的安全使用和管理规定。【详见教材案例 16-5】

(7) 高处作业安全防护技术措施。【详见教材案例 16-6】

(8) 土方工程施工方案（或安全措施）。【详见教材案例 16-7】

(9) 安全管理目标主要及安全管理体系。【详见教材案例 16-8】

(10) "三个同时""四不放过"的内容。【详见教材案例 16-8】

(11) 安全检查的主要内容、方法及主要形式。【详见教材案例 16-9】

> 巩固练习

1. 【判断题】施工班组的教育内容是工地安全制度、施工现场环境、工程施工特点及可能存在的不安全因素等。（   ）
2. 【单选题】关于安全技术交底的基本要求，下列说法错误的是（   ）。
   A. 应实施签字制度   B. 必须贯穿于施工全过程、全方位
   C. 内容必须具体、明确、针对性强 D. 须分级进行
3. 【单选题】一般工程安全技术措施的编制应考虑的内容不包括（   ）。
   A. 浅基坑作业的防护   B. 施工用电安全
   C. 机械设备的安全使用   D. 防火防爆措施
4. 【单选题】对达到一定规模的危险性较大的分部分项工程应编制专项施工方案，并附安全验算结果，这些工程不包括（   ）。
   A. 土方开挖工程   B. 钢筋工程
   C. 爆破工程   D. 模板工程
5. 【单选题】对洞口的防护设施的具体要求有，楼板、屋面和平台等面上短边尺寸小于（   ）cm但大于（   ）cm的孔口，必须用坚实的盖板盖严，盖板应能防止挪动移位。
   A. 25，3.0   B. 25，2.5
   C. 30，2.5   D. 30，3.0
6. 【单选题】三级安全教育中项目经理部教育的内容不包括（   ）。
   A. 施工现场环境   B. 工程施工特点
   C. 企业的安全规章制度   D. 工地安全制度
7. 【单选题】建筑施工安全用电管理的基本要求规定，施工现场必须按工程特点编制施工临时用电施工组织设计，并由（   ）审核后实施。
   A. 项目经理   B. 监理工程师
   C. 主管部门   D. 建设单位负责人
8. 【单选题】建筑施工安全用电管理的基本要求规定，施工现场的一切电气线路、用电设备的安装和维护必须由（   ）负责，并严格执行施工组织设计的规定。
   A. 持证电工   B. 施工员
   C. 任意电工   D. 安全员
9. 【单选题】物料提升机的安全使用与管理要求规定，提升机安装后，应由（   ）组织有关人员按规范和设计的要求进行检查验收，确定合格后发给使用证，方可交付使用。
   A. 主管部门   B. 施工单位
   C. 监理单位   D. 建设单位
10. 【单选题】建立安全管理体系的要求不包括（   ）。
    A. 管理职责   B. 施工方法控制
    C. 分包单位控制   D. 施工过程控制
11. 【单选题】施工安全管理目标不包括（   ）。
    A. 伤亡事故控制目标   B. 预算达标目标
    C. 安全达标目标   D. 文明施工实现目标

12. 【多选题】施工安全技术措施应具有（　　）特性。

A. 超前性　　　　　　　　　　　　B. 可靠性

C. 针对性　　　　　　　　　　　　D. 可操作性

E. 稳定性

13. 【多选题】三级安全教育是指（　　）三个层次的安全教育。

A. 公司　　　　　　　　　　　　　B. 项目经理部

C. 施工班组　　　　　　　　　　　D. 监理部

E. 建设单位部门

14. 【多选题】进行安全生产管理时，"三个同时"是指安全生产与（　　）同步策划、同步发展、同步实施的原则。

A. 经济建设　　　　　　　　　　　B. 企业深化改革

C. 技术改造　　　　　　　　　　　D. 安全管理

E. 安全检查

15. 【多选题】施工安全检查的主要形式有（　　）。

A. 定期安全检查　　　　　　　　　B. 班前安全检查

C. 日常安全检查　　　　　　　　　D. 季节性安全检查

E. 安全教育检查

【答案】1.×；2.C；3.A；4.B；5.B；6.C；7.C；8.A；9.A；10.B；11.B；12.ABCD；13.ABC；14.ABC；15.ABCD

第十七章 识别、分析施工质量缺陷和危险源

考点 66：施工危险源（结合下篇中考点 33 学习）

教材点睛 教材 P275~P281

1. 施工现场危险源识别的方法

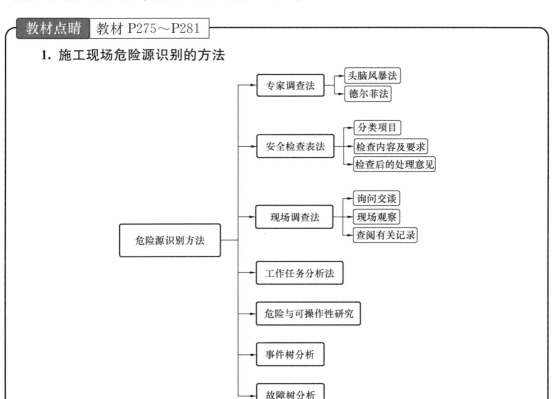

2. 危险源识别应注意事项：充分了解危险源的分布；弄清危险源伤害的方式或途径；确认危险源伤害的范围；要特别关注重大危险源，防止遗漏；对危险源保持高度警觉，持续进行动态识别；充分发挥全体员工对危险源识别的作用。

3. 需要掌握的施工质量缺陷原因分析及处理方法

（1）地下室混凝土墙体开裂漏水质量缺陷原因分析及处理方案。【详见教材案例17-1】

（2）主体结构混凝土构件强度不足的原因分析和处理。【详见教材案例17-2】

（3）细石混凝土地面起砂原因分析及防治措施。【详见教材案例17-3】

4. 需要掌握的安全管理措施

（1）事故隐患的处理。【详见教材案例 17-5】

（2）脚手架工程交底与验收的程序。【详见教材案例 17-5】

（3）基础施工阶段施工安全控制要点。【详见教材案例 17-6】

（4）安全警示标牌的设置原则。【详见教材案例 17-7】

> 巩固练习

1.【判断题】工程质量缺陷,一般是指工程不符合国家或行业现行有关技术标准、设计文件及合同中对质量的要求。(　　)

2.【单选题】施工现场危险源识别的方法有专家调查法、安全检查表法、现场调查法、工作任务分析法等,其中(　　)是主要采用的方法。
  A. 专家调查法　　　　　　　　　　B. 安全检查表法
  C. 现场调查法　　　　　　　　　　D. 工作任务分析法

3.【单选题】地下室混凝土结构裂缝的处理方法通常不包括(　　)。
  A. 直接堵漏法　　　　　　　　　　B. 间接堵漏法
  C. 粘钢法　　　　　　　　　　　　D. 灌浆法

4.【单选题】细石混凝土地面起砂原因不包括(　　)。
  A. 混凝土细骨料使用了中粗砂　　　B. 混凝土水灰比过大,坍落度过大
  C. 地面压光时机掌握不当　　　　　D. 养护不当

5.【单选题】事故隐患处理的方式不正确的是(　　)。
  A. 停止使用、封存
  B. 指定专人进行整改以达到规定要求
  C. 对有不安全行为的人员进行教育或处罚
  D. 对不安全生产的过程不再组织施工

6.【多选题】危险源识别应注意的事项有(　　)。
  A. 充分了解危险源的分布
  B. 弄清危险源伤害的方式或途径
  C. 确认危险源伤害的范围
  D. 要特别关注重大危险源,防止遗漏
  E. 对危险源间断进行动态识别

7.【多选题】施工现场安全警示标牌的设置原则是(　　)。
  A. 标准　　　　　　　　　　　　　B. 醒目
  C. 便利　　　　　　　　　　　　　D. 合理
  E. 简单

【答案】1.√;2.C;3.C;4.A;5.D;6.ABCD;7.ABCD

第十八章 调查分析施工质量、职业健康安全与环境问题

考点 67：施工质量问题产生原因及处理方法

> **教材点睛** 教材 P282～P285
>
> 1. **工程质量不合格或质量缺陷的处理方法**：返修、加固或报废处理。
> 2. **工程质量问题与工程质量事故的区别**：造成的直接经济损失＜5000 元为工程质量问题；直接经济损失≥5000 元为工程质量事故。
> 3. **常见的质量问题发生的原因（8 个方面）**：违背建设程序；违反现行法规行为；工程地质勘察失真；设计计算差错；施工与管理不到位；使用不合格的原材料、制品及设备；自然环境因素；结构使用不当。
> 4. **填方出现橡皮土的原因及防止措施**。【详见教材案例 18-1】

考点 68：职业健康安全与环境管理体系内容

> **教材点睛** 教材 P282～P285
>
> 1. **职业健康安全管理体系**：包括为制定、实施、实现、评审和保持职业健康安全方针所需的组织结构、策划活动、职责、惯例、程序、过程和资源。
> 2. **环境管理体系**：包括制定、实施、实现、评审和保持环境方针所需的组织的结构、计划活动、职责、惯例、程序、过程和资源。
> 3. **需掌握的安全管理措施**
> （1）高处坠落所引起事故的原因分析。【详见教材案例 18-2】
> （2）分部工程安全技术交底要求及内容。【详见教材案例 18-2】
> （3）建筑工程施工常见的引发噪声排放的分部分项工程。【详见教材案例 18-3】
> （4）《建筑施工场界环境噪声排放标准》GB 12523 中结构施工阶段的噪声限值。【详见教材案例 18-3】
> （5）夜间施工措施。【详见教材案例 18-3】

巩固练习

1.【判断题】工程质量不合格或质量缺陷的处理方法有返修、加固或报废处理。
（　　）

2.【单选题】建筑工程由于工程质量不合格、质量缺陷，必须进行返修、加固或报废处理，并造成或引发经济损失，当造成的直接经济损失低于(　　)元时称为工程质量问题。

A. 3000	B. 5000
C. 7000	D. 10000

3.【单选题】建筑工程由于工程质量不合格、质量缺陷，必须进行返修、加固或报废处理，并造成或引发经济损失，当造成的直接经济损失在（　　）元（含选项）以上时称为工程质量事故。

A. 5000	B. 7000
C. 8000	D. 10000

4.【单选题】建筑工程结构施工阶段噪声限值：白天施工不允许超过 70dB，夜间施工不允许超过（　　）dB。

A. 75	B. 85
C. 35	D. 55

5.【单选题】基坑填方出现橡皮土的原因是（　　）。

A. 原地基土过软、含水量过大	B. 回填土料含水量大
C. 回填土料含水量小	D. 夯击碾压过于密实

6.【单选题】下列分部工程安全技术交底做法，错误的是（　　）。

A. 在正式作业前进行

B. 针对具体的作业条件进行交底

C. 有书面文字材料，并履行签字手续

D. 交底人和接受交底人留存一份签字资料

7.【单选题】建筑工程施工常见的引发噪声排放的重要因素不包括（　　）。

A. 模板拆除	B. 脚手架安装及拆除作业
C. 对工人进行安全教育讲话	D. 施工机械作业

8.【单选题】施工现场因特殊情况确实需要夜间施工的，除采取一定降噪声措施外，还需要（　　）。

A. 施工时通知当地城管机构

B. 检查施工人员防噪声装备

C. 施工人员施工后做总结

D. 办理夜间施工许可证明，并公告附近社区居民

9.【多选题】常见的质量问题发生的原因有（　　）。

A. 施工与管理不到位	B. 使用不合格的原材料
C. 自然环境因素	D. 施工人员年龄大
E. 结构使用不当

【答案】1.√；2.B；3.A；4.D；5.A；6.D；7.C；8.D；9.ABCE

第十九章 记录施工情况，编制相关工程技术资料

考点 69：工程技术资料管理

> **教材点睛** 教材 P286~P289
>
> **1.** 施工资料包括：施工管理资料、施工技术资料、施工进度及造价资料、施工物质资料、施工记录、施工试验记录及检测报告、施工质量验收记录、竣工验收资料 8 类。
>
> **2.** 工程竣工资料的整理及移交
> （1）工程文件包括工程准备阶段文件、监理文件、施工文件、竣工图和竣工验收文件。
> （2）专业分包单位的竣工资料应交给施工总承包单位，由施工总承包单位统一汇总后交建设单位，再由建设单位上交到城建档案馆。
> （3）列入城建档案馆接收范围的工程，工程竣工验收后 3 个月内，建设单位向当地城建档案馆移交一套符合规定的工程档案资料。
>
> **3.** 施工日志的记录方法【详见教材案例 19-1】

巩固练习

1.【判断题】专业分包单位的竣工资料应交给施工总承包单位，由施工总承包单位统一汇总后交建设单位，再由建设单位上交到城建档案馆。（　　）

2.【单选题】施工资料是建筑工程在工程施工过程中形成的资料，不属于施工资料的是（　　）。
A. 施工管理资料　　　　　　B. 施工技术资料
C. 施工照片　　　　　　　　D. 竣工验收资料

3.【单选题】列入城建档案馆接收范围的工程，工程竣工验收后（　　）个月内，建设单位向当地城建档案馆移交一套符合规定的工程档案资料。
A. 2　　　　　　　　　　　　B. 3
C. 4　　　　　　　　　　　　D. 6

4.【多选题】工程文件包括（　　）。
A. 工程准备阶段文件　　　　B. 工程质量验收统一标准
C. 施工文件　　　　　　　　D. 监理文件
E. 竣工图和竣工验收文件

【答案】1.√；2.C；3.B；4.ACDE

第二十章 利用专业软件对工程信息资料进行处理

考点 70：工程信息资料管理

> **教材点睛** 教材 P290~P295
>
> 1. **项目的信息资料**包括：项目管理过程中的各种数据、表格、图纸、文字、音像资料等。
> 2. **项目实施过程中应积累的项目基本信息：**
>   （1）公共信息：包括法规和部门规章制度，市场信息，自然条件信息。
>   （2）单位工程信息：包括工程概况信息，施工记录信息，施工技术资料信息，工程协调信息，过程进度计划及资源计划信息，成本信息，商务信息，质量检查信息，安全文明施工及行政管理信息，交工验收信息。
> 3. **工程项目信息资料管理工作的原则：**标准化原则、有效性原则、定量化原则、时效性原则、高效处理原则、可预见原则。
> 4. **工程项目信息流程**包括：自上而下的信息流、自下而上的信息流、横向间的信息流、以信息管理部门为集散中心的信息流、工程项目内部与外部环境之间的信息流。
> 5. **收集信息的加工整理**包括：对信息进行分析、归纳、分类、计算比较、选择、建立信息之间的关系等方面的工作。
> 6. **工程项目文档管理**包括：文档资料传递流程的确定，文档资料登录和编码系统的建立，文档资料的收集积累、加工整理、检索保管、归档保存和提供利用服务等。
> 7. 工程资料管理软件应用特点及优势。【详见教材案例 20-1】
> 8. 新建工程施工资料管理平台的方法。【详见教材案例 20-2】
> 9. 专业软件在物资管理中的应用。【详见教材案例 20-2】

巩固练习

1.【判断题】工程项目信息流程包括自上而下的信息流、自下而上的信息流、横向间的信息流、以信息管理部门为集散中心的信息流、工程项目内部与外部环境之间的信息流。（ ）

2.【多选题】建设工程信息管理中应遵循的基本原则有（   ）。
A. 标准化原则   B. 有效性原则
C. 知识性原则   D. 可预见原则
E. 定量化原则

【答案】1.√；2. ABDE